# 真空管アンプ製作

## LTspiceでシミュレーション

有村 光晴 著

■本書のサポートページについて

本書籍のWebページは以下の場所にあります。

https://www.ohmsha.co.jp/book/9784274228780/

本書籍のサポートページへのリンクをこのページに掲載しており、そこから本書籍に掲載しているダウンロード可能なデータなどの情報を入手できます。

■図のライセンスについて

本書では一部の図の作成にKicadおよびFritzingを用いています。これらの図のライセンスはCreative Commons Attribution License version 3.0に従います。

# まえがき

最近は携帯音楽プレイヤーなどを用いて、音楽をデジタルデータで持ち歩くことが普通になっています。その中でも、携帯音楽プレイヤーやスマートフォンにヘッドフォンアンプを外付けしたり、イヤフォンに凝ってみたり、携帯音楽もさまざまな変化が見られるようになってきました。

一方、昔ながらの真空管アンプやアナログレコードなども復権してきています。最新の音楽アルバムの中には、CD、デジタルデータ配信、そしてアナログレコードという三種のリリース形態が並行して行われているものもあります。

真空管アンプは、温かい音がするなどと形容されることがありますが、メディアに収録された音楽データに対する再生の忠実度のみを尺度とすると、半導体アンプにはとうてい勝てません。それにもかかわらず、最近真空管アンプが流行っている背景には、出て来る音にある種独特な雰囲気が付加されているからかもしれません。また、電球のように小さく光る真空管は、インテリアとしても様になります。

しかし、実際に真空管アンプを導入しようとすると、色々な困難が待っています。据置型の真空管アンプの完成品を購入すると、意外と高価なものもあり、どれを選んでよいかわからないことも多いです。また、完成品に比べて割安なキットを自分で製作しようとすると、真空管が200Vから400V程度という大変高い電圧を使用していることから、感電の危険もあります。

そこで本書では、12VのACアダプターで動く真空管アンプを作ることにしました。一般的な真空管アンプでは、入力信号の電圧をかなりの倍率で増幅して、最後に出力トランスを用いて電圧を下げると共に電流を増強し、スピーカーに音を出力しています。本書ではトランスの代わりに半導体を用いた出力バッファを用いることで、12Vという低い電源電圧でスピーカーに音を出すことができます。このようなACアダプターで動き、真空管の後に半導体のバッファを用いるハイブリッド真空管アンプは、実際にヘッドフォンアンプやラインアンプの製品として多く販売され、手軽に真空管アンプを体験できるということで一部では流行っています。

12Vという電圧の制限を課すことで、いくつかのメリットが出てきます。まず、製作の際の感電の危険が無くなり、配線を間違えたときの部品の損傷もある程度防ぐことができます。次に、多くの真空管のヒーターの電圧が12Vもしくは6Vを用いているため、電源電圧をそのままヒーター電圧に使用することができます。また、このような低い電圧を用いることで、ブレッドボード上で実験を行うことが可能となります。これは、はんだづけを用いた配線と比較すると、配線間違いの修正が簡単という大きなメリットがあります。12V電源とすることで、カーオーディオへの応用も可能となります。

しかし、一般に真空管は、もともと200Vから400Vという高電圧を用いることを想定した特性が、データシートに示されています。本書では、真空管を低電圧で用いるために、低電圧での実測データを用いてモデルファイルを作成し、これを回路シミュレーションに組み込むことによって、低電圧用の設計を行っています。低電圧で真空管を用いた場合、特性が悪かったり、そもそも動作するはずがないという先入観を持たれている方も多いと思います。本書では、実際に低い電圧で真空管の特性を実測し、高電圧と比べて遜色ない特性曲線が得られることを示しています。これを回路シミュレータ用にモデル化して取り込んで回路を設計します。

本書の構成は以下のようになっています。第1章ではまず、ブレッドボードでハイブリッドの真空管アンプを実際に製作します。ここでは、KORG社のNutube 6P1を用いたヘッドフォンアンプとパワーアンプのほかに、12AU7、6DJ8、6J1/6AK5を用いたパワーアンプを製作しています。第2章では、真空管と真空管アンプの原理について説明しています。第3章では、真空管を用いた増幅回路の設計を行う方法、および関連する情報を説明しています。第4章以降では、第1章のハイブリッド真空管アンプを回路シミュレータLTspiceで設計していきます。第4章では、まずLTspiceの使い方を説明しています。第5章は本書の一つの目的である、低電圧で真空管の特性を実測して、それを数式にあてはめ、実際にLTspiceで使える部品モデルを作成しています。第6章では、作成した真空管のモデルを用いて、電圧増幅部の回路を設計しています。この回路は、単独でラインアンプとしても用いることができるようにしてあります。第7章では、真空管増幅部と組み合わせて用いる、半導体を用いたバッファ回路を設計しています。この回路は、単独でパワーアンプとしても用いることができます。第8章では第6章と第7章で設計した回路を組み合わせて、ヘッドフォンアンプおよびパワーアンプの回路を設計しています。出来上がった回路を第1章で用いて、実際に真空管アンプを製作します。また付録には、本書で使用しているものを含むさまざまな真空管について、特性を実測して作成したモデルを示しています。

本書の執筆にあたり、さまざまな方にお世話になりました。株式会社KORGの三枝文夫様、遠山雅利様にはKORG Nutubeやその他の真空管について色々と情報を提供頂きました。湘南工科大学の本多博彦先生には、本書の構成を考えている段階で、SPICEを用いたシミュレーションを盛り込むというアイディアを頂きました。あおぞら写真事務所の竹之内健一さんには、表紙の写真を撮影していただきました。オーム社の皆様には、本書の執筆の話を進めていただき、また遅々として進まない本書の執筆に辛抱強く付き合って頂きました。この場を借りて感謝いたします。ありがとうございました。

本書が、皆様のオーディオライフに新たな自作という楽しみを見つけることを願って、まえがきとしたいと思います。

令和五年吉日

# 目次

## 第1章　ブレッドボードで製作する低電圧ハイブリッドアンプ

# 付録　真空管の低電圧特性実測データと作成したSPICEモデルによる$E_p$-$I_p$特性

## コラム目次

# 第 1 章

# ブレッドボードで製作する低電圧ハイブリッドアンプ

本章ではまず、9Vの乾電池2本とブレッドボードを用いて、真空管と半導体を用いたハイブリッドのヘッドフォンアンプを製作します。次に、12VのACアダプターとブレッドボードを用いてハイブリッドのパワーアンプを製作します。

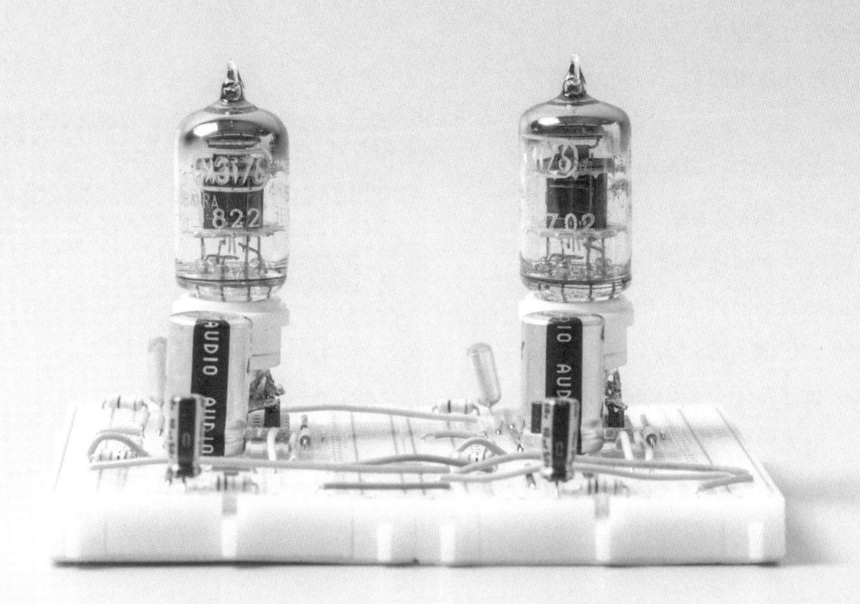

# 1.1 製作の準備

本節では、9Vの乾電池2本もしくは12VのACアダプターとブレッドボードを用いて、真空管アンプを製作するのに必要な道具と部品について見ていきます。

## 1.1.1 使用する部品

以下では、ハイブリッドアンプを製作するうえで必要な部品を説明します。製作する際に実際に使用する部品の品名や型番は、それぞれの節に掲載しています。

### ブレッドボード

ブレッドボードは［図1.1］の点の位置に1/10インチ（2.54mm）間隔で穴が空いた厚さが5mmぐらいのボードです。内部では、内側の穴は図で見て縦方向に、外側の穴は図で見て横方向に配線がつながっています。

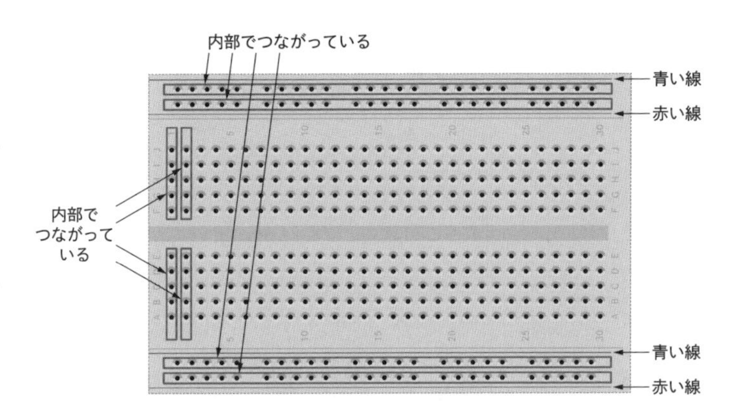

図1.1　ブレッドボード

外側の穴に沿って青い線と赤い線が引いてあります。赤い線に沿った穴は電源の＋に、青い線に沿った穴は電源の－に使います。

このつながっている部分をうまく使って、部品を配線します。特に、ICのピン間隔と同じ間隔で穴が空いているので、中央の隙間を使って［図1.2］のようにオペアンプなどのICをそのまま挿せます。中央の横方向の隙間は穴3列分で、間にちょうど穴が2列だけ入る幅になっています。

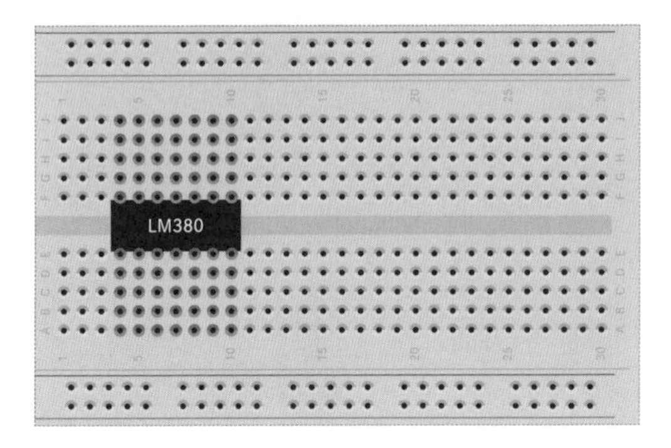

図1.2　ブレッドボードへのICの挿し方

## ジャンパーワイヤー

ジャンパーワイヤーは、ブレッドボードのつながっていない穴の間を接続するのに使います。[図1.3]のように、ジャンパーワイヤーをブレッドボードに挿して配線することで、離れた列を電気的につなげて回路の配線を行います。

ビニール皮膜つき錫（すず）めっき単線のワイヤーが売られています。これから必要な長さを切り出してジャンパーワイヤーを作成するとよいでしょう。長さの異なるジャンパーワイヤーが複数入ったものをセットで買うのに比べて、必要な長さのジャンパーワイヤーが必要な本数だけ作れます。太さは22AWGか24AWGがよいでしょう。より線のワイヤーはそのままではブレッドボードに挿さらないので、この目的には使用できません。購入する際には気をつけてください。

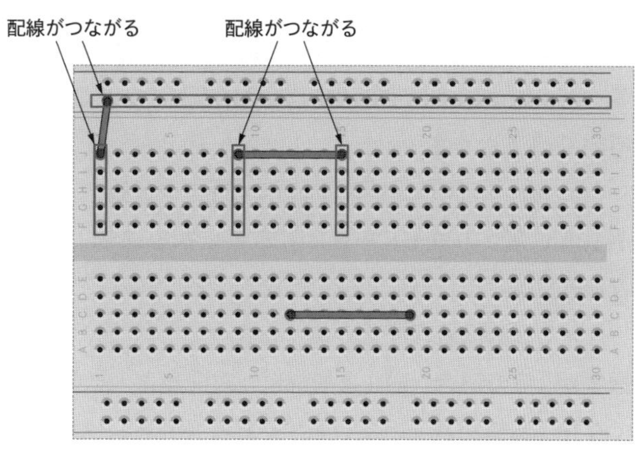


図1.3　ブレッドボードへのジャンパーワイヤーの挿し方

## 抵抗

特に指示がないところでは、1/4Wもしくは1/2Wのカーボン抵抗を使います。抵抗には[図1.4]のようにカラーコードが描かれており、ここから抵抗値を読み取れます。[図1.4]と[表1.1]に、カラーコードの読み方を示します。

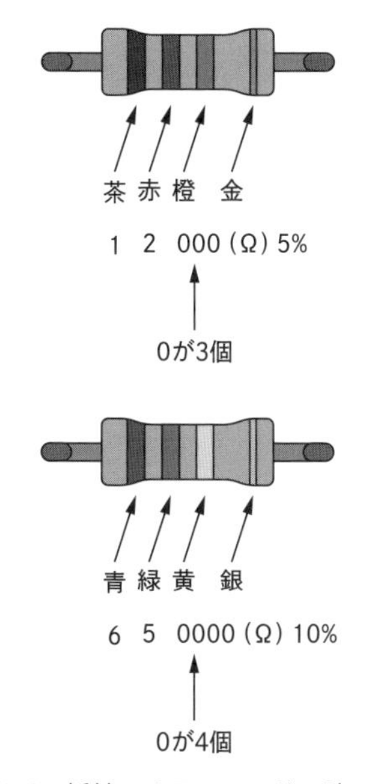


図1.4　抵抗のカラーコードの読み方

表1.1　抵抗の色と数の対応

| 色 | 数（1、2本目） | 3本目 | 意味（4本目） |
|---|---|---|---|
| 黒 | 0 | $10^0 = 1$ | |
| 茶 | 1 | $10^1 = 10$ | ±1% |
| 赤 | 2 | $10^2 = 100$ | ±2% |
| 橙 | 3 | $10^3 = 1k$ | |
| 黄 | 4 | $10^4 = 10k$ | |
| 緑 | 5 | $10^5 = 100k$ | |
| 青 | 6 | $10^6 = 1M$ | |
| 紫 | 7 | $10^7 = 10M$ | |
| 灰 | 8 | $10^8 = 100M$ | |
| 白 | 9 | $10^9 = 1G$ | |
| 金 | — | $10^{-1} = 0.1$ | ±5% |
| 銀 | — | $10^{-2} = 0.01$ | ±10% |

[図1.4] の上の抵抗のように、「茶赤橙金」というカラーコードが付いている抵抗では、まず、金色が誤差5%の精度となります。次に、金色の反対側から色を [表1.1] で数に対応させると、「123」となります。このうち、最初の2桁がそのまま2桁の十進数となり、その次に3桁目の数だけ0を並べたものが抵抗値（単位はΩ：オーム）となります。よって、この抵抗値は「12,000Ω（12kΩ）精度5%」となります。

次に [図1.4] の下の抵抗のように、「青緑黄銀」というカラーコードが付いている抵抗では、精度が10%、残りのコードを数に対応させると「654」となるので、「650,000Ω（650kΩ）精度10%」となります。

ただし、抵抗値は任意の値が存在するわけではなく、有効数字が2桁の場合、E12系列やE24系列など、抵抗の値として存在する値が決まっています。E12系列とE24系列の値を [表1.2] に示します。

表1.2　抵抗のE12系列とE24系列

| E12系列 | | E24系列 | | | |
|---|---|---|---|---|---|
| 10 | 12 | 10 | 11 | 12 | 13 |
| 15 | 18 | 15 | 16 | 18 | 20 |
| 22 | 27 | 22 | 24 | 27 | 30 |
| 33 | 39 | 33 | 36 | 39 | 43 |
| 47 | 56 | 47 | 51 | 56 | 62 |
| 68 | 82 | 68 | 75 | 82 | 91 |

E12系列では、例えば10kΩと100kΩの間に11個の抵抗値が存在し、12段階で10倍の抵抗値になっています。これらの抵抗値は、ぱっと見には間隔が一様でないように見えますが、実は等比数列を2桁に近似した値になっており、隣り同士の抵抗値はだいたい$(10)^{\frac{1}{12}} \simeq 1.212$倍になっています。すなわち、1.212を12回掛けることでほぼ10になります。これにより、任意の抵抗値に対して同じ比率の抵抗値が存在するようになっています。同様に、E24系列では、隣り同士の抵抗値はだいたい$(10)^{\frac{1}{24}} \simeq 1.1007$倍となっており、この値を24回掛けるとほぼ10になります。

また、実際に販売されている抵抗の値の例として、秋月電子の1/2Wカーボン抵抗のセットに含まれる抵抗値の一覧を [表1.3] に示します。

表1.3　秋月電子の1/2Wカーボン抵抗セット（https://akizukidenshi.com/で「カーボン抵抗 全部入り」で検索）

| | | | | | | | | |
|---|---|---|---|---|---|---|---|---|
| 0 | 100 | 390 | 1k | 3.9k | 10k | 39k | 100k | 680k |
| 1 | 120 | 470 | 1.2k | 4.7k | 12k | 47k | 120k | 750k |
| 4.7 | 150 | 510 | 1.5k | 5.1k | 15k | 51k | 150k | 1M |
| 10 | 180 | 560 | 1.8k | 5.6k | 18k | 68k | 180k | 2.2M |
| 20 | 200 | 680 | 2k | 6.8k | 20k | | 200k | |
| 22 | 220 | 750 | 2.2k | 7.5k | 22k | | 220k | |
| 33 | 240 | 820 | 2.4k | 8.2k | 24k | | 270k | |
| 47 | 270 | | 2.7k | 9.1k | 27k | | 330k | |
| 51 | 300 | | 3k | | 30k | | 470k | |
| 75 | 330 | | 3.3k | | 33k | | 510k | |

本書の回路設計では、この表にある抵抗値のみを使うことにします。

## コンデンサー

電解コンデンサー、セラミックコンデンサー、フィルムコンデンサー、オイルコンデンサーなどがあります。音楽信号が通る場所にセラミックコンデンサーを使うと音質が悪くなると言われています。また、電解コンデンサーも一般用の他にオーディオ用があるので、主にオーディオ用電解コンデンサーとフィルムコンデンサーを使うことにします。

積層セラミックコンデンサーやフィルムコンデンサーには、容量を示す3桁の数が書かれています。最初の2桁をそのまま表記して、3桁目の数だけ0を並べた数が容量（pF）となります。例えば、103の場合は、10の後に0が3個書かれて10,000 pF = 0.01 μFとなります。[表1.4] によく使われる補助単位の一覧を示します。

表1.4　補助単位の一覧

| 記号 | 桁 |
|---|---|
| m | $10^{-3}$ |
| μ | $10^{-6}$ |
| n | $10^{-9}$ |
| p | $10^{-12}$ |

| 記号 | 桁 |
|---|---|
| k | $10^{3}$ |
| M | $10^{6}$ |
| G | $10^{9}$ |
| T | $10^{12}$ |

3桁の数字の後のアルファベットは誤差を示します。Jが5%以内、Kが10%以内、Mが20%以内です。

## 真空管

本書ではパワーアンプに、ミニチュア管（MT管）の6DJ8、12AU7、6J1/6AK5を使用します。現在、いずれの真空管も新品が販売されており、互換品も豊富です。これらの他に、KORGから出ている真空管「Nutube 6P1」を使用します。これは最初から低電圧で使用することを目的として作成された真空管で、蛍光表示管の技術を応用して開発された純国産の真空管です。この真空管を用いてヘッドフォンアンプとパワーアンプを製作します。

## トランジスタ、FET

真空管では、信号を増幅できます（音楽信号の電圧を大きくすることはできます）が、出力できる電流が小さいため、スピーカーやヘッドフォンを直接鳴らすことはできません。市販のスピーカーを鳴らす真空管アンプでは、真空管の後にトランスを配置して、電圧を下げながら電流を増やすことで、スピーカーを鳴らせるようにしています。ただし本書では、感電しない真空管アンプの製作を目的としているので、トランスの代わりにトランジスタやFETを載せたバッファ回路を用いてACアダプター程度の低電圧で動く真空管アンプを製作します。

FETは電界効果トランジスタ（Field Effect Transistor）の略で、トランジスタの一種です。トランジスタとFETの一番の違いは、トランジスタが出力電流を入力電流で制御するのに対して、FETでは出力電流を入力電圧で制御します。真空管は出力電流を入力電圧で制御するという意味で、FETに近いデバイスです。

トランジスタもFETも、使える電圧や電流によってパッケージの形や大きさが異なります。

## 𝄜 オペアンプ

ヘッドフォンアンプのバッファ回路にはオペアンプを使うことにします。オペアンプだけでヘッドフォンアンプを作ることもできるのですが、本書では真空管とオペアンプを用いたハイブリッドヘッドフォンアンプを作成します。このハイブリッドヘッドフォンアンプでは、真空管ならではの特徴的な音を出すことができます。

## 𝄜 乾電池

ここでは、ヘッドフォンアンプを作成するために、9Vの006P電池を使います。充電可能な006P電池も販売されているので、それらを使ってもよいでしょう。

## 𝄜 ACアダプター

本書で製作する回路では、乾電池を使わない場合は、基本的に12V 2AのACアダプターを使うこととします。これは、2本直列に接続した真空管のヒーター電圧を供給するのにちょうどよいためです。本書ではこのほかに、12Vを二分割してバッファアンプの正負電源にも使います。

## 𝄜 DC-DCコンバーター、三端子レギュレーター

DC-DCコンバーターは、真空管のプレートにかけるB電源として使います。12VというACアダプターの電圧でも真空管を動作させることは可能なのですが、これだけ低い電圧を使うと歪みが大きくなるのと、増幅率があまり高くならないという欠点があります。そこで、この欠点を少しでも解消するために、DC-DCコンバーターを用いて30Vというある程度高い電圧を得るようにします。

12Vから±15Vを生成可能で、ブレッドボードに装着可能なDC-DCコンバーターが販売されています。今回はこれを用いて30Vの電圧を生成します。また、DC-DCコンバーターを2個使うことで、60Vの電圧を使うこともできます。

Nutube 6P1を用いたヘッドフォンアンプとパワーアンプの製作には3.3V出力の三端子レギュレーターを使います。これは、真空管Nutube 6P1のバイアス電圧とフィラメント電圧を生成するのに使います。

## 𝄜 ジャック類

電源には、ACアダプターからブレッドボードに電源を引き込むための外径5.5mm、内径2.1mmのDCジャックを使います。特に、ブレッドボードに取り付けるための変換基板が付いているものが販売されているので、これを使います。

信号入力には、スマートフォンやポータブルオーディオプレイヤーから接続するための3.5mmの三端子ステレオジャック、もしくは普通の据え置き型オーディオ機器で使われているRCAピンジャックで、ブレッドボードに取り付けるための変換基板が付いているものを使います。

信号の出力端子としては、スピーカーケーブルをねじ止めするため、2ピンのターミナルブロックをブレッドボードに挿して使います。

また、大型のトランジスタやFETをブレッドボードに挿すために3ピンのターミナルブロックを使い、真空管をブレッドボードに挿すために市販および自作のアダプターを使います。

## 1.1.2 使用する道具

すべてブレッドボード上で回路を作成するので、ブレッドボード変換基板つきのジャック類の製作を除いてはんだづけは必要ありません。以下の最低限の道具を揃えましょう。

### ニッパー、ラジオペンチ、リードペンチ

ワイヤーを切断するのにニッパーが必要になることがあります。また、ブレッドボードのジャンパーワイヤーや部品のリード線を曲げるのにラジオペンチがあると便利です。このとき、ラジオペンチは先がとがっていますが、先端が平らなリードペンチが便利なのでお勧めしておきます。リードペンチを持っていると、意外とラジオペンチを使う機会が少ないです。特に、ジャンパーワイヤーはセットになった物を使うだけでなく、被覆つき単線を必要な長さだけ切断してジャンパーワイヤーを作成すると便利なので、このためにこれらの工具を使います。

### ワイヤーストリッパー

ワイヤーストリッパーがあると、切断したワイヤーの皮膜を綺麗に剥(む)くことができます。AWG18からAWG30まで対応していると便利です。

### リードベンダー

長いワイヤーやジャンパーワイヤーから短いジャンパーワイヤーを切り出したとき、ブレッドボードの穴に合わせた長さに折り曲げるための器具です。長めのジャンパーワイヤーが余り気味なので、これを切って短いジャンパーワイヤーを作成するときにかなり便利です。

本書では、サンハヤトの「RB-5」というリードベンダーを使うことにします［図1.5］。

ではリードベンダーを使って、ジャンパーワイヤーを作成してみましょう。以下では、ジャンパーワイヤー用単線（太さAWG24）を切り出して、ブレッドボードの5個離れた穴に挿す長さのジャンパーワイヤーを作成します。

図1.5　リードベンダー「RB-5」

1. 作りたい長さの凹みにワイヤーを引っかけて折り曲げます。ここでは「×5」の凹みにワイヤーを引っかけています。

2. ワイヤーベンダーから折り曲げたワイヤーを取り外します。

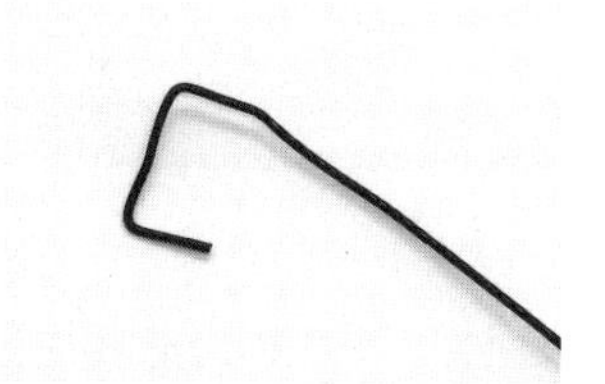

3. ワイヤーの余計な長い部分をニッパーで切断します。折り曲げた先がワイヤーベンダーの厚み程度になるようにしてください。

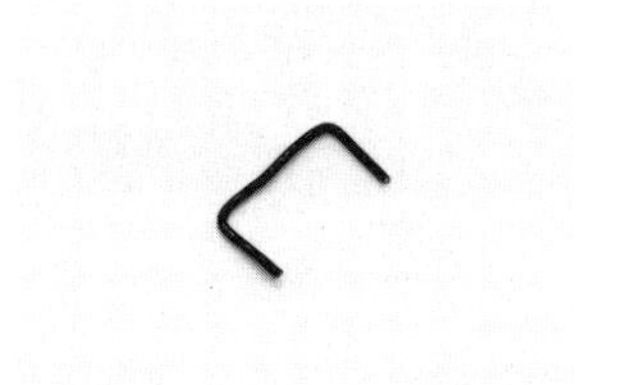

4. ワイヤーの折り曲げた先の被覆をワイヤーストリッパーで剥きます。

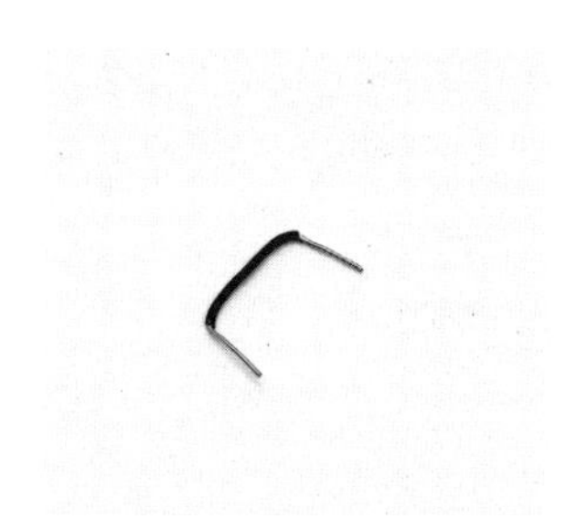

5. 再度ワイヤーベンダーの凹みにはめて長さを合わせます。

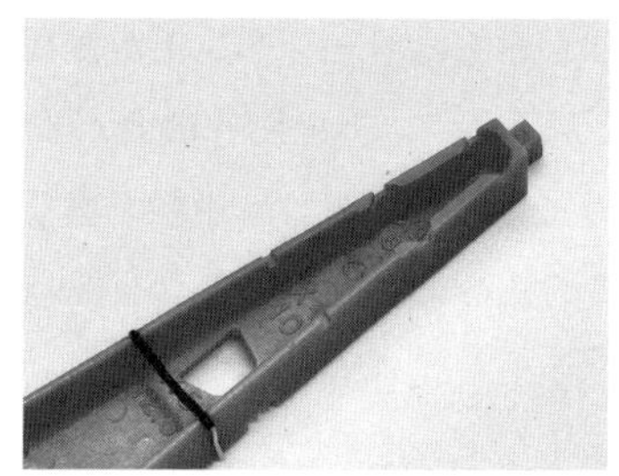

6. 5つ離れたブレッドボードの穴にワイヤーの両端を挿すことができました。

## はんだごて、はんだごて台、はんだ

部品によっては、ブレッドボードに挿すためのソケットやアダプターを作成するのにはんだづけが必要になります。このとき、はんだとはんだごてを使用します。本書ではソケットなどのはんだづけで使うことになるので30Wのものがよいでしょう。はんだごては熱くなるのではんだごて台も購入しておくことをお勧めします。はんだはヤニ入りのものがネットやホームセンターなどで手に入ります。本書ではブレッドボードに回路を実装するので、大量に購入する必要はありません。

## デジタルテスター

動作確認用にテスターがあると、音が出ない場合に不具合の場所を探すのに便利です。デジタルテスターがよいでしょう。本書では、Nutube 6P1のバイアス電圧と、MOS-FETを用いたバッファ回路のバイアス電圧を調整するのに使用します。ただし、前者は音を聞きながら調整してもかまいません。また、後者のMOS-FETを用いたバッファ回路については、代わりにトランジスタを用いたダイヤモンドバッファ回路を製作すれば調整不要なので、購入しなくても問題ありません。

# 1.2 Nutube 6P1とオペアンプを用いたハイブリッドヘッドフォンアンプ

**本節では、真空管Nutube 6P1とオペアンプを用いたハイブリッド真空管アンプ（ヘッドフォンアンプ）を製作します。回路の設計には回路シミュレータ「LTspice」を使います。設計の詳細については第8章で解説します。**

## 1.2.1 全体の回路図

まず、全体の回路図を［図1.6］に示します。

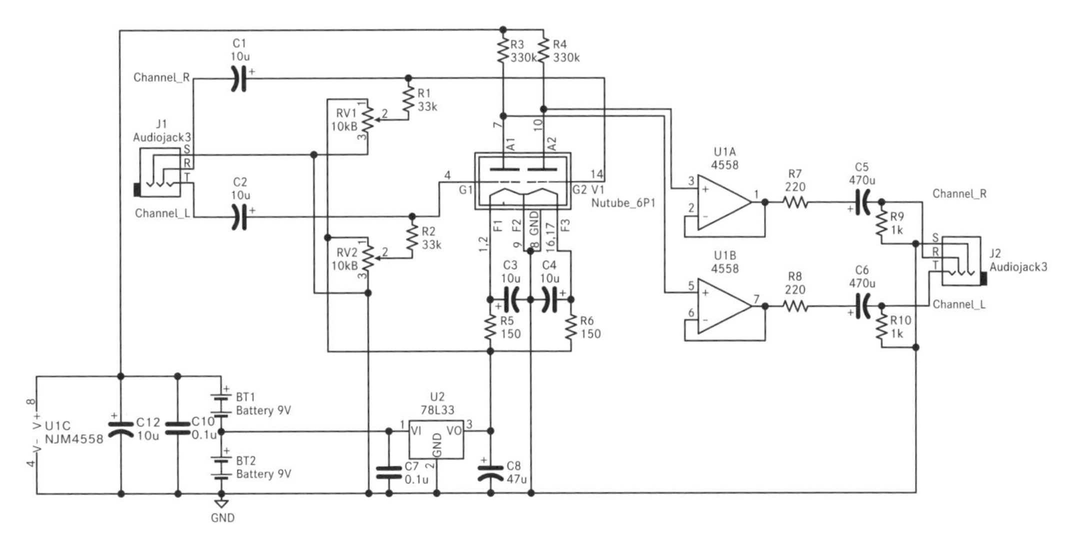


**図1.6** Nutube 6P1とオペアンプを用いたヘッドフォンアンプの回路図

電源に9Vの乾電池006Pを2個使い、真空管には18Vの電圧を供給し、オペアンプには±9Vの電圧を供給しています。アルカリ乾電池で十分ですが、充電可能なニッケル水素電池やリチウムイオン電池でもかまいません。電圧は8.4Vに下がるものの問題なく使用できます。電池を繰り返し使えるだけでなく環境に優しいです。

電圧増幅段は、KORGの真空管Nutube 6P1で構成されています。この真空管は直熱の双三極管です。なお、双三極管とは、三極管と呼ばれる真空管が1つのパッケージに2個入っているものです。Nutube 6P1はアノード（プレート）にかける電圧が低い場合、2Vから3V程度の正のバイアス電圧をかけて使うので、9Vの電池の1つから、三端子レギュレータで3.3Vの電圧をつくり出し、さらに3.3Vの電圧から可変抵抗でバイアス電圧をつくり出しています。

フィラメントにかける電圧も3.3Vで生成しています。

真空管のアノード（プレート）にかけるB電源の電圧は、9Vの電池を2本直列にして18Vにします。

電力増幅段には、オペアンプを用いたボルテージフォロワ回路を使っています。回路図には「4558」と書かれていますが、他の2回路入りオペアンプに差し替えても動作しますので、オペアンプをいろいろと交換して、音の違いを楽しむことができます。このとき、オペアンプの電源として±9V（または18V）が使用できるもの、ユニティゲイン（増幅率が1倍）が可能なものを選ぶようにしてください。

電力増幅段の入力は、電圧増幅段の信号をそのまま入力しています。これは、電力増幅段のオペアンプ回路がボルテージフォロワ回路で、入力信号の電圧をそのまま出力にコピーしながら電力増幅する回路だからです。電力増幅段からイヤフォンに出力する直前に、コンデンサーと抵抗を用いたハイパスフィルターで信号を0Vを中心とするようにシフトしています。出力は入力と位相が反転しています。

また、今回のヘッドフォンアンプはポータブル用として乾電池を用いて設計しています。また、このアンプに入力するオーディオ機器は、ボリュームの付いているポータブルのデジタルオーディオプレイヤーやスマートフォンなどを想定し、この回路にはボリュームを付けていません。また、ハイインピーダンス信号（エレキギターなど）の入力は想定せず、メーカーのページ*1に掲載されている真空管の前段のFET回路は省略してあります。

## 1.2.2 ブレッドボード上の実装

ここからブレッドボード上でヘッドフォンアンプを実際に製作します。

### ブレッドボードの配置

まず、ブレッドボード全体の配置を［図1.7］に示します。今回はブレッドボードを1枚しか使用しないので、配線は簡単です。

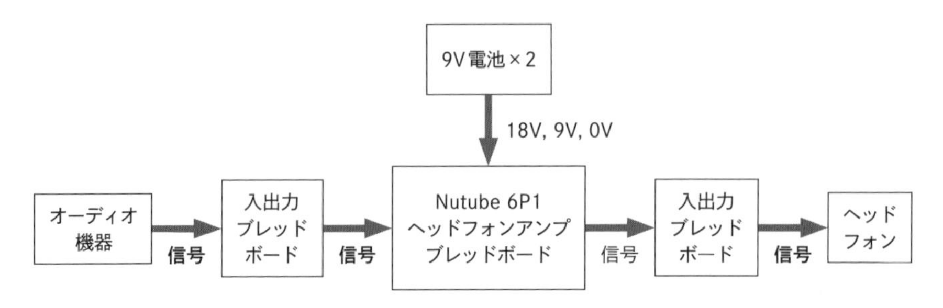


図1.7　Nutube 6P1を用いたヘッドフォンアンプのブレッドボード配置

＊1　https://korgnutube.com/jp/guide/

## 使用する部品

Nutube 6P1を用いたヘッドフォンアンプ回路の製作に使う部品を紹介します。まず、[表1.5] に部品一覧を示します。購入先はすべて秋月電子通商の通販サイト (https://akizukidenshi.com/) です。ここに書いてある部品名で検索できるようにしてあります。

次に各部品について補足説明します。部品の図は、ブレッドボードの配線図に使用するものを掲載しています。実物の写真とは見た目が若干異なるので気をつけてください。

**表1.5** Nutube 6P1を用いたヘッドフォンアンプ回路の製作に使う部品一覧

| 部品名 | 個数 |
|---|---|
| ブレッドボード EIC-801 | 1 |
| ミニブレッドボード BB-601 | 2 |
| ETFE電線パック AWG24相当 すずめっき軟銅単線 | 1 |
| ブレッドボード・ジャンパーワイヤ 14種類×10本 | 1 |
| 真空管 Nutube 6P1 | 1 |
| Nutube Accessory KIT | 1 |
| ピンソケット 1×8 (8P) リード長10mm | 1 |
| オペアンプ NJM4558DD | 1 |
| 丸ピンICソケット (8P) | 1 |
| 006Pアルカリ電池 | 2 |
| ジャンパーワイヤ付バッテリースナップ (縦型) | 2 |
| 低損失三端子レギュレーター 3.3V1A LM2940T-3.3 | 1 |
| 3.5mm ステレオミニジャック DIP化キット | 2 |
| 多回転半固定ボリューム たて型 10kΩ 103 | 2 |
| カーボン抵抗 1/4W 150Ω | 2 |
| カーボン抵抗 1/4W 220Ω | 2 |
| カーボン抵抗 1/4W 1kΩ | 2 |
| カーボン抵抗 1/4W 33kΩ | 2 |
| カーボン抵抗 1/4W 330kΩ | 2 |
| 電解コンデンサー 10μF 50V ニチコンFG | 4 |
| 電解コンデンサー ハイブリッド 470μF 25V | 2 |
| 三端子レギュレーター用電解コンデンサー (電解コンデンサー 47μF 25V ニチコンFG) | 1 |
| 三端子レギュレーター用セラミックコンデンサー (積層セラミックコンデンサー 0.1μF 5mmピッチ) | 1 |

1. ブレッドボード EIC-801
   ハーフサイズのものを使います。片側が5列のものと6列のものとありますが、ここでは5列のものを使います。6列のものも使えますが、部品を挿す位置に気をつけてください。

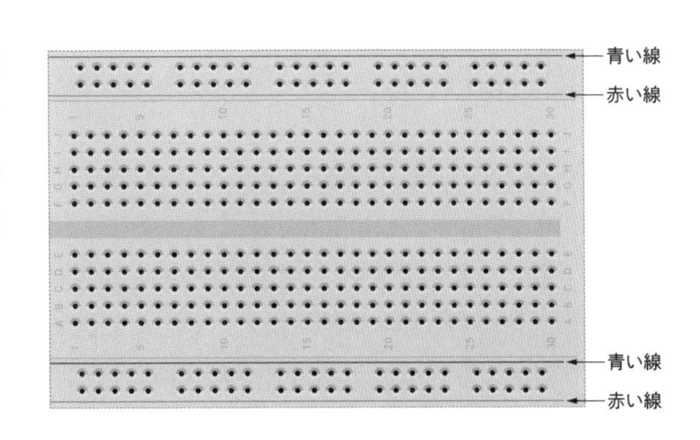

2. ミニブレッドボード BB-601
入出力のコネクターは、メインのブレッドボード上ではなく、別にコネクター用のブレッドボードを用意し、そのボード上に配線します。

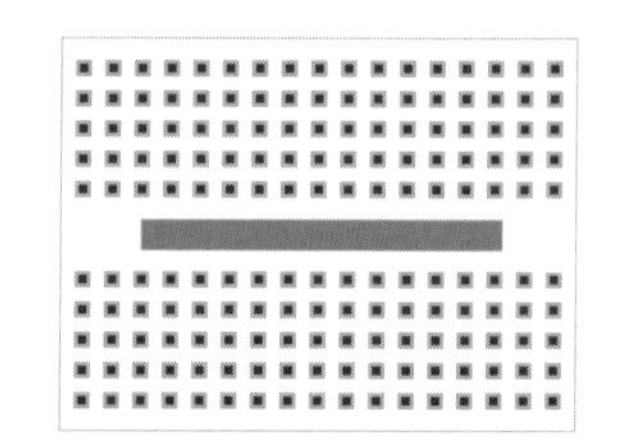

3. ETFE電線パック AWG24相当 すずめっき軟銅単線
任意の長さに切って、ブレッドボードのジャンパーワイヤーとして使用できる単線のワイヤーです。ジャンパーワイヤーを切り出して作成する手間はかかりますが、必要な長さのジャンパーワイヤーが必要な本数だけつくれるので便利です。

4. ブレッドボード・ジャンパーワイヤ 14種類×10本
上記の単線からジャンパーワイヤーを作成する代わりに、すでに加工済みのジャンパーワイヤーを購入してもよいでしょう。この場合、短いものから長いものまで入っているセットを入手してください。短いものを多めに使います。

5. 真空管 Nutube 6P1
直熱双三極管で、1個の真空管に2個の三極管ユニットが入っています。ピンのピッチが2mmでブレッドボードに直接挿すことができないので、次のNutube Accessory KITを使って配線します。

6. Nutube Accessory KIT
真空管Nutube 6P1のピンのピッチを2mmから2.54mmに変換します。Nutube 6P1は振動に弱く、マイクロフォニックノイズ（真空管が振動すると音が出力される）がすぐ発生するので、それを防止するためのクッションも含まれています。KORGの純正品で動作確認しているためお勧めします。

7. ピンソケット 1×8（8P）リード長10mm
上記のAccessory KITから出ている2.54mmピッチのピンは、プリント基板にはんだづけができる程度の長さで、ブレッドボードに挿せるほど十分な長さがないので、このソケットに挿したうえで、ブレッドボードに挿します。

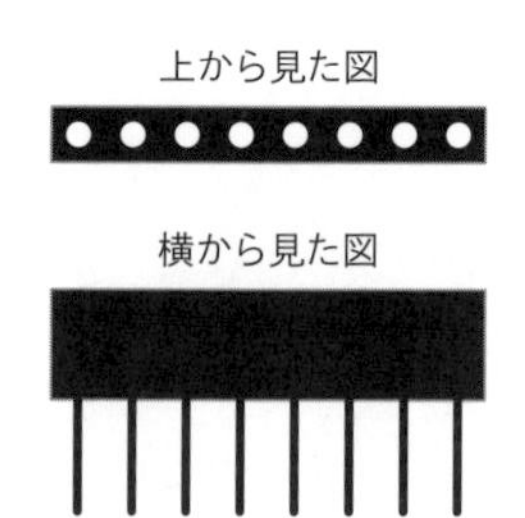


8. オペアンプ NJM4558DD
2回路入りのオペアンプです。オペアンプは物によって使える電源電圧の上限と下限が異なります。ここでは18Vもしくは±9Vを使用できるものを使います。例えば「4558」などが使えます。また、オペアンプには1回路入りのものと2回路入りのものがあるので購入時には気をつけてください。ピン配置は、上から見て印のあるところを1番として反時計回りの順にピン番号が増えていきます。

4558

OUTA (1)
IN-A (2)
IN+A (3)
V- (4)
(8) V+
(7) OUTB
(6) IN-B
(5) IN+B

9. 丸ピンICソケット（8P）

オペアンプの足は柔らかいので、ブレッドボードに何度も抜き挿しすると足が曲がり、やがて折れてしまいます。オペアンプをソケットに挿してソケットごと抜き挿しすると、足が曲がらずに済みます。特に足が丸ピンのものを使うと、足も細いのでブレッドボードに抜き挿ししやすく、丈夫で長持ちします。

10. 006Pアルカリ電池

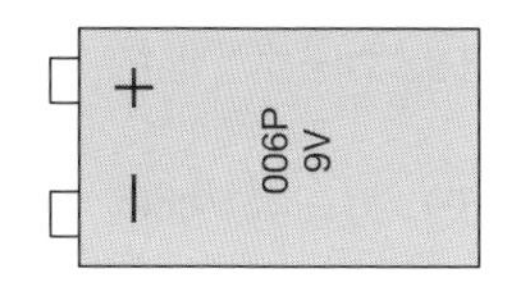


9Vの四角い乾電池です。短期的な実験にはアルカリ乾電池でもよいですが、繰り返し使いたい場合は充電可能なニッケル水素電池と充電器をお勧めします。例えば、東芝の「IMPULSE 単6P形充電池」（型番6TNH22A）などがあります。

11. ジャンパーワイヤ付バッテリースナップ（縦型）

乾電池006Pに片方のスナップをはめて、もう片方のワイヤーをブレッドボードに接続します。ブレッドボードで使用するので、ワイヤーの先端がピンになっているものが便利です。

12. 低損失三端子レギュレーター 3.3V1A LM2940T-3.3

上から見た図

横（正面）から見た図

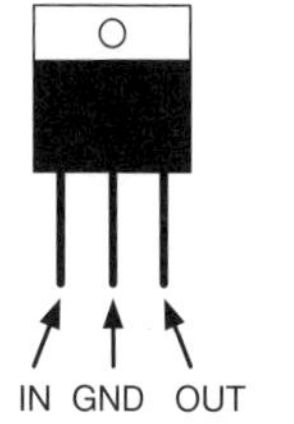


9Vの電池の電圧からバイアス電圧とフィラメント電圧のための3.3Vを生成します。3.3V用の三端子レギュレーターにはさまざまな型番がありますが、ブレッドボードに挿せるように、2.54mmピッチのピンが付いているものを選んでください。また、ピンの配置は型番によって異なり、今回の製作では正面（型番の見える側）から見たとき、ピンが左から順に、入力端子、GND端子、出力端子と並んでいるものを使っています。電流は100mA出せれば十分です。LM2940T-3.3などが使えます。

13. 3.5mm ステレオミニジャック DIP化キット

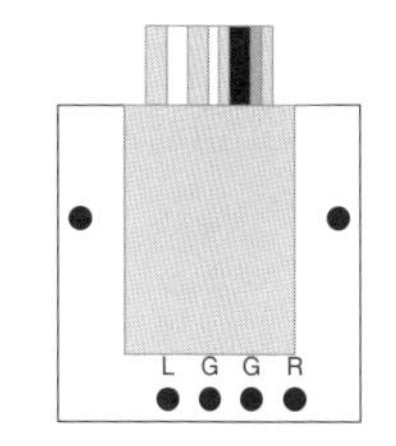


ここでは入力と出力の両方に3.5mmステレオミニジャックをブレッドボードに挿せるようにしたものを使います。ブレッドボードに挿す4本のピンの横に、L（左）、G（グラウンド）、R（右）と接続先が書かれています。2つのグラウンド端子はつながっているので、片方を接続するようにします。

14. 多回転半固定ボリューム たて型10kΩ（103）

上から見た図

横から見た図

真空管のバイアス電圧の調整に使います。多回転型で基板上の配置でも場所を取らない形のものを使います。

15. カーボン抵抗 1/4W 150Ω（茶緑茶金）
以下、抵抗はすべて1/4Wのカーボン抵抗を使います。ワット数が大きくてもかまいません。100本入りがお得です。

16. カーボン抵抗 1/4W 220Ω（赤赤茶金）

17. カーボン抵抗 1/4W 1kΩ（茶黒赤金）

18. カーボン抵抗 1/4W 33kΩ（橙橙橙金）

19. カーボン抵抗 1/4W 330kΩ（橙橙黄金）

20. 電解コンデンサー 10μF 50V ニチコンFG
図の白色側の端子がマイナス極（電圧の低い側に接続する）です。オーディオ用を使うとよいでしょう。

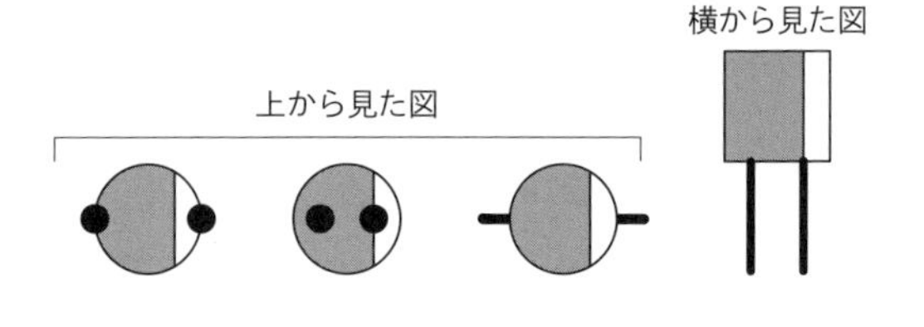


21. 電解コンデンサー ハイブリッド 470μF 25V

22. 三端子レギュレーター用電解コンデンサー（電解コンデンサー 47μF 25V ニチコンFG）
三端子レギュレーターの出力側に付けるものです。三端子レギュレーターにセットで入っているものであれば、この容量でなくてもかまいません。

23. 三端子レギュレーター用セラミックコンデンサー（積層セラミックコンデンサー 0.1μF 5mmピッチ）
三端子レギュレーターの入力側に付けるものです。三端子レギュレーターにセットで入っているものがあれば、それを使ってください。

## ブレッドボード上での配線

Nutube 6P1を使ったヘッドフォンアンプ回路の、ブレッドボードでの配線を［図1.8］に示します。

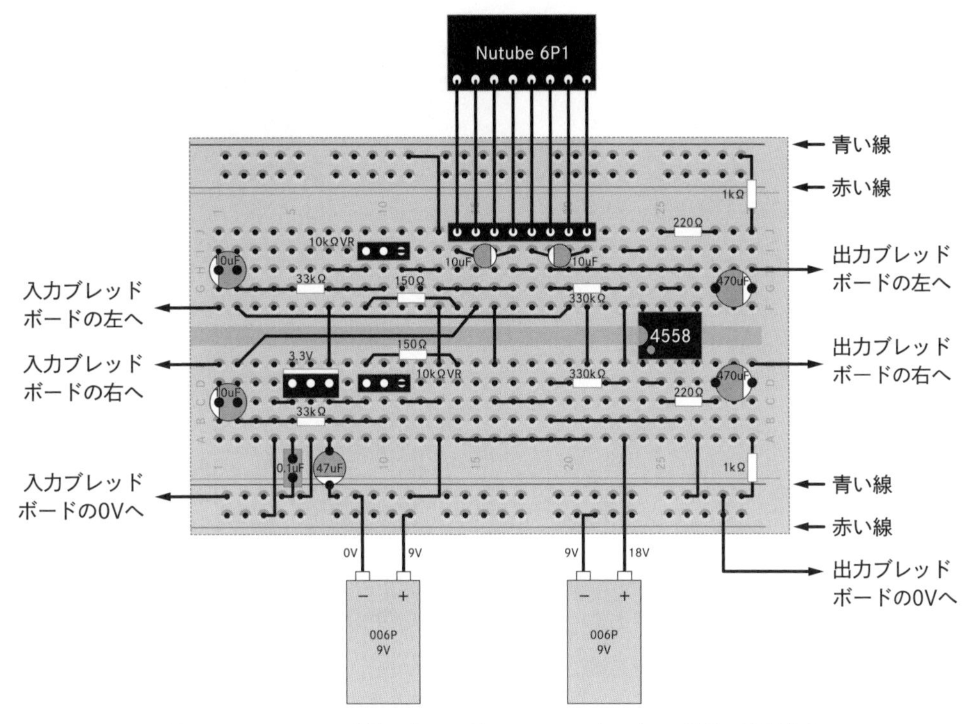


**図1.8**　Nutube 6P1を使ったヘッドフォンアンプのブレッドボード配線図

ブレッドボードに高さの低いものから順に挿していくことで配線がわかりやすくなります。最初にジャンパーワイヤー、次に半固定抵抗、その後で他の部品を挿すとよいです。

真空管Nutube 6P1はケースに組み込みます。ケースから出ている線に付いている足は、ブレッドボードに挿すだけの十分な長さがないので、[図1.9] のように8ピン1列ソケットに挿してから [図1.10] のようにブレッドボードに挿します。

**図1.9**　Nutube 6P1配線への8ピン1列ソケットの取り付け

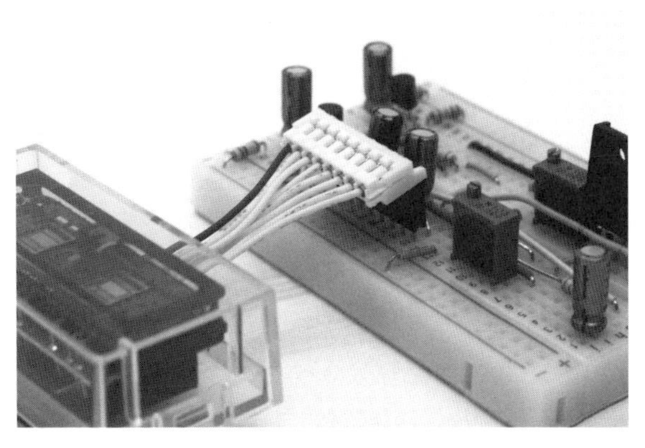

**図1.10**　Nutube 6P1配線のブレッドボードへの取り付け

電解コンデンサーは2本の足の長さが異なるので、長いほうを切って同じ長さに揃えるとブレッドボードに挿しやすいでしょう。

抵抗は配線間違いがある場合は、足が長いままのほうが抜き挿しが楽です。そのため、動作を確認した後、ノイズ防止や隣の部品とのショート防止のために足を切りましょう。

ジャンパーワイヤーはぴったりの長さを使う必要はなく、長いものを使ってもかまいません。

ブレッドボード回路の完成写真を [図1.11] に示します。

**図1.11** Nutube 6P1を使ったヘッドフォンアンプの完成写真

ステレオ3.5mmプラグは入出力ともに3ピンのTRSプラグと呼ばれるものを使います。先端から順にTip (左チャンネル)、Ring (右チャンネル)、Sleeve (グラウンド) の端子になっています。入力と出力の3.5mmステレオジャックは [図1.12] のように小型ブレッドボードに配置します。このとき基板に3.5mmステレオジャックとピンヘッダをはんだづけする必要があります。ブレッドボードにピンを挿した後で上に基板を載せてはんだづけすると、ピンを基板に対してまっすぐに付けられます。

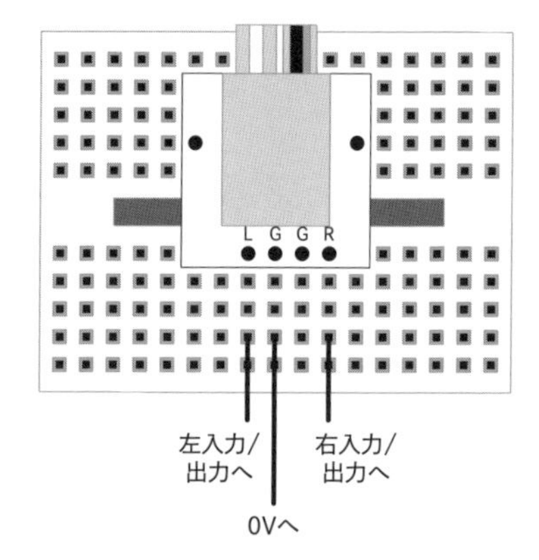


**図1.12** Nutube 6P1を用いたヘッドフォンアンプの入力・出力用ブレッドボード配線図

## 1.2.3 真空管のバイアス調整

グリッドに入力する信号のバイアスは、この真空管ではプラスに調整します。3.3Vを入力している可変抵抗で2Vから3Vに調整します。必ずしもテスターを使う必要はなく、ゲインが大きく取れる位置に設定すればよいです。バイアス電圧によって音が変化するので、いろいろと変えてみてください。

# 1.3 パワーアンプのための電源回路の製作



**本節では、次節以降で製作するハイブリッドパワーアンプに必要な、2種類の電源回路を製作します。1つ目は真空管で使用する30Vの電源回路です。2つ目はバッファ回路で使用する±6Vの電源回路です。**

## 1.3.1 真空管用電源回路

真空管で使用する30Vの電源は、DC-DCコンバーターを用いて12VのACアダプターからつくります。ここでは、出力電圧可変のもの*2または、出力電圧固定で±15Vを出力するモジュール*3が使用できます。以下では後者の出力電圧固定のものを用いて話を進めます。

12Vの入力と30Vの出力は［図1.13］のように配線します。入力と出力の、なるべくモジュールに近い部分に3.3μFの電解コンデンサーを付けてください。

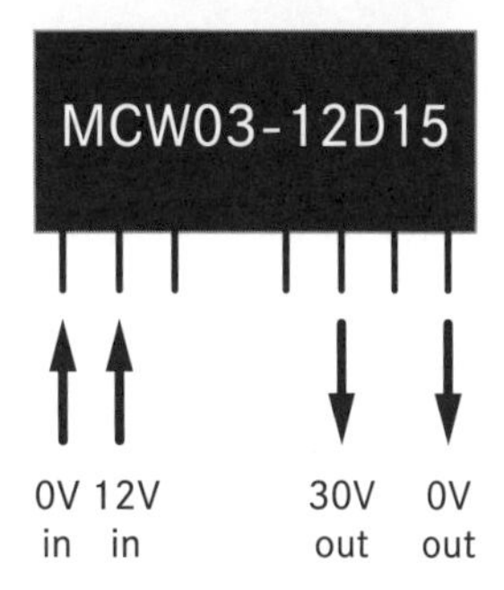


図1.13　DC-DCコンバーターの配線

## 1.3.2 バッファアンプ用正負電源回路（レールスプリッタ）

パワーアンプの後段のバッファアンプ回路で使用する±6Vの電圧は、12VのACアダプターから生成します。12VのDC電圧を、レールスプリッタと呼ばれる回路を用いて半分に分割し、見かけ上±6Vに見えるようにします。

ここでは、7.5節のシミュレーションに基づいて、抵抗とトランジスタを用いたレールスプリッタを使います。レールスプリッタは、12Vの電源から、0Vと12Vを二分割して6Vの電圧を生成しています。そして、0V、6V、12Vを見かけ上−6V、0V、+6Vとして使っています。レールスプリッタの回路図を［図1.14］に示します。

＊2　秋月電子通商：最大30V出力　昇圧型スイッチング電源モジュール　NJW4131使用

＊3　秋月電子通商：3W級絶縁型DC-DCコンバーター（±15V100mA）MCW03-12D15

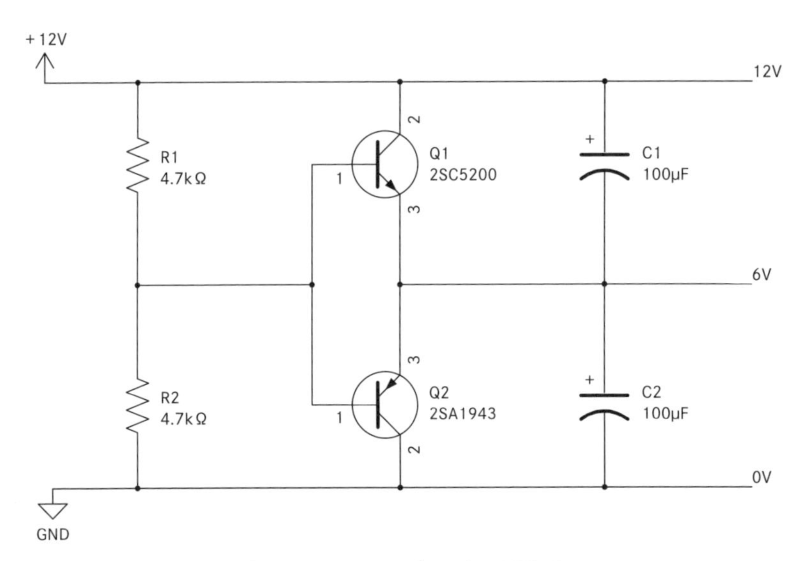


**図1.14** レールスプリッタの回路図

入力が図の左側で0Vと12Vです。出力は図の右側で0V、6V、12Vです。6Vを基準として0Vとみなすと、0Vは－6V、12Vは＋6Vと見ることができます。

## 1.3.3 ブレッドボード上の実装

以下では、具体的にブレッドボードで電源回路を作成します。

### 使用する部品

電源回路の製作に使う部品を紹介します。まず［**表1.6**］に部品一覧を示します。購入先はすべて秋月電子通商の通販サイト（https://akizukidenshi.com/）です。ここに書いてある部品名で検索できるようにしてあります。

次に各部品について補足説明します。部品の図は、ブレッドボードの配線図に使用するものを使っています。既出の記号は省略しています。

**表1.6** 電源回路の製作に用いる部品一覧

| 部品名 | 個数 |
|---|---|
| ブレッドボード EIC-801 | 1 |
| ETFE電線パック AWG24相当 すずめっき軟銅単線 | 1 |
| ブレッドボード・ジャンパーワイヤ 14種類×10本 | 1 |
| PNPトランジスタ 2SA1943 | 1 |
| NPNトランジスタ 2SC5200 | 1 |
| ターミナルブロック 3P 青 横 | 2 |
| ピンソケット 1×5（5P）リード長15mm | 2 |
| DC-DCコンバータ MCW03-12D15 | 1 |
| カーボン抵抗 1/4W 4.7kΩ | 2 |
| 無極性電解コンデンサー 3.3μF 50V | 2 |
| 電解コンデンサー 100μF 25V ニチコンFG | 2 |
| 電解コンデンサー ハイブリッド 470μF 25V | 2 |
| フィルムコンデンサー 0.1μF 50V ルビコンF2D | 2 |
| ブレッドボード用DCジャックDIP化キット（完成品） | 1 |
| スイッチングACアダプター 12V2A | 1 |

1. ブレッドボード EIC-801
   ハーフサイズのものを使います。片側が5列のものと6列のものがあり、ここでは5列のものを使います。6列のものを使う際は、部品を挿す位置に気をつけてください。

2. ETFE電線パック AWG24相当 すずめっき軟銅単線
   任意の長さに切って、ブレッドボードのジャンパーワイヤーとして使用できる単線のワイヤーです。ジャンパーワイヤーを切り出して作成する手間はかかりますが、必要な長さのジャンパーワイヤーが必要な本数だけつくれるので便利です。

3. ブレッドボード・ジャンパーワイヤ 14種類×10本
   上記の単線からジャンパーワイヤーを作成する代わりに、すでに加工済みのジャンパーワイヤーを購入してもよいでしょう。この場合、短いものから長いものまで入っているセットを入手してください。短いものを多めに使います。

4. PNPトランジスタ 2SA1943
   PNP型パワートランジスタです。ほぼ同じ性能で最新型のTTA1943を使ってもかまいません。また、2SA1943Nはパッケージだけの違いのようなので、これも使えます。ただし、TTA1943はSPICEデータがメーカーから提供されていません。ピン配置はどれも同じで、型番の書いてある面を前にしてピンを下向きにしたとき、左からベース（Base）、コレクタ（Collector）、エミッタ（Emitter）です。真ん中のコレクタが背面の放熱板に接続されています。

5. NPNトランジスタ 2SC5200
   NPN型パワートランジスタです。ほぼ同じ性能で最新型のTTC5200も使えます。また、2SC5200Nはパッケージだけの違いのようなので、これも使えます。ピン配置はどれも同じで、型番の書いてある面を前にしてピンを下向きにしたとき、左からベース（Base）、コレクタ（Collector）、エミッタ（Emitter）です。真ん中のコレクタが背面の放熱板に接続されています。

6. ターミナルブロック 3P 青 横
   2SA1943と2SC5200の足が太いため、そのまま挿すとブレッドボードを壊してしまいます。それを避けるため、このターミナルブロックにトランジスタをねじ止めしたうえで、ブレッドボードに挿します。

7. ピンソケット 1×5（5P）リード長15mm
   上記のターミナルブロックは足が短いので、さらにこのピンソケットに挿したものをブレッドボードに挿します。

8. DC-DCコンバータ MCW03-12D15

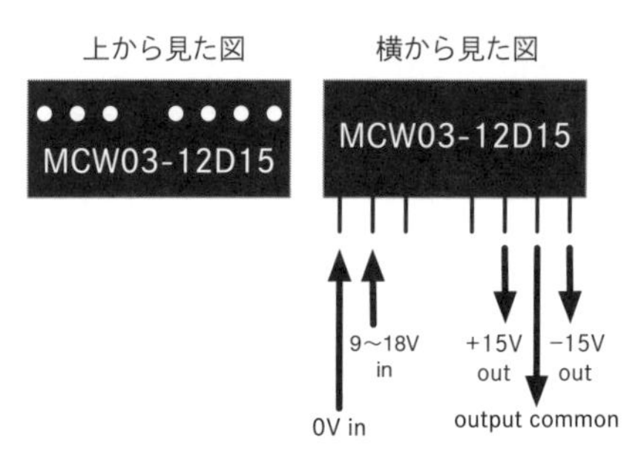


9〜18Vの電圧を入力して0Vおよび±15Vを出力する電圧変換器です（図中の「output common」が出力の0Vになります）。本書ではACアダプターの12Vから、±15Vの端子を用いて真空管用の30VのB電源電圧を生成します。なお、紙面の都合上、本書では触れませんが、入出力が絶縁されているので、ACアダプターの出力12Vにこのコンバーターの出力の−15Vを接続することで、ACアダプターの出力0Vとコンバーターの15V出力を合わせて42VのB電源電圧を生成することもできます。また、これを2個用いると、60Vもしくは72VのB電源電圧を生成できます。

9. カーボン抵抗 1/4W 4.7kΩ（黄紫赤金）
普通の1/4W抵抗を使います。ワット数が大きくてもかまいません。

10. 無極性電解コンデンサー 3.3μF 50V

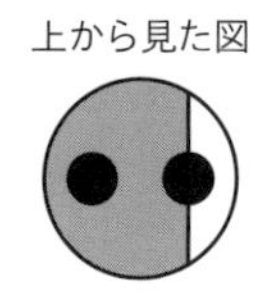


ここでは無極性の電解コンデンサーを挙げてみました。通常の極性つきのものでもかまいません。耐圧が30Vよりある程度大きいものを使ってください。極性つきのものを用いる場合は、図の白色側の端子がマイナス極（電圧の低い側に接続する）です。無極性の場合は端子の極性はないので、接続する向きはどちらでもかまいません。

11. 電解コンデンサー 100μF 25V ニチコンFG
電解コンデンサーは同じ容量でも耐圧がいろいろありますが、ここでは耐圧12Vよりある程度大きいものを用いれば問題ありません。

12. 電解コンデンサー ハイブリッド 470μF 25V

13. フィルムコンデンサー 0.1μF 50V ルビコンF2D（104）

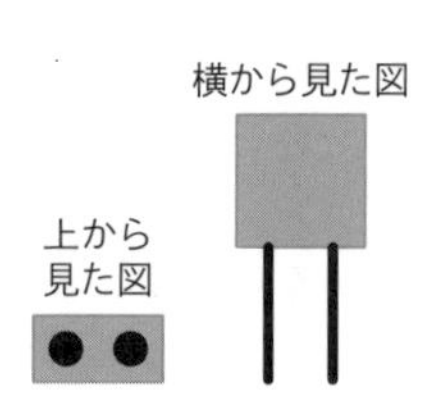


電解コンデンサーと異なり極性はないので、接続する向きはどちらでもかまいません。ここは電源部分なので、積層セラミックコンデンサーでもよいでしょう。

14. ブレッドボード用DCジャックDIP化キット（完成品）

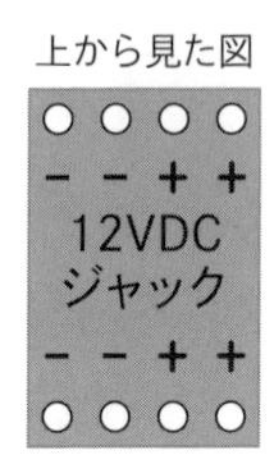


2.1mm DCジャックと、これをブレッドボードに挿せるようにした変換基板、2.54mmピッチのピンヘッダのセットです。完成品も販売されています。

15. スイッチングACアダプター電圧12V、電流2A以上
本書では、センタープラスで、プラグが外径5.5mm、内径2.1mmのものを使います。家にあるものでも使えます。

## ブレッドボード上での配線

電源回路のブレッドボードでの配線を [図1.15] に示します。

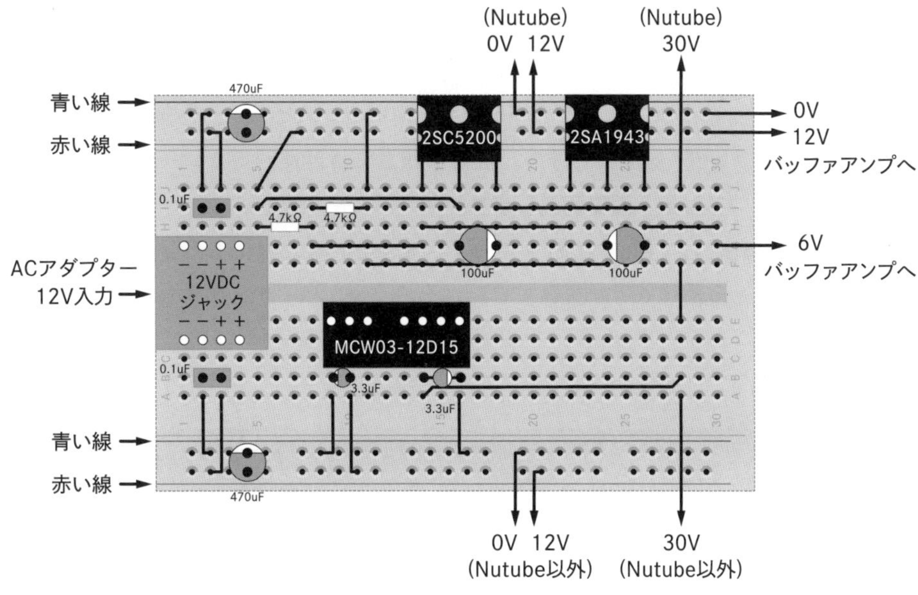


図1.15　パワーアンプ用電源回路のブレッドボード配線図

トランジスタは足が太くてそのままブレッドボードに挿すとブレッドボードを壊してしまうので、[図1.16] のようにターミナルブロックにねじ止めしてさらにピンソケットに挿したものを、[図1.17] のようにブレッドボードに挿します。

電源回路のブレッドボードの完成写真を [図1.18] に示します。

図1.16　トランジスタのターミナルブロックへのねじ止め

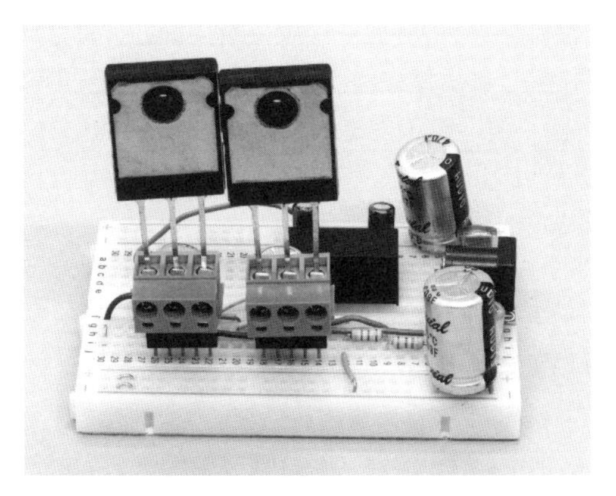

図1.17　トランジスタのブレッドボードへの取り付け

図1.18　電源回路の完成写真

# 1.4 Nutube 6P1とFETバッファを用いたハイブリッドパワーアンプ

本節では、真空管Nutube 6P1とFETのバッファを用いた、スピーカーを鳴らせるハイブリッド真空管アンプ（パワーアンプ）を製作します。回路の設計には回路シミュレータ「LTspice」を使います。設計の詳細については第8章で解説します。

本節ではバッファ回路としてMOS-FETを使っていますが、代わりにトランジスタを用いたダイヤモンドバッファと組み合わせてもかまいません。その場合、バイアス調整が不要で配線も余裕があります。

## 1.4.1 全体の回路図

まず、全体の回路図を［図1.19］に示します。

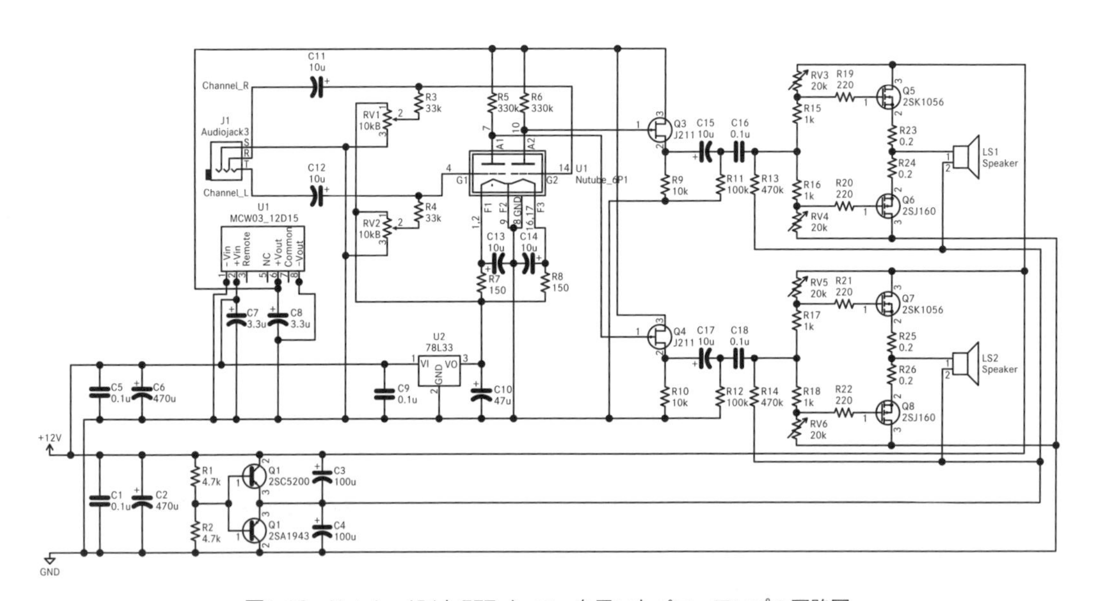


図1.19　Nutube 6P1とFETバッファを用いたパワーアンプの回路図

電源は、12VのACアダプターを使います。真空管には12Vを30Vと3.3Vにそれぞれ変換した電圧を供給し、FETバッファアンプには12Vを分割して12V、6V、0Vの電圧を供給します。バッファアンプから見ると+6V、0V、−6Vの電圧が供給されているように見えます。

前段の電圧増幅段は、前節に記したKORGの真空管Nutube 6P1を用いた回路です。アノードにかけるB電源電圧は、12Vから±15Vに変換するDC-DCコンバーターを用いて30Vの電圧を生成します。3.3Vの三端子レギュレーターで12Vから生成した3.3Vの電圧を、フィラメントにかける電圧とグリッドに入力する信号のバイアス電圧の生成に使います。

後段の電力増幅段は、コンプリメンタリのパワーMOS-FETを用いてバッファアンプを構成しています。この部分は、一番シンプルな窪田式0dBアンプを基にしています。窪田式0dBアンプではPチャネルMOS-FETとNチャネルMOS-FETをそれぞれ2個ずつ使います。ここでは、机の上でパソコンやスマートフォンからの出力を8cm程度のスピーカーに出力するようなミニワッターを想定しているので、MOS-FETはPチャネルもNチャネルも左右それぞれ1個ずつ使うことにして、回路を簡素化しています。これは、左右それぞれでブレッドボード1枚に回路を作成します。

出力は入力と位相が反転しているので、出力の+側の信号線をスピーカーの−入力端子に、出力のグラウンド（−側）をスピーカーの+入力端子に接続すると、入力信号と同じ位相で出力信号がスピーカーに出力されます。

### ブレッドボードの配置

ブレッドボード全体の配置を［図1.20］に示します。

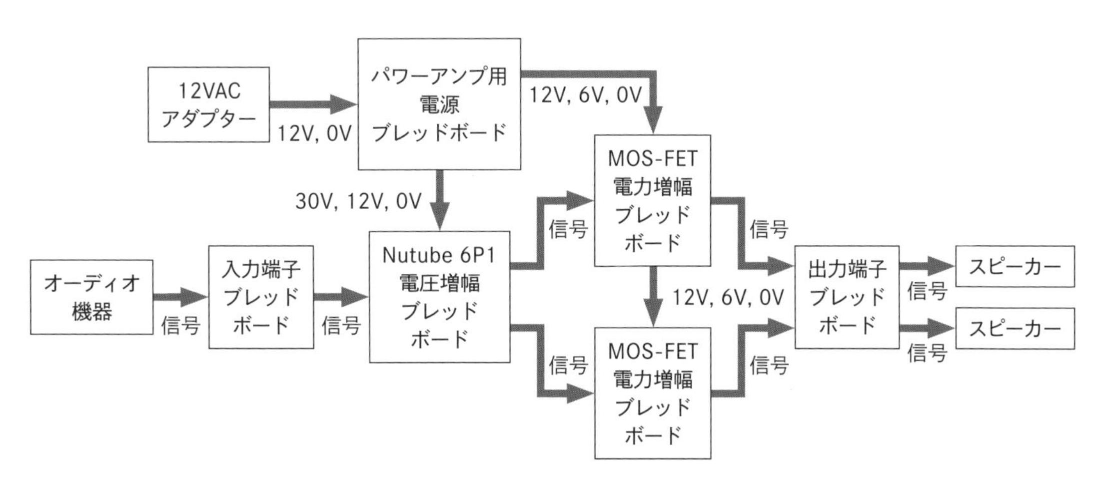


図1.20　Nutube 6P1を用いた増幅回路のブレッドボード配置

## 1.4.2 真空管電圧増幅回路の実装

ブレッドボード上に真空管増幅回路を実装します。

### 使用する部品

Nutube 6P1を用いた増幅回路の製作に使う部品を紹介します。まず［表1.7］に部品一覧を示します。購入先はすべて秋月電子通商の通販サイト（https://akizukidenshi.com/）です。ここに書いてある部品名で検索できるようにしてあります。

表1.7　Nutube 6P1を用いた増幅回路の製作に用いる部品一覧

| 部品名 | 個数 |
|---|---|
| ブレッドボード EIC-801 | 1 |
| ミニブレッドボード BB-601 | 2 |
| ETFE電線パック AWG24相当 すずめっき軟銅単線 | 1 |
| ブレッドボード・ジャンパーワイヤ 14種類×10本 | 1 |
| 真空管 Nutube 6P1 | 1 |
| Nutube Accessory KIT | 1 |
| ピンソケット 1×8 (8P) リード長10mm | 1 |
| Nch J-FET J211 | 2 |
| 低損失三端子レギュレーター 3.3V1A LM2940T-3.3 | 1 |
| 3.5mm ステレオミニジャック DIP化キット | 1 |
| 多回転半固定ボリューム たて型 10kΩ 103 | 2 |
| カーボン抵抗 1/4W 150Ω | 2 |
| カーボン抵抗 1/4W 10kΩ | 2 |
| カーボン抵抗 1/4W 33kΩ | 2 |
| カーボン抵抗 1/4W 100kΩ | 2 |
| カーボン抵抗 1/4W 330kΩ | 2 |
| 電解コンデンサー 10μF 50V ニチコンFG | 6 |
| 三端子レギュレーター用電解コンデンサー<br>(電解コンデンサー 47μF 25V ニチコンFG) | 1 |
| 三端子レギュレーター用セラミックコンデンサー<br>(積層セラミックコンデンサー 0.1μF 5mmピッチ) | 1 |

次に各部品について補足説明します。部品の図は、ブレッドボードの配線図に使用するものを使っています。既出の記号は省略しています。ヘッドフォンアンプの回路と比較すると、出力バッファがオペアンプからJFETに変わった以外は変更ありません。

1. ブレッドボード EIC-801

   ハーフサイズのものを使います。片側が5列のものと6列のものがありますが、ここでは5列のものを使います。6列のものを使う際は、部品を挿す位置に気をつけてください。

2. ミニブレッドボード BB-601

   入力のコネクターがメインのブレッドボードに載らないので、追加でコネクター用のブレッドボードを使います。

3. ETFE電線パック AWG24相当 すずめっき軟銅単線

   任意の長さに切って、ブレッドボードのジャンパーワイヤーとして使用できる単線のワイヤーです。

4. ブレッドボード・ジャンパーワイヤ 14種類×10本

上記の単線からジャンパーワイヤーを作成する代わりに、すでに加工済みのジャンパーワイヤーを購入してもよいでしょう。この場合、短いものから長いものまで入っているセットを入手してください。短いものを多めに使います。

5. 真空管 Nutube 6P1

双三極管で、1個の真空管に左右で使う2個の真空管が入っています。ピンのピッチが2mmでブレッドボードに直接挿すことができないので、次のNutube Accessory KITを使う必要があります。

6. Nutube Accessory KIT

真空管Nutube 6P1のピンのピッチを2mmから2.54mmに変換します。また、この真空管は振動に弱くマイクロフォニックノイズ（真空管が振動すると音が出力される）がすぐ発生するので、それを防止するためのクッションも含まれています。KORGの純正品をお勧めします。

7. ピンソケット 1×8（8P）リード長10mm

上記のケースから出ている2.54mmピッチのピンは、プリント基板にはんだづけができる程度の長さで、ブレッドボードに挿せるほど十分な長さがないので、このソケットに挿してからブレッドボードに挿します。

8. Nch J-FET J211

出力バッファに用いるジャンクションFETです。LTspiceにモデルが含まれていて、比較的入手性のよいものを選びました。型番の書いてある平らな面を正面にしてピンを下に向けたとき、左からドレイン（Drain）、ソース（Source）、ゲート（Gate）の順に端子が並んでいます。

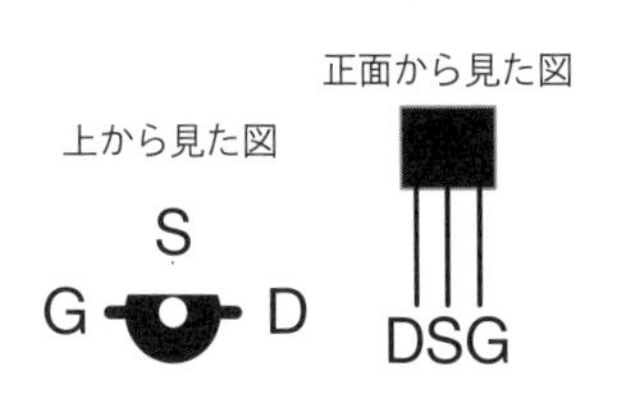


9. 低損失三端子レギュレーター 3.3V1A LM2940T-3.3

12VのACアダプターの電圧からバイアス電圧とフィラメント電圧のための3.3Vを生成するのに使います。3.3V用の三端子レギュレーターの場合、型番はいろいろありますが、ブレッドボードに挿せるように、2.54mmピッチの足が付いているものを選んでください。また、ピンの配置は型番によって異なりますが、今回の製作では正面（型番の見える側）から見たとき、ピンが左から順に、入力端子、GND端子、出力端子と並んでいるものを使います。電流は100mAも出せれば十分でしょう。LM2940T-3.3等が使えます。

10. 3.5mm ステレオミニジャック DIP化キット

本書では、入力に3.5mmステレオミニジャックのDIP化キットを使います。

11. 多回転半固定ボリューム たて型 10kΩ (103)
バイアス電圧の調整に使います。多回転型で基板上の配置でも場所を取らない形のものを使います。

12. カーボン抵抗 1/4W 150Ω (茶緑茶金)
以下、抵抗はすべて1/4Wのカーボン抵抗を使います。ワット数が大きくてもかまいません。

13. カーボン抵抗 1/4W 10kΩ (茶黒橙金)

14. カーボン抵抗 1/4W 33kΩ (橙橙橙金)

15. カーボン抵抗 1/4W 100kΩ (茶黒黄金)

16. カーボン抵抗 1/4W 330kΩ (橙橙黄金)

17. 電解コンデンサー 10μF 50V ニチコンFG
白色側の端子がマイナス極 (電圧の低い側に接続する) です。オーディオ用を用いたほうがよいでしょう。

18. 三端子レギュレーター用電解コンデンサー (電解コンデンサー 47μF 25V ニチコンFG)
三端子レギュレーターの出力側に付けるものです。三端子レギュレーターにセットで入っているものであれば、この容量でなくてもかまいません。

19. 三端子レギュレーター用セラミックコンデンサー (積層セラミックコンデンサー 0.1μF 5mm ピッチ)
三端子レギュレーターの入力側に付けるものです。三端子レギュレーターにセットで入っているものがあれば、それを使ってください。

## ブレッドボード上での配線

Nutube 6P1を用いた増幅回路のブレッドボードでの配線を [図1.21] に示します。

この図には出力の−側の配線を描いていません。電源回路のブレッドボードの0Vから、真空管電圧増幅回路のブレッドボードの0Vとバッファ回路のブレッドボードの0Vに、スター状に配線して、グラウンドループ (グラウンドの配線がループ状になること) ができないようにしてください。グラウンドループをつくると、これがアンテナとなってノイズの発生源となります。

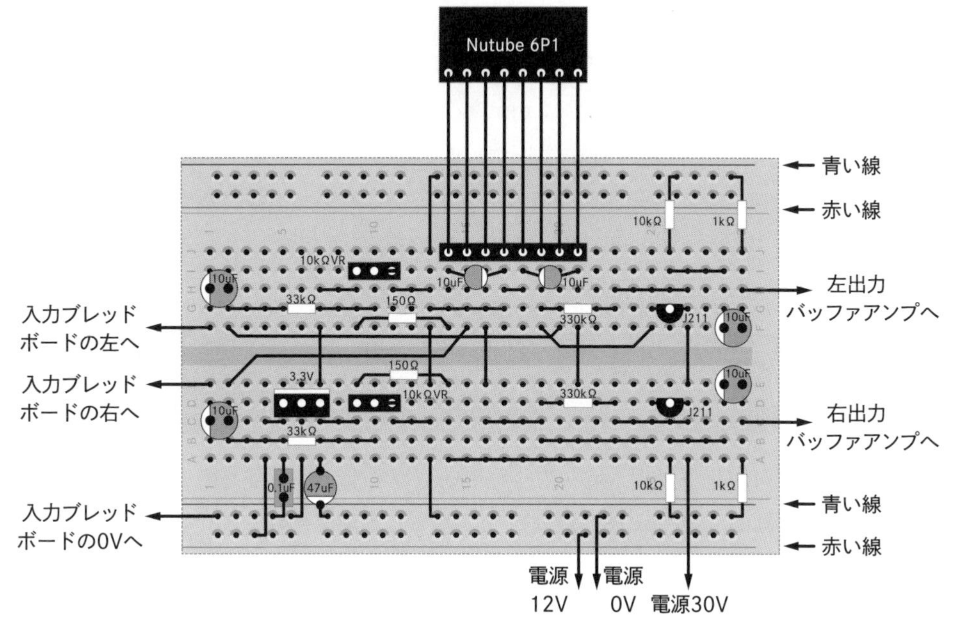


**図1.21**　Nutube 6P1を用いた増幅回路のブレッドボード配線図

増幅回路のブレッドボードの完成写真を **[図1.22]** に示します。入力の3.5mmステレオジャックは **[図1.23]** のように小型ブレッドボードに配置します。

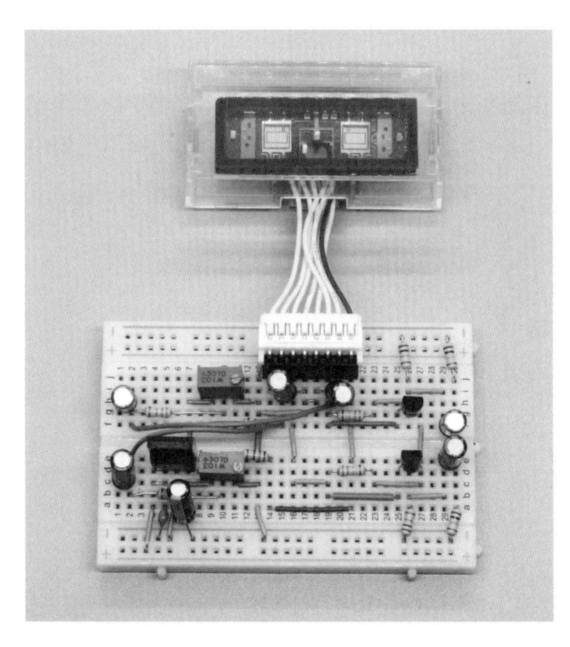

**図1.22**　Nutube 6P1を用いた増幅回路の完成写真

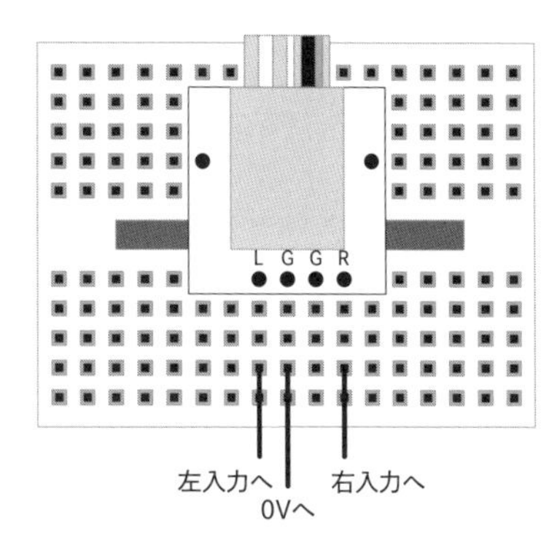


**図1.23**　Nutube 6P1を用いた電圧増幅回路の入力用ブレッドボード配線図

このブレッドボードの信号出力を、次項で製作するバッファ回路を通さずに、直接ほかのオーディオ機器に接続する場合には、−側の出力として電源0Vのラインから線を出して、出力用に[図1.23]と同じブレッドボードを配線して、3.5mmステレオ端子から出力してください。

本書で作成する真空管電圧増幅回路は、すべて出力にJFETのバッファ回路と出力信号の電圧を0V基準にするDCカットフィルターを入れてあります。そのため、単体で真空管プリアンプとして使用して、パワーアンプやヘッドフォンアンプの入力に接続できます。

## 1.4.3 MOS-FETバッファ回路の実装

この項では、ブレッドボード上にMOS-FETを用いたバッファ回路を実装します。この回路は左右それぞれを1枚のブレッドボードで作成します。まったく同じ回路なので、ブレッドボードの図は1枚分のみ掲載します。

ここで使っているMOS-FETは販売終了品で、だんだん入手しにくくなりつつありますので、入手できない場合は1.6.3項で説明している、トランジスタを用いたダイヤモンドバッファを用いるとよいでしょう。もしくは、コンプリメンタリなMOS-FETのペアが入手できる場合には、7.4.4項で設計している回路を用いることもできます。

### 使用する部品

MOS-FETを用いたバッファ回路の製作に使う部品を紹介します。まず[表1.8]に部品一覧を示します。左右それぞれでブレッドボードを1枚ずつ使うので、部品の個数はブレッドボード2枚分です。購入先は、URLの示していないものは秋月電子通商の通販サイト（https://akizukidenshi.com/）です。ここに書いてある商品名で検索できるようにしてあります。

表1.8　MOS-FETを用いたバッファ回路の製作に用いる部品一覧

| 部品名 | 個数 | 購入URL |
|---|---|---|
| ブレッドボード EIC-801 | 2 | |
| ミニブレッドボード BB-601 | 1 | |
| ETFE電線パック AWG24相当 すずめっき軟銅単線 | 1 | |
| ブレッドボード・ジャンパーワイヤ 14種類×10本 | 1 | |
| Nチャネル・パワー MOS-FET 2SK1056/2SK2220 | 2 | 樫木総業　https://www.kashinoki.shop/<br>共立エレショップ　https://eleshop.jp/<br>若松通商　https://wakamatsu.co.jp/biz/ |
| Pチャネル・パワー MOS-FET 2SJ160/2SJ351 | 2 | 樫木総業　https://www.kashinoki.shop/<br>共立エレショップ　https://eleshop.jp/<br>若松通商　https://wakamatsu.co.jp/biz/ |
| ターミナルブロック 3P 青 横 | 4 | |
| ピンソケット 1×5（5P）リード長15mm | 4 | |

| 部品名 | 個数 | 購入URL |
|---|---|---|
| ターミナルブロック 2P 青 縦 小 | 2 | |
| 酸化金属被膜抵抗器 2W 0.1Ω（茶黒銀金）、2W 0.2Ω（赤黒銀金）、2W 0.22Ω（赤赤銀金）のどれか | 4 | 千石電商　https://www.sengoku.co.jp/ |
| カーボン抵抗 1/4W 220Ω | 4 | |
| カーボン抵抗 1/4W 1kΩ | 4 | |
| カーボン抵抗 1/4W 470kΩ | 2 | |
| 多回転半固定ボリューム たて型 10kΩ 103 | 4 | |
| フィルムコンデンサー 0.1μF 50V ルビコンF2D | 2 | |

次に各部品について補足説明します。部品の図は、ブレッドボードの配線図に使用するものを掲載しています。既出の記号は省略しています。

1. ブレッドボード EIC-801

   左右それぞれのチャンネルで1枚使います。以下、左右の2枚分の部品の個数を示しています。

2. ミニブレッドボード BB-601

   出力のコネクターがメインのブレッドボードに載らないので、コネクター用のブレッドボードを追加で使います。

3. ETFE 電線パック AWG24相当 すずめっき軟銅単線

   任意の長さに切って、ブレッドボードのジャンパーワイヤーとして使用できる単線のワイヤーです。

4. ブレッドボード・ジャンパーワイヤ 14種類×10本

   上記の単線からジャンパーワイヤーを作成する代わりに、すでに加工済みのジャンパーワイヤーを購入してもよいでしょう。この場合、短いものから長いものまで入っているセットを入手してください。短いものを多めに使います。

5. Nチャネル・パワー MOS-FET 2SK1056/2SK2220

   2SK1056は現行品ではないので、代替品を用いる場合は、コンプリメンタリの存在するパワーMOS-FETで、ソースに対するゲートの電圧を上昇させたとき、0Vからドレイン電流が上昇するものを入手してください。また、温度特性が負の（温度が上昇したときドレイン電流が減少する）ものを使うことを前提に回路が設計されています。上記に在庫がない場合はWebで検索してみてください。特性が同じ2SK1057または2SK1058を使用してもかまいません。これらの違いは最大定格のみです。類似した特性を持つものとして2SK2220および2SK2221があります。ピン配置は、型番の書いてある面を前にしてピンを下向きにしたとき、左からゲート（Gate）、ソース（Source）、ドレイン（Drain）です。真ん中のソースが背面の放熱板に接続されています。

   正面から見た図
   

6. Pチャネル・パワー MOS-FET 2SJ160/2SJ351

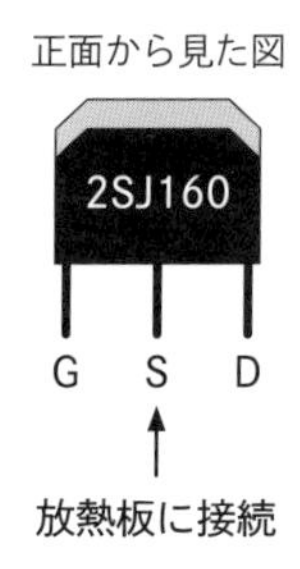


2SJ160は、5.の2SK1056のコンプリメンタリの製品です。特性が同じ2SJ161または2SJ162を使用してもかまいません。これらの違いは最大定格のみです。2SJ161が2SK1057、2SJ162が2SK1058に対応したコンプリメンタリのものです。2SK2220を用いた場合には2SJ351を、2SK2221を用いた場合には2SJ352を使用してください。ピン配置は、型番の書いてある面を前にしてピンを下向きにしたとき、左からゲート（Gate）、ソース（Source）、ドレイン（Drain）です。真ん中のソースが背面の放熱板に接続されています。

7. ターミナルブロック 3P 青 横

2SK1056と2SJ160の足が太いため、そのままブレッドボードに挿すとブレッドボードを壊してしまいます。そこで、このターミナルブロックにMOS-FETをねじ止めしてからブレッドボードに挿すようにします。

8. ピンソケット 1×5（5P）リード長15mm

上記のターミナルブロックは足が短いので、さらにこのピンソケットに挿したものをブレッドボードに挿します。

9. ターミナルブロック 2P 青 縦 小

このターミナルブロックをミニブレッドボードに挿してスピーカーケーブルを接続します。

10. 酸化金属被膜抵抗器 抵抗0.1Ω 2W（茶黒銀金）、0.2Ω 2W（赤黒銀金）、0.22Ω 2W（赤赤銀金）のどれか

0.1Ωから0.22Ω程度の、2Wの酸化金属皮膜抵抗を使います。

11. カーボン抵抗 1/4W 220Ω（赤赤茶金）

以下の抵抗は1/4Wのカーボン抵抗を使います。ワット数が大きくてもかまいません。

12. カーボン抵抗 1/4W 1kΩ（茶黒赤金）

13. カーボン抵抗 1/4W 470kΩ（黄紫黄金）

14. 多回転半固定ボリューム たて型 10kΩ 103

多回転の縦型がブレッドボードに挿すのにちょうどよいでしょう。

15. フィルムコンデンサー 0.1μF 50V ルビコンF2D（104）

オーディオ用なのでセラミックコンデンサーよりもフィルムコンデンサーを用いるほうがよいでしょう。電解コンデンサーと異なり極性はないので、接続する向きはどちらでもかまいません。

### ブレッドボード上での配線

MOS-FETを用いたバッファ回路のブレッドボードでの配線を [図1.24] に示します。

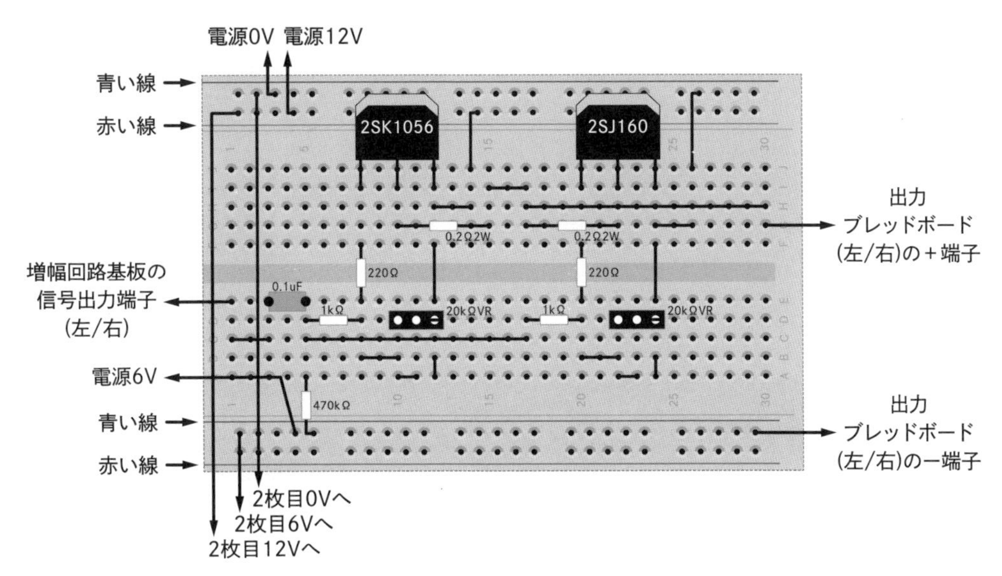


**図1.24** MOS-FETを用いたバッファ回路のブレッドボード配線図（1チャンネル分、左右で2枚作成）

ブレッドボード1枚で左右それぞれ1チャンネル分なので、左右合わせて2枚作成します。

MOS-FETは足が太いので、[図1.25] のようにターミナルブロックにねじ止めしてさらにピンソケットに挿したものを、[図1.26] のようにブレッドボードに挿します。MOS-FETを用いたバッファ回路のブレッドボードの完成写真を [図1.27] に示します。

**図1.25** MOS-FETのターミナルブロックへのねじ止め

**図1.26** MOS-FETのブレッドボードへの取り付け

**図1.27** MOS-FETバッファ回路の完成写真

MOS-FETブレッドボードの出力は出力端子用ターミナルブロックを挿したミニブレッドボードにつなぎます。出力ブレッドボードは［図1.28］のように結線します。

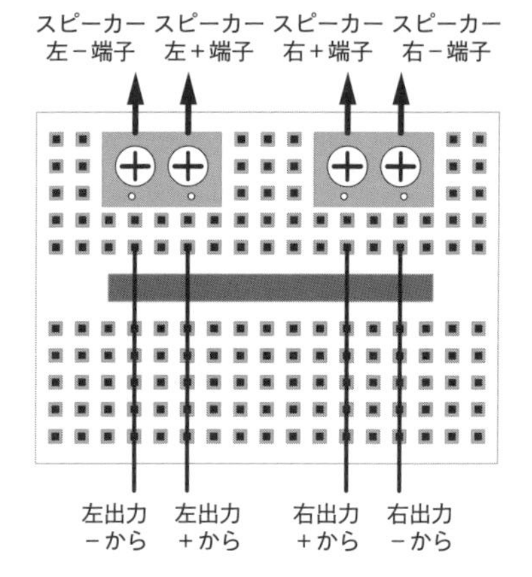

図1.28　出力ブレッドボードの結線

## 1.4.4 アンプ全体のブレッドボードの配線

電源、真空管電圧増幅、バッファ、入出力それぞれのブレッドボード間の配線は［図1.29］のようになります。

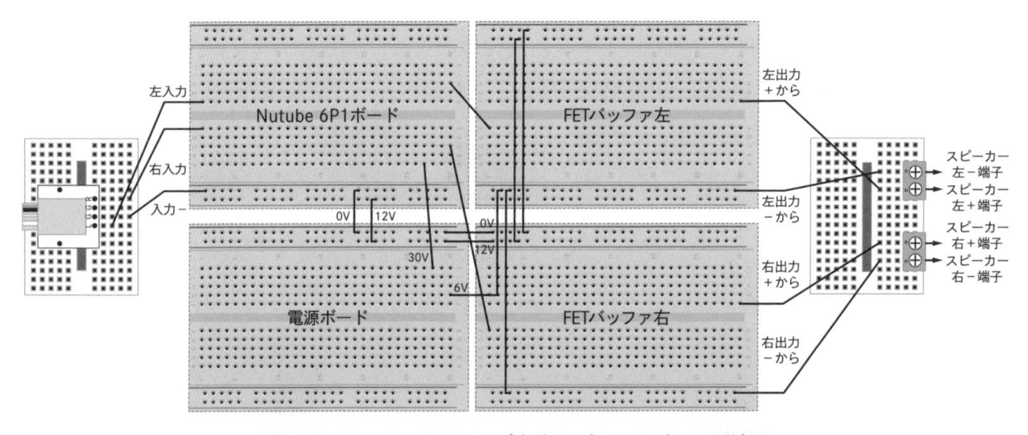

図1.29　Nutube 6P1アンプ全体のブレッドボード配線図

## 1.4.5 真空管電圧増幅回路のバイアス調整

ヘッドフォンアンプと同様、バイアス調整を行います。この真空管ではグリッドに入力する信号のバイアスをプラスに調整します。3.3Vを入力している可変抵抗で2Vから3Vに調整します。必ずしもテスターを使う必要はなく、ゲインが最も大きく取れる位置に設定します。バイアス電圧によって音が変化するので、いろいろと変えてみてください。

## 1.4.6 MOS-FETバッファ回路のバイアス調整

このバッファ回路は、半固定抵抗を使って、バイアスの調整が必要です。入力がないときにMOS-FETのドレイン－ソース間に100mAの電流が流れるように調整します。このときゲート－ソース間の電圧はだいたい0.5Vから0.6V程度です。2SK1056と2SJ160の温度係数がほぼゼロとなり電流と温度が安定するため、ここを動作点に決めます。その結果、このバッファアンプはMOS-FETにヒートシンクを付けなくてもさわれる程度の温度（カイロぐらいの温かさ）になります。

バイアスの調整は以下のように行います。2つの20kΩの半固定抵抗のダイヤルは、時計回りに回転すると抵抗値が大きく、反時計回りに回転すると抵抗値が小さくなります。まず、両方の半固定抵抗のダイヤルを時計回りに回しきっておきます（いくらでも回るので適当なところで止めてください）。

次に、以下の両者の操作を交互に繰り返して、1つの0.2Ωの抵抗の両端の電圧が20mV（0.1Ωを使った場合は10mV、0.22Ωを使った場合は22mV）、かつ2つの0.2Ωの間の点と入力の－端子の電圧の差が0Vになるように調整します。

1. テスターをDC電圧モードにして、左の0.2Ω 2Wの抵抗の左側にテスターの赤いプローブを、右の0.2Ω 2Wの右側にテスターの黒いプローブを付けます。2つの20kΩの半固定抵抗のダイヤルを交互に同じ角度ずつ反時計回りに回して、テスターの電圧が40mV（0.2Ωの代わりに0.1Ωを使った場合は20mV、0.22Ωを使った場合は44mV）を示すようにします。

2. 2つの0.2Ω 2Wの抵抗の間にテスターの赤いプローブをつけて、出力の－端子側（電源ライン0V、6V、12Vのうち6V）にテスターのもう片方の黒いプローブを付けます。この電圧が0Vに近く（だいたい±10mV以下に）なるように、以下の操作を行います。

   (a) テスターの示す電圧が正のとき、右の半固定抵抗のダイヤルを反時計回りに回転し、左の半固定抵抗のダイヤルを時計回りに回転すると、テスターの電圧が下がります。両者の回転を同じ回転量だけ、交互に行います。

   (b) テスターの示す電圧が負のとき、右の半固定抵抗のダイヤルを時計回りに回転し、左の半固定抵抗のダイヤルを反時計回りに回転すると、テスターの電圧が上がります。両者の回転を同じ回転量だけ、交互に行います。

# 1.5 12AU7とFETバッファを用いたハイブリッドパワーアンプ

本節では、真空管12AU7とFETのバッファを用いた、スピーカーを鳴らせるハイブリッドのパワーアンプを製作します。真空管として12AU7を用いることで、電源電圧の12Vをそのまま真空管のヒーター電圧に用いることができます。ここでは真空管をブレッドボードに挿すために、市販の変換基板を使うことにします。

本節ではバッファ回路としてMOS-FETを使っていますが、代わりにトランジスタを用いたダイヤモンドバッファと組み合わせてもかまいません。その場合、バイアス調整が不要で配線も余裕があります。

## 1.5.1 全体の回路図

真空管として12AU7を用いた場合のハイブリッドパワーアンプ全体の回路図を［図1.30］に示します。

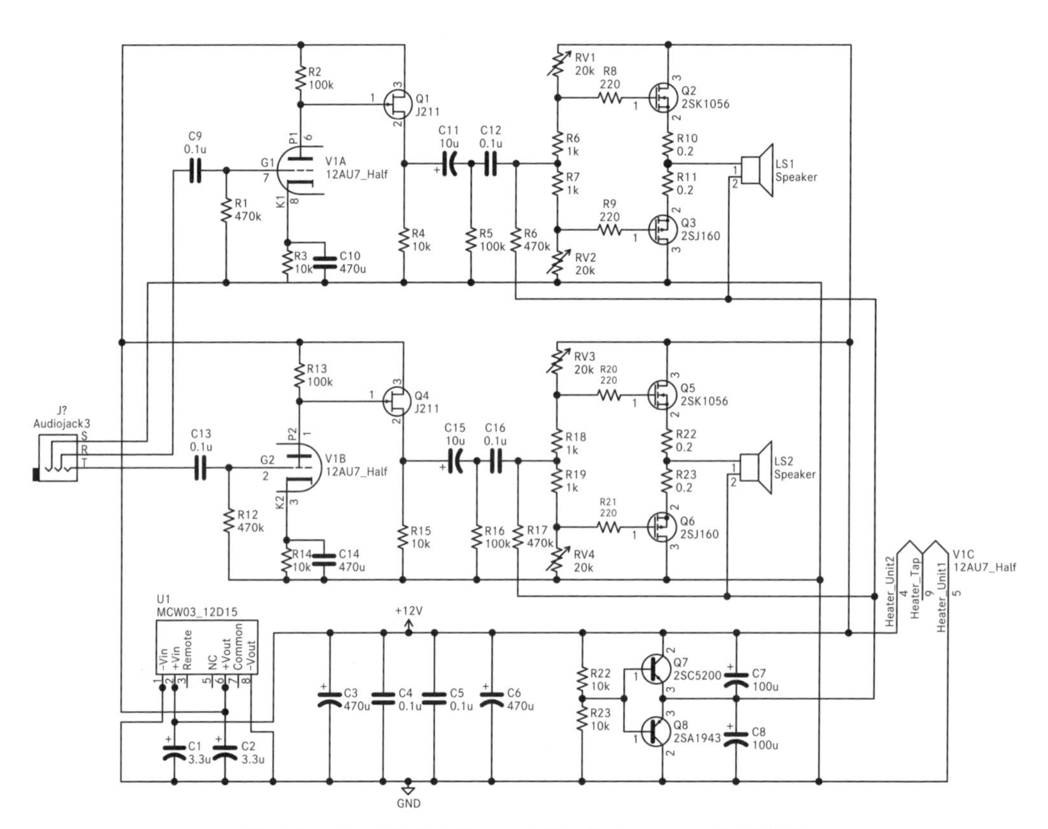


図1.30　12AU7とFETバッファを用いたパワーアンプの回路図

電源は、12VのACアダプターを使います。真空管のプレートには12Vの電圧をDC-DCコンバーターで30Vに昇圧したものを供給し、フィラメントには12Vの電源電圧をそのまま供給します。FETバッファアンプには12Vを分割して12V、6V、0Vとしたものを供給します。バッファアンプから見ると＋6V、0V、－6Vの電圧が供給されているように見えます。

前段の電圧増幅段は、12AU7を使います。この真空管は双三極管で、三極管が1つのパッケージに2個入っているので、1本でステレオ両チャンネルの増幅を行えます。また、フィラメントの電圧が12.6Vなので、ACアダプターからの入力12Vを、そのままフィラメント用の電源として使います。

Nutube 6P1の場合と同様に、出力にJFETバッファを挿入します。上記のブレッドボード配置では後段の電力増幅段にパワーMOS-FETを用いたプッシュプルソースフォロワ回路を使いますが、これを、次節で作成する、トランジスタを用いたダイヤモンドバッファ回路に差し替えても問題なく動くようにしてあります。

後段の電力増幅段は、コンプリメンタリのパワーMOS-FETを用いてバッファアンプを構成します。これは、左右それぞれでブレッドボード1枚に回路を作成します。

後段の電圧生成には1.3節で作成した回路を使います。

出力は入力と位相が反転していることに気をつけてください。スピーカーの＋端子と－端子を逆につなぐことで、入力信号と同じ位相の出力信号をスピーカーに出力できます。

## ブレッドボードの配置

ブレッドボード全体の配置を [図1.31] に示します。

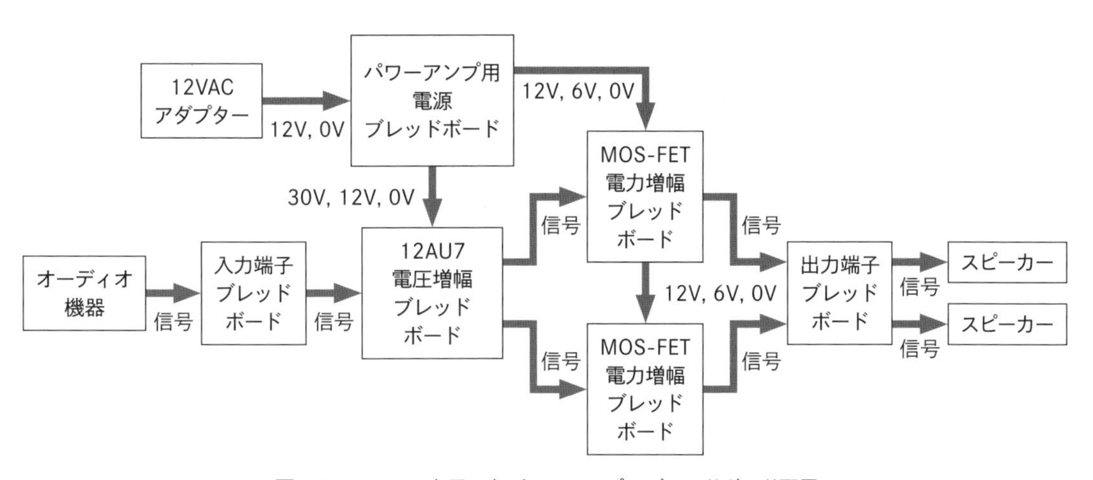


図1.31　12AU7を用いたパワーアンプのブレッドボード配置

## 1.5.2 真空管電圧増幅回路の実装

ブレッドボード上に12AU7を用いた真空管増幅回路を実装します。

### 使用する部品

12AU7を用いた増幅回路の製作に使う部品を紹介します。まず［表1.9］に部品一覧を示します。購入先は、URLの示していないものは秋月電子通商の通販サイト（https://akizukidenshi.com/）です。ここに書いてある部品名で検索できるようにしてあります。

表1.9　12AU7を用いた増幅回路の製作に用いる部品一覧

| 部品名 | 個数 | 購入URL |
|---|---|---|
| ブレッドボード EIC-801 | 1 | |
| ミニブレッドボード BB-601 | 2 | |
| ETFE電線パック AWG24相当 すずめっき軟銅単線 | 1 | |
| ブレッドボード・ジャンパーワイヤ 14種類×10本 | 1 | |
| 真空管 12AU7/ECC82/ECC802/ECC802S | 1 | コイズミ無線　http://www.koizumi-musen.com/<br>アムトランス　https://www.amtrans.jp/<br>パンテックエレクトロニクス<br>https://www.soundparts.jp/<br>クラシックコンポーネンツ<br>https://userweb.pep.ne.jp/classic/<br>共立エレショップ　https://eleshop.jp/<br>若松通商　https://wakamatsu.co.jp/biz/<br>千石電商　https://www.sengoku.co.jp/ |
| サンハヤト AT-MT9P 真空管ピッチ変換基板 | 1 | 千石電商　https://www.sengoku.co.jp/ |
| Nch J-FET J211 | 2 | |
| 3.5mm ステレオミニジャック DIP化キット | 1 | |
| カーボン抵抗 1/4W 750Ω | 2 | |
| カーボン抵抗 1/4W 10kΩ | 2 | |
| カーボン抵抗 1/4W 33kΩ | 2 | |
| カーボン抵抗 1/4W 100kΩ | 2 | |
| カーボン抵抗 1/4W 470kΩ | 2 | |
| 電解コンデンサー 10μF 50V ニチコンFG | 2 | |
| 電解コンデンサー ハイブリッド 470μF 25V | 2 | |
| フィルムコンデンサー 0.1μF 50V ルビコンF2D | 2 | |

次に各部品について補足説明します。部品の図は、ブレッドボードの配線図に使用するものを使っています。既出の記号は省略しています。

1. ブレッドボード EIC-801
   ハーフサイズのものを使います。12AU7は双三極管なので、1枚で左右両チャンネル分を作成しています。

2. ミニブレッドボード BB-601
   入力のコネクターがメインのブレッドボードに載らないので、コネクター用のブレッドボードを追加で使います。

3. ETFE電線パック AWG24相当 すずめっき軟銅単線
   任意の長さに切って、ブレッドボードのジャンパーワイヤーとして使用できる単線のワイヤーです。

4. ブレッドボード・ジャンパーワイヤ 14種類×10本
   上記の単線からジャンパーワイヤーを作成する代わりに、すでに加工済みのジャンパーワイヤーを購入してもよいでしょう。この場合、短いものから長いものまで入っているセットを入手してください。短いものを多めに使います。

5. 真空管 12AU7/ECC82/ECC802/ECC802S
   配線の変更でヒーターが6.3Vと12.6VのどちらもY使えるMT9ピン双三極管です。
   さまざまなメーカーから販売されていますので、いろいろと差し替えてみてください。

6. サンハヤト AT-MT9P 真空管ピッチ変換基板
   市販の変換基板を使います。ここで用いている市販品はサンハヤト製のAT-MT9Pです。

7. Nch J-FET J211
   出力バッファに用いるジャンクションFETです。LTspiceにモデルが含まれていて、比較的入手性の良いものを選びました。

8. 3.5mm ステレオミニジャック DIP化キット
   ここでは入力に3.5mmステレオミニジャックのDIP化キットを使います。

9. カーボン抵抗 1/4W 750Ω（紫緑茶金）
   以下、抵抗はすべて1/4Wのカーボン抵抗を使います。ワット数が大きくてもかまいません。

10. カーボン抵抗 1/4W 10kΩ（茶黒橙金）

11. カーボン抵抗 1/4W 33kΩ（橙橙橙金）

12. カーボン抵抗 1/4W 100kΩ（茶黒黄金）

13. カーボン抵抗 1/4W 470kΩ（黄紫黄金）

14. 電解コンデンサー 10μF 50V ニチコンFG

15. 電解コンデンサー ハイブリッド 470μF 25V

16. フィルムコンデンサー 0.1μF 50V ルビコンF2D(104)

## ブレッドボード上での配線

12AU7を用いた増幅回路のブレッドボードでの配線を[図1.32]に示します。

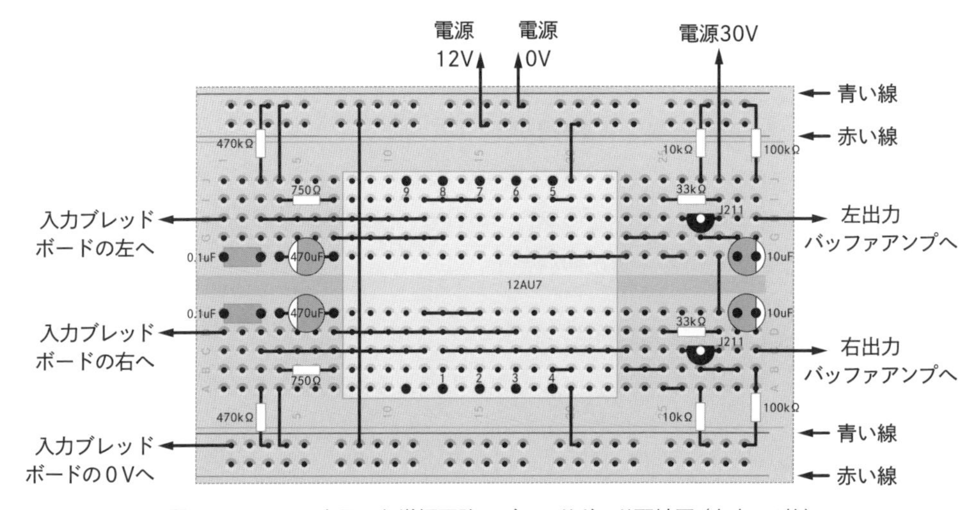


図1.32 12AU7を用いた増幅回路のブレッドボード配線図（左右で1枚）

ここでは、ACアダプターからの12Vの入力をそのままヒーターの電源として使っています。真空管に使う30Vは[図1.15]のモジュールの30V出力を接続します。入力側のワイヤーは[図1.23]の入力用ブレッドボードに接続します。増幅回路のブレッドボードの完成写真を[図1.33]に示します。

図1.33 12AU7を用いた増幅回路の完成写真

## 1.5.3 MOS-FETバッファ回路の製作

MOS-FETバッファ回路の製作は1.4.3項と同様です。

MOS-FETを用いたバッファ回路のブレッドボードは［図1.24］のものを2枚使います。

## 1.5.4 アンプ全体のブレッドボードの配線

電源、真空管電圧増幅、バッファ、入出力それぞれのブレッドボード間の配線は［図1.34］のようになります。

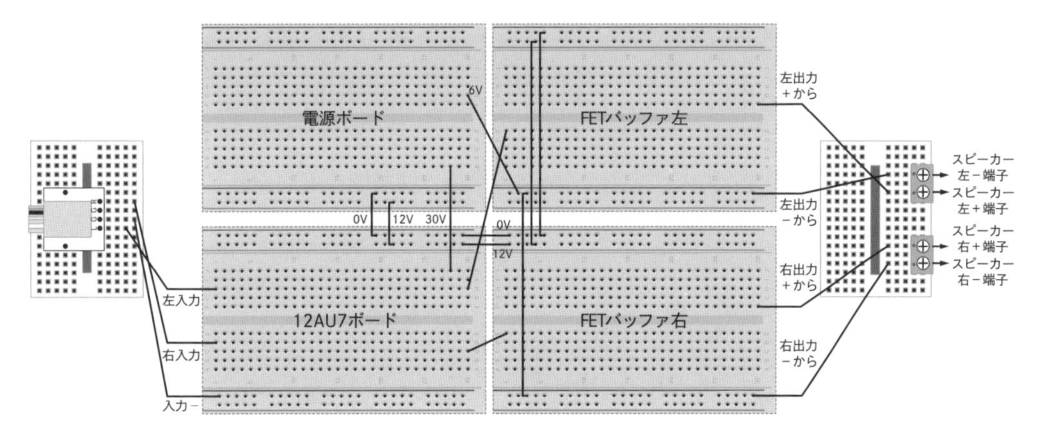


図1.34　12AU7アンプ全体のブレッドボード配線図

## 1.5.5 MOS-FETバッファ回路のバイアス調整

MOS-FETバッファはバイアス調整が必要です。1.4.6項のように調整してください。

# 1.6 6DJ8とトランジスタバッファを用いたハイブリッドパワーアンプ

本節では、真空管6DJ8とバッファ回路を用いた、スピーカーを鳴らせるハイブリッドのパワーアンプを製作します。特に、6DJ8を片チャンネルあたり1本ずつ、合計2本用いることで、電源電圧の12Vをそのまま真空管のヒーター電圧に用いることができます。真空管をブレッドボードに挿すために、市販の変換基板を使います。

本節ではバッファ回路として、トランジスタを用いたダイヤモンドバッファを使っていますが、代わりにMOS-FETを用いたバッファ回路と組み合わせてもかまいません。

## 1.6.1 全体の回路図

真空管6DJ8を用いたハイブリッドパワーアンプの全体の回路図を[図1.35]に示します。

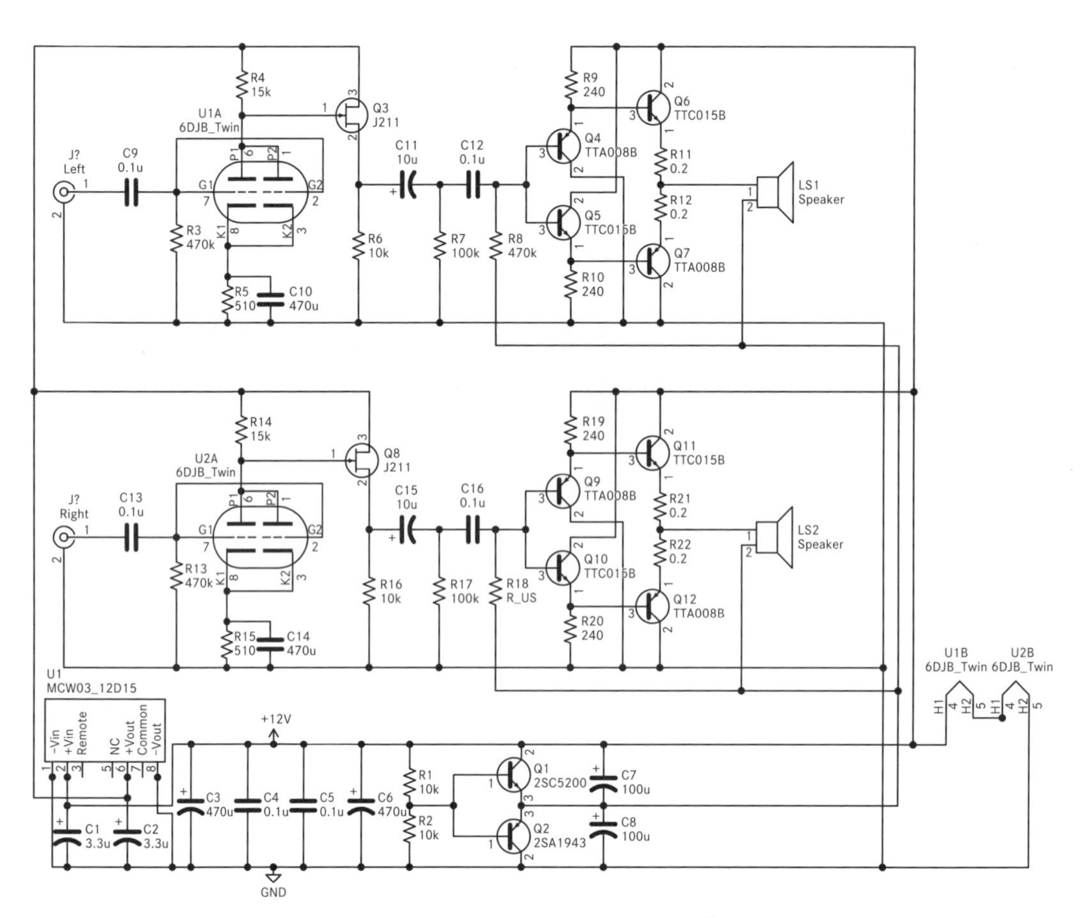


図1.35　6DJ8をパラレルで用いるパワーアンプの回路図

ヒーター電圧が6.3Vの6DJ8を12VのACアダプターで使用します。その場合、三端子レギュレーターで6Vの電圧を作成すると、6DJ8は双三極管なので、ヒーター以外は前節で作成した12AU7と同じように作成できます。異なるのはカソードの自己バイアス抵抗とプレートの負荷抵抗のみです。ここでは、双三極管6DJ8を左右それぞれに1個ずつ使い、ヒーターを直列に結線することで、三端子レギュレーターを用いずに12VのACアダプターの電圧をそのままヒーターに使います。

片方のチャンネルに2回路の三極管が使われているので、いろいろな回路の構成が考えられますが、最も簡便な方法として2回路の三極管を並列接続して使っています。

電力増幅段のトランジスタを用いたダイヤモンドバッファは前節で使ったMOS-FETのバッファに交換することができます。ここでは、比較的省電力で現行品のトランジスタTTA008BとTTC015Bを使っています。前段と後段に同じトランジスタを使うことで電流もあまり流れないので、発熱もそれほどではなく、ヒートシンクを付けずに裸で使えます。

### ブレッドボードの配置

ブレッドボード全体の配置を［図1.36］に示します。

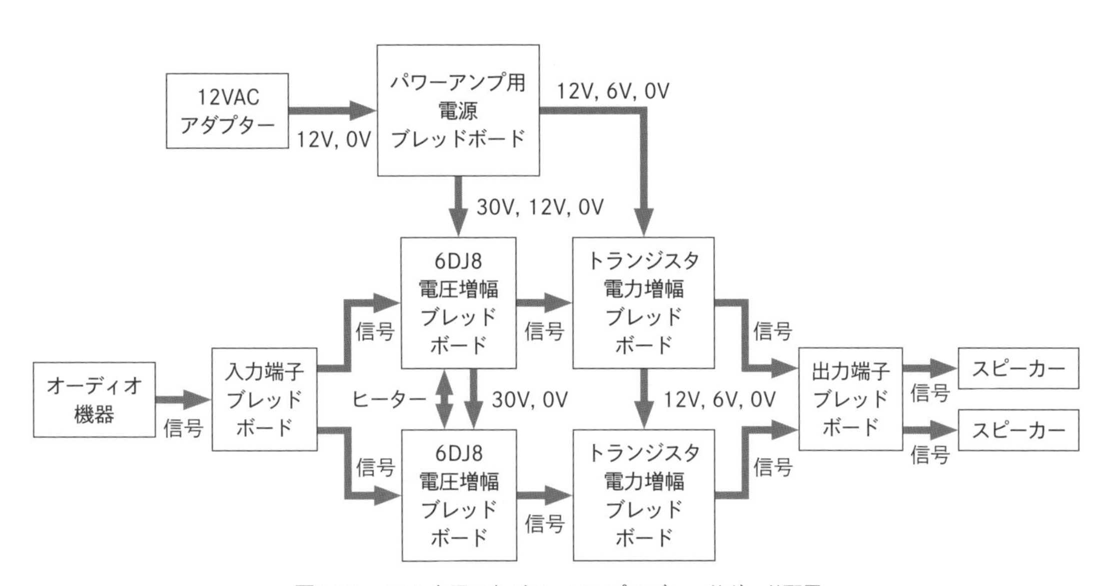


図1.36　6DJ8を用いたパワーアンプのブレッドボード配置

## 1.6.2 真空管電圧増幅回路の実装

ブレッドボード上に6DJ8を用いた真空管増幅回路を実装します。

## 使用する部品

6DJ8を用いた増幅回路の製作に使う部品を紹介します。まず［表1.10］に部品一覧を示します。左右それぞれでブレッドボードを1枚ずつ使うので、部品の個数はブレッドボード2枚分です。購入先は、URLの示していないものは秋月電子通商の通販サイト（https://akizukidenshi.com/）です。ここに書いてある部品名で検索できるようにしてあります。

表1.10　6DJ8を用いた増幅回路の製作に用いる部品一覧

| 部品名 | 個数 | 購入URL |
|---|---|---|
| ブレッドボード EIC-801 | 2 | |
| ミニブレッドボード BB-601 | 1 | |
| ETFE電線パック AWG24相当 すずめっき軟銅単線 | 1 | |
| ブレッドボード・ジャンパーワイヤ 14種類×10本 | 1 | |
| 真空管 6DJ8/6922/E88CC | 2 | コイズミ無線　http://www.koizumi-musen.com/<br>アムトランス　https://www.amtrans.jp/<br>パンテックエレクトロニクス<br>https://www.soundparts.jp/<br>クラシックコンポーネンツ<br>https://userweb.pep.ne.jp/classic/<br>共立エレショップ　https://eleshop.jp/<br>若松通商　https://wakamatsu.co.jp/biz/<br>千石電商　https://www.sengoku.co.jp/ |
| サンハヤト AT-MT9P 真空管ピッチ変換基板 | 2 | 千石電商　https://www.sengoku.co.jp/ |
| Nch J-FET J211 | 2 | |
| RCAジャックDIP化キット 赤 | 1 | |
| RCAジャックDIP化キット 白 | 1 | |
| カーボン抵抗 1/4W 510Ω | 2 | |
| カーボン抵抗 1/4W 10kΩ | 2 | |
| カーボン抵抗 1/4W 15kΩ | 2 | |
| カーボン抵抗 1/4W 100kΩ | 2 | |
| カーボン抵抗 1/4W 470kΩ | 2 | |
| 電解コンデンサー 10μF 50V ニチコンFG | 2 | |
| 電解コンデンサー ハイブリッド 470μF 25V | 2 | |
| フィルムコンデンサー 0.1μF 50V ルビコンF2D | 2 | |

次に各部品について補足説明します。部品の図は、ブレッドボードの配線図に使用するものを使っています。既出の記号は省略しています。

1. ブレッドボード EIC-801

   ハーフサイズのものを使います。6DJ8を片チャンネルに1枚、左右両チャンネル分で2枚使って作成しています。以下の部品は両チャンネル分の個数です。

2. ミニブレッドボード BB-601
   入力のコネクターがメインのブレッドボードに載らないため、追加でコネクター用のブレッドボードを使います。

3. ETFE電線パック AWG24相当 すずめっき軟銅単線
   任意の長さに切って、ブレッドボードのジャンパーワイヤーとして使用できる単線のワイヤーです。

4. ブレッドボード・ジャンパーワイヤ 14種類×10本
   上記の単線からジャンパーワイヤーを作成する代わりに、すでに加工済みのジャンパーワイヤーを購入してもよいでしょう。この場合、短いものから長いものまで入っているセットを入手してください。短いものを多めに使います。

5. 真空管 6DJ8/6922/E88CC
   ヒーターが6.3VのMT9ピン双三極管です。さまざまなメーカーから新品が販売されています。差し替えてご自身に合うものを見つけてください。

6. サンハヤト AT-MT9P 真空管ピッチ変換基板
   市販の変換基板を使います。ここで用いている市販品はサンハヤト製のAT-MT9Pです。

7. Nch J-FET J211
   出力バッファに用いるジャンクションFETです。SPICEモデルがLTspiceに含まれているのでこれを選びました。

8. RCAジャックDIP化キット 赤
   ここでは入力にRCAジャックのDIP化キットを使います。これは左右のチャンネルごとに必要で、右が赤、左が白を示します。

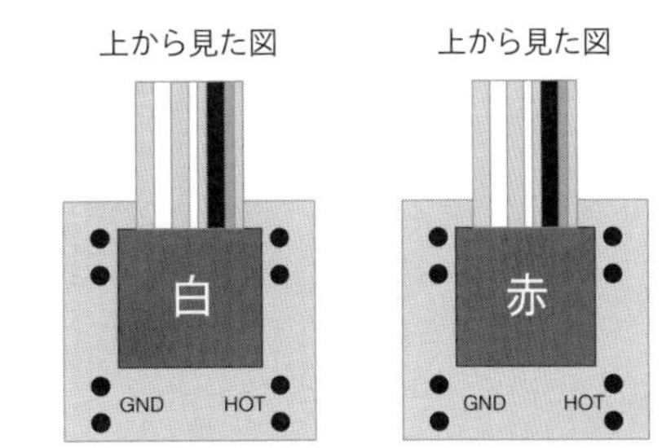

9. RCAジャックDIP化キット 白

10. カーボン抵抗 1/4W 510Ω(緑茶茶金)
    以下、抵抗はすべて1/4Wのカーボン抵抗を使います。ワット数が大きくてもかまいません。

11. カーボン抵抗 1/4W 10kΩ(茶黒橙金)

12. カーボン抵抗 1/4W 15kΩ(茶緑橙金)

13. カーボン抵抗 1/4W 100kΩ(茶黒黄金)

14. カーボン抵抗 1/4W 470kΩ(黄紫黄金)

15. 電解コンデンサー 10μF 50V ニチコンFG

白色側の端子がマイナス極（電圧の低い側に接続する）です。オーディオ用を用いたほうがよいでしょう。

16. 電解コンデンサー ハイブリッド 470μF 25V

17. フィルムコンデンサー 0.1μF 50V ルビコンF2D（104）

## ブレッドボード上での配線

6DJ8を用いた増幅回路のブレッドボードでの配線を［図1.37］に示します。

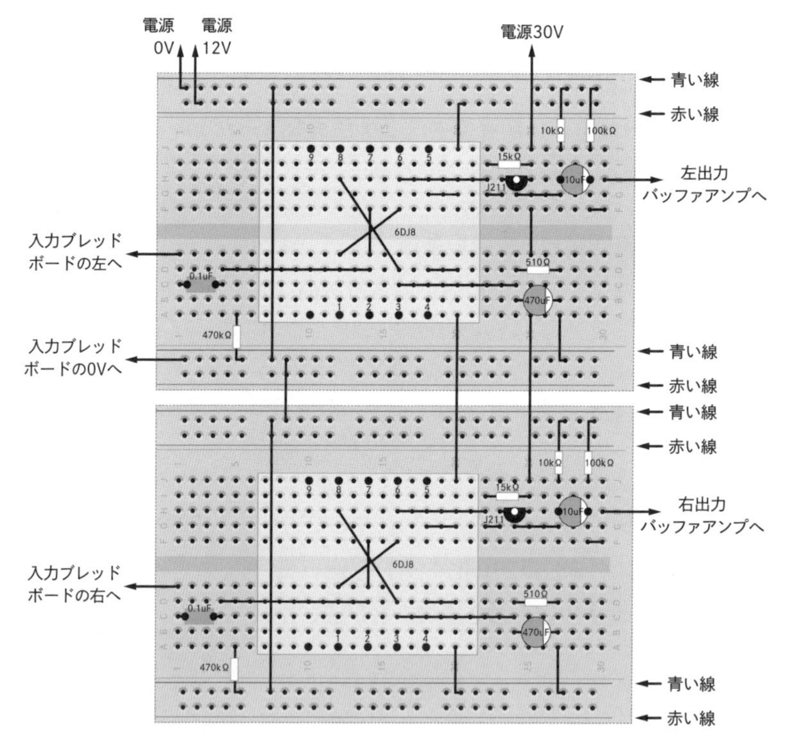


図1.37　6DJ8を用いた増幅回路のブレッドボード配線図

ヒーターの配線を左右両チャンネルの基板を合わせて12Vとしているので、2枚の基板の間の配線を描くために、2枚分の配線図を掲載しています。

ブレッドボード用MT9ピン真空管ソケット変換基板はブレッドボードの幅いっぱいのサイズで設計してあり、ジャンパーワイヤーはこの変換基板の下を通しています。そのため、この部分のジャンパーワイヤーはちょうど必要な長さを用い、ブレッドボードから浮き上がらないようにジャンパーワイヤーを必要な長さに切ってから配線してください。また、ジャンパーワイヤーを配線した後で真空管ソケット変換基板を挿します。

真空管に使う30Vは［図1.15］のモジュールの30V出力を接続します。

増幅回路のブレッドボードの完成写真を［図1.38］に示します。入力のRCAジャックは［図1.39］のように小型ブレッドボードに配置します。

図1.38　6DJ8を用いた増幅回路の完成写真

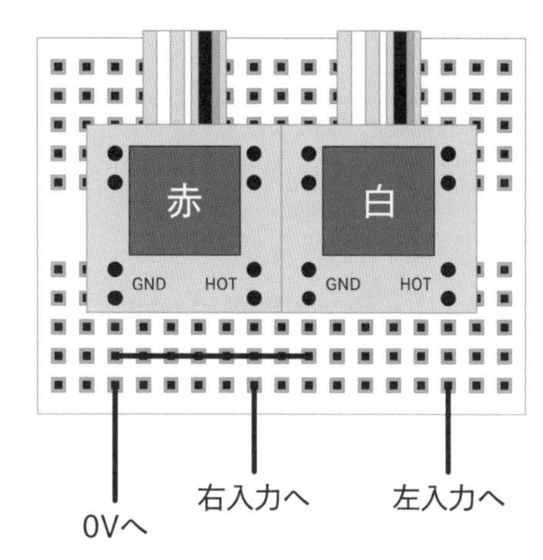

図1.39　RCAジャックを用いた電圧増幅回路の入力用ブレッドボード配線図

このとき、右チャンネルと左チャンネルのグラウンド側のワイヤーは、1本にまとめて本体のブレッドボードに接続してください。2本それぞれのワイヤーを本体のブレッドボードに接続すると、グラウンドループができてノイズを拾うもとになります。

## 1.6.3 ダイヤモンドバッファ回路の実装

ブレッドボード上にトランジスタを用いたダイヤモンドバッファ回路を実装します。この回路は左右それぞれを1枚のブレッドボードで作成します。まったく同じ回路なので、ブレッドボードの図は1枚分しか載せていません。

### 使用する部品

トランジスタを用いたダイヤモンドバッファ回路の製作に使う部品を紹介します。まず［表1.11］に部品一覧を示します。左右それぞれでブレッドボードを1枚ずつ使うので、部品の個数はブレッドボード2枚分です。購入先は、URLの示していないものは秋月電子通商の通販サイト（https://akizukidenshi.com/）です。ここに書いてある部品名で検索できるようにしてあります。

**表1.11** ダイヤモンドバッファ回路の製作に用いる部品一覧

| 部品名 | 個数 | 購入URL |
|---|---|---|
| ブレッドボード EIC-801 | 2 | |
| ミニブレッドボード BB-601 | 1 | |
| ETFE電線パック AWG24相当 すずめっき軟銅単線 | 1 | |
| ブレッドボード・ジャンパーワイヤ 14種類×10本 | 1 | |
| PNPトランジスタ TTA008B | 4 | |
| NPNトランジスタ TTC015B | 4 | |
| ターミナルブロック 2P 青 縦 小 | 2 | |
| 酸化金属被膜抵抗器 2W 0.1Ω（茶黒銀金）、2W 0.2Ω（赤黒銀金）、2W 0.22Ω（赤赤銀金）のどれか | 4 | 千石電商　https://www.sengoku.co.jp/ |
| カーボン抵抗 1/4W 240Ω | 4 | |
| カーボン抵抗 1/4W 470kΩ | 2 | |
| フィルムコンデンサー 0.1μF 50V ルビコンF2D | 2 | |

次に各部品について補足説明します。部品の図は、ブレッドボードの配線図に使用するものを使っています。既出の記号は省略しています。

1. ブレッドボード EIC-801
   左右それぞれのチャンネルで1枚使います。以下、左右2枚分の部品の個数を示します。

2. ミニブレッドボード BB-601
   出力のコネクターがメインのブレッドボードに載らないので、別にコネクター用のブレッドボードを使います。

3. ETFE電線パック AWG24相当 すずめっき軟銅単線
   任意の長さに切って、ブレッドボードのジャンパーワイヤーとして使用できる単線のワイヤーです。

4. ブレッドボード・ジャンパーワイヤ 14種類×10本
   上記の単線からジャンパーワイヤーを作成する代わりに、すでに加工済みのジャンパーワイヤーを購入してもよいでしょう。この場合、短いものから長いものまで入っているセットを入手してください。短いものを多めに使います。

5. PNPトランジスタ TTA008B
   2A流せるPNP型バイポーラトランジスタです。ピン配置は、型番の書いてある面を前にしてピンを下向きにしたとき、左からエミッタ（Emitter）、コレクタ（Collector）、ベース（Base）です。

上から見た図
E C B
下が正面
E C B
ブレッドボード
での表記
正面から見た図
E C B

6. NPNトランジスタ TTC015B

上のTTA008BとコンプリメンタリのNPN型バイポーラトランジスタです。ピン配置は、型番の書いてある面を前にしてピンを下向きにしたとき、左からエミッタ（Emitter）、コレクタ（Collector）、ベース（Base）です。

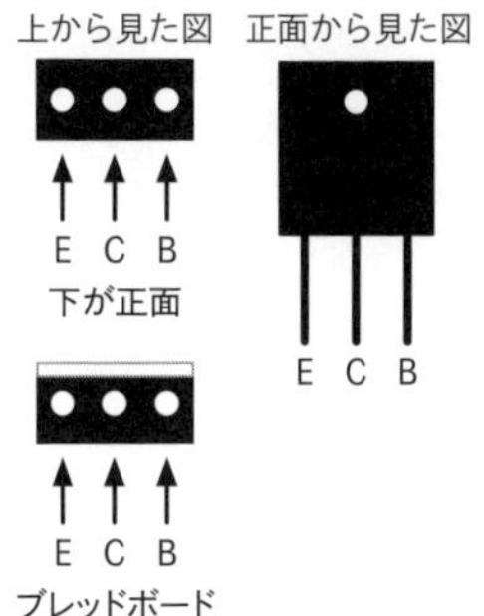


7. ターミナルブロック 2P 青 縦 小

ターミナルブロックをミニブレッドボードに挿してスピーカーケーブルを接続します。

8. 酸化金属被膜抵抗器 2W 0.1Ω（茶黒銀金）、2W 0.2Ω（赤黒銀金）、2W 0.22Ω（赤赤銀金）のどれか

0.1Ωから0.22Ω程度の、2Wの酸化金属皮膜抵抗を使います。

9. カーボン抵抗 1/4W 240Ω（赤黄茶金）

以下の抵抗は1/4Wのカーボン抵抗を使います。ワット数が大きくてもかまいません。

10. カーボン抵抗 1/4W 470kΩ（黄紫黄金）

11. フィルムコンデンサー 0.1μF 50V ルビコンF2D（104）

## ブレッドボード上での配線

トランジスタを用いたダイヤモンドバッファ回路のブレッドボードでの配線を[図1.40]に示します。

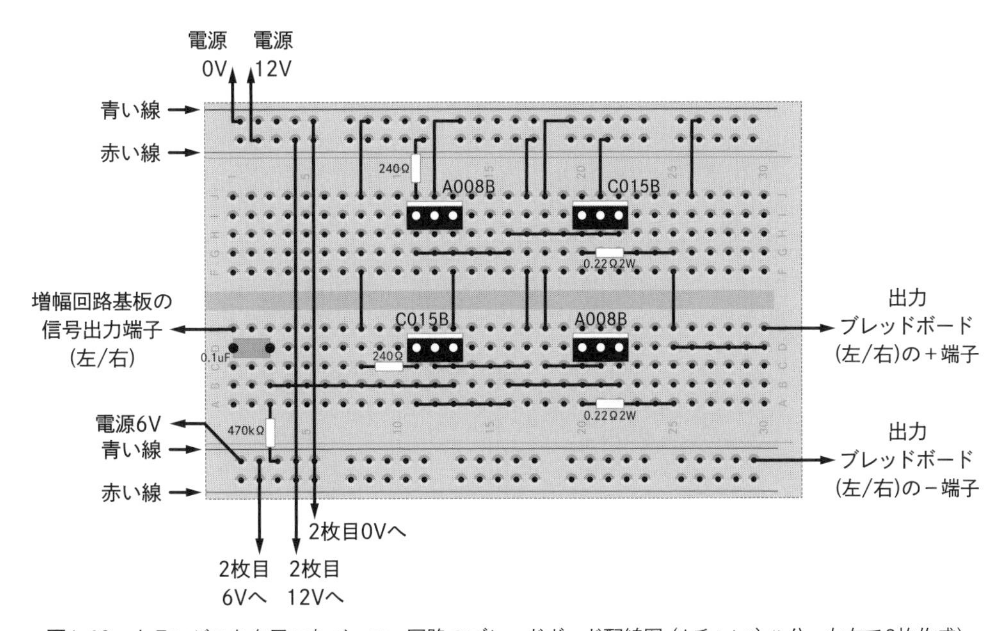


図1.40 トランジスタを用いたバッファ回路のブレッドボード配線図（1チャンネル分、左右で2枚作成）

ブレッドボード1枚で左右それぞれ1チャンネル分なので、左右あわせて2枚作成します。

トランジスタを用いたダイヤモンドバッファ回路のブレッドボードの完成写真を [図1.41] に示します。

図1.41　トランジスタを用いたバッファ回路の完成写真

## 1.6.4 アンプ全体のブレッドボードの配線

電源、真空管電圧増幅、バッファ、入出力それぞれのブレッドボード間の配線は [図1.42] のようになります。

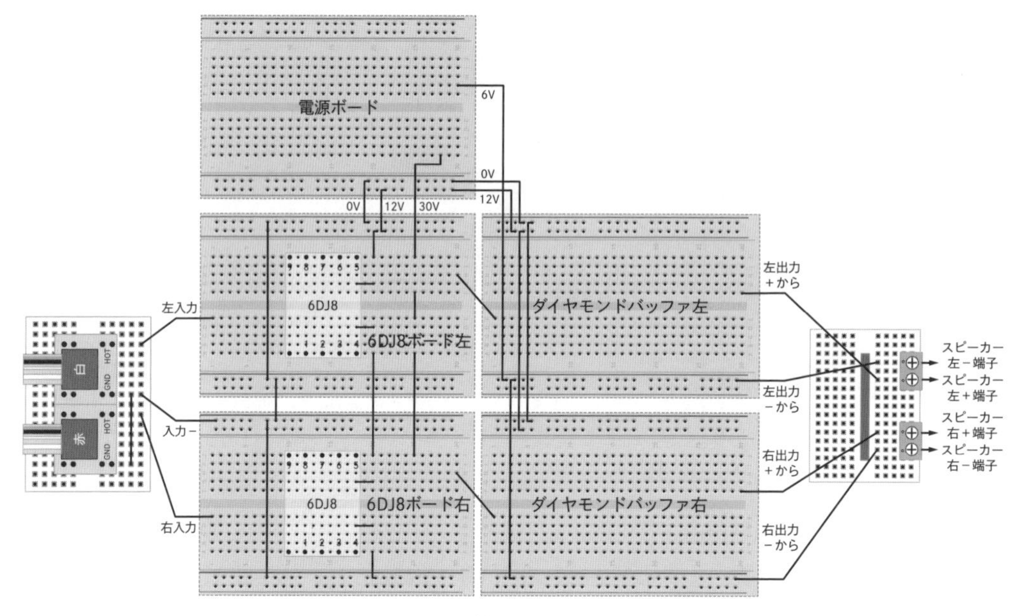


図1.42　6DJ8アンプ全体のブレッドボード配線図

# 1.7 ブレッドボード用7ピンミニチュア管ソケットの製作

本節では、ブレッドボードに7ピンミニチュア管（MT7ピン）の真空管を挿すためのソケットを製作します。aitendoから、MT7ピンソケットをDIP基板に挿すための変換基板が販売されています。https://www.aitendo.com/にて「真空管ソケット変換基板（2枚入）」（型番P-MT7PN）と「真空管ソケット」（型番GZC7-Y）で検索してください。ただし、本節で作成する変換基板とはピン配置が異なります。

## 1.7.1 部品

ソケット製作に必要な部品は、7ピンミニチュア管用真空管ソケット［図1.43］、ピンヘッダ［図1.44］、ユニバーサル基板［図1.45］［図1.46］、ワイヤー（電線）です。

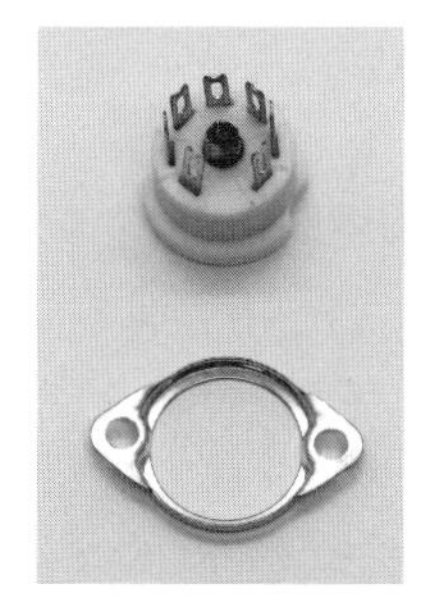

**図1.43**　7ピンミニチュア管用ソケット（例えばhttps://www.aitendo.com/にて「真空管ソケット MT7P-B7G」で検索）

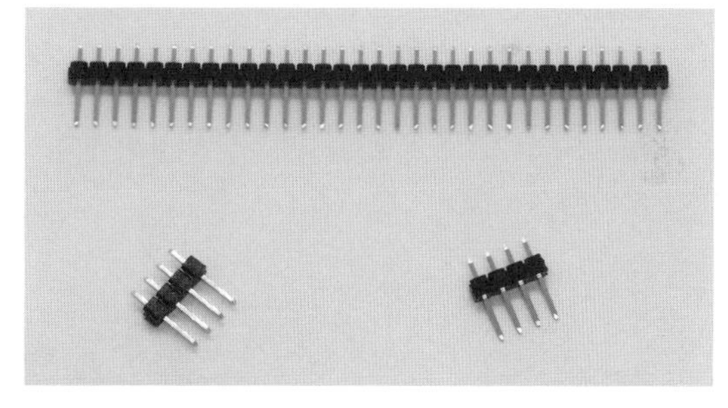

**図1.44**　2.54mmピッチピンヘッダ（途中で切り離せるもの、例えばhttps://akizukidenshi.com/にて「ピンヘッダ 1×40」で検索）

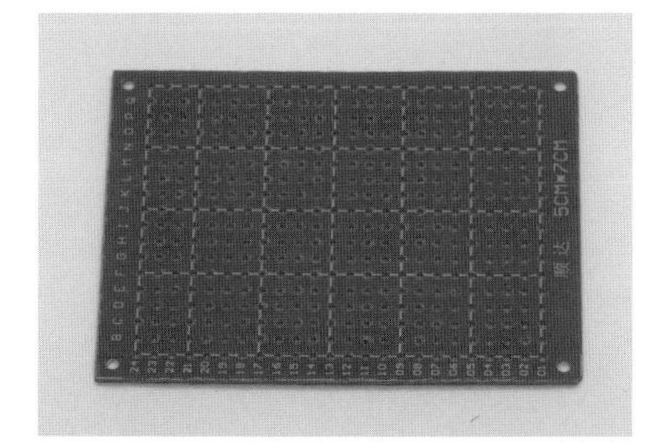

**図1.45**　片面ユニバーサル基板の表面（紙フェノール（ベークライト）基板が加工しやすい。例えばhttps://www.sengoku.co.jp/で「ノンブランド 片面・紙フェノール」で検索）

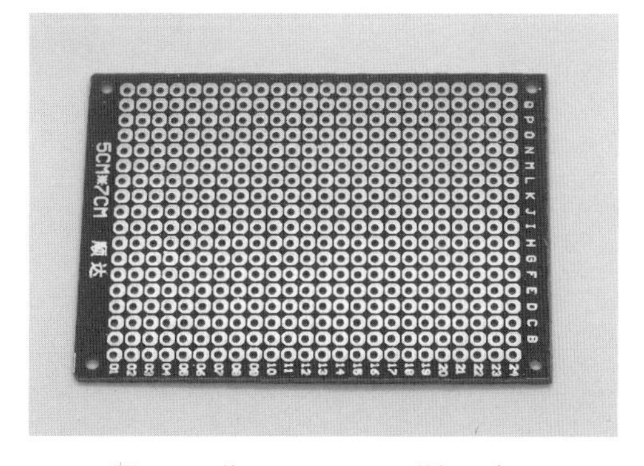

**図1.46**　片面ユニバーサル基板の裏面

## 1.7.2 基板とピンヘッダの加工

まず、基板の加工を行います。[図1.47] のように表面と裏面からカッターナイフで何度か切れ目を入れて折り曲げると、割ることができます。

切り取るサイズは、縦5穴、横7穴のサイズです [図1.48]。

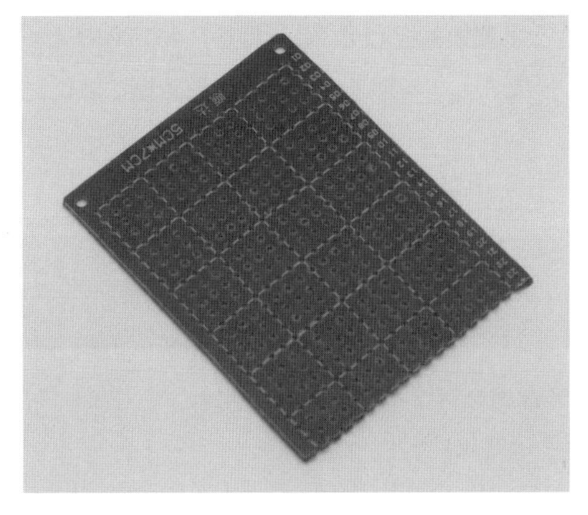

図1.47 ユニバーサル基板にカッターナイフで切れ目を入れる

図1.48 切り取ったユニバーサル基板（サイズ5穴×7穴）

次に、ピンヘッダを4ピン分だけ切り取ります。[図1.49] が、ユニバーサル基板の切れ端とピンヘッダの向きを揃えて置いたものです。

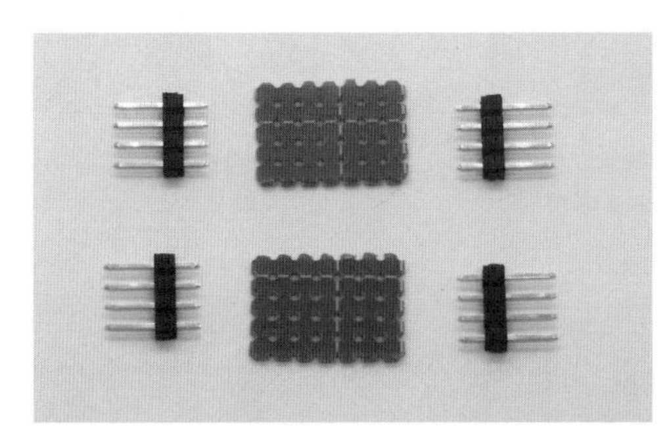

図1.49 切り取ったユニバーサル基板とピンヘッダ

### 1.7.3 基板とピンヘッダのはんだづけ

次に、これらをはんだづけします。適当に挿してはんだづけすると曲がったまま付いてしまうので、ブレッドボードを使います。まず、[図1.50] のように、ピンヘッダの長いほうを上にしてブレッドボードに置きます。このとき短いほうが下になっているので、ピンヘッダはブレッドボードにはほとんど挿さらず、ほぼ置くだけの状態になります。

これの上に、[図1.51] のようにユニバーサル基板を置きます。

この状態で、ブレッドボードにピンヘッダを [図1.52] のようにはんだづけします。

これで、ピンヘッダが固定されたので、ひっくり返すと [図1.53] のようにブレッドボードに挿せます。

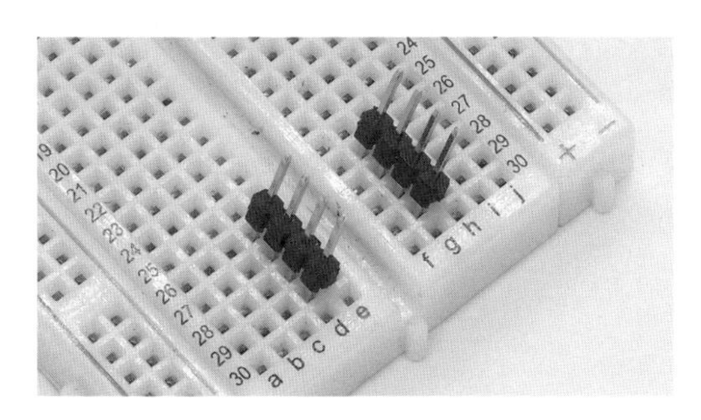

図1.50　ブレッドボードにピンヘッダを置いた状態

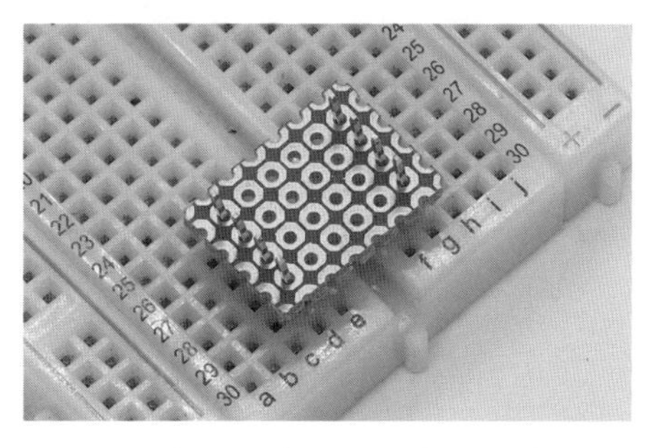

図1.51　ブレッドボード上でピンヘッダの上にユニバーサル基板を置いた状態

図1.52　ユニバーサル基板とピンヘッダをはんだづけした状態

図1.53　ブレッドボードに挿したピンヘッダとユニバーサル基板

この上部に真空管ソケットをはんだづけすることで、真空管をブレッドボードに挿せるようになります。

## 1.7.4 真空管ソケットの加工

次に、真空管ソケットの足を、ピンヘッダにはんだづけできるよう、[図1.54] のように加工します。真空管のピンは下から見て時計回りに1番から7番まで番号が振られています。1番ピンとセンターピンにワイヤーをはんだづけしておきます。特に、1番ピンは完成後にそれとわかるように赤色のワイヤーを使っています。また、2番、3番、6番、7番のピンをひねって向きを変えます。

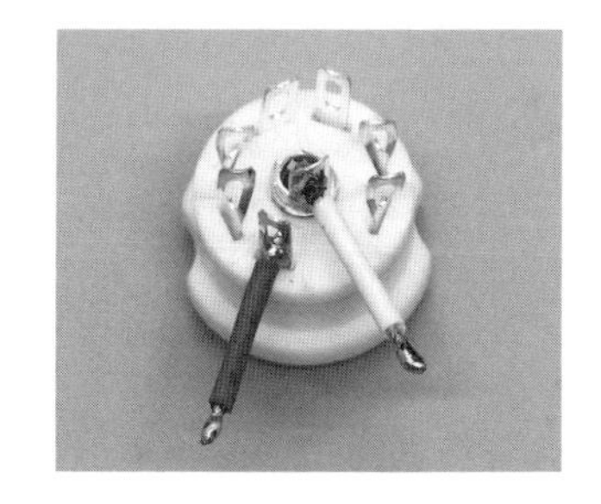

図1.54　真空管ソケットの加工

## 1.7.5 真空管ソケットのはんだづけ

これを先ほど作ったピンヘッダの上に乗せて、[図1.55] のようにはんだづけします。ひねった2番、3番、6番、7番がピンヘッダの真ん中の2本になるようにします。

図1.55　真空管ソケットのピンヘッダへのはんだづけ

1番ピンの見える向きからだと、[図1.56] のようになります。

図1.56　1番ピンとセンターピンのはんだづけ

最後に、真空管ソケットの4番、5番ピンが残っているので、これをピンヘッダに [図1.57] のようにはんだづけします。ワイヤーやはんだメッキ線などを短く切って、真空管ソケットの足とピンヘッダの間をつなげます。

**図1.57**　4番、5番ピンのはんだづけ

[図1.58] のように、余ったワイヤーを切り落としたら完成です。

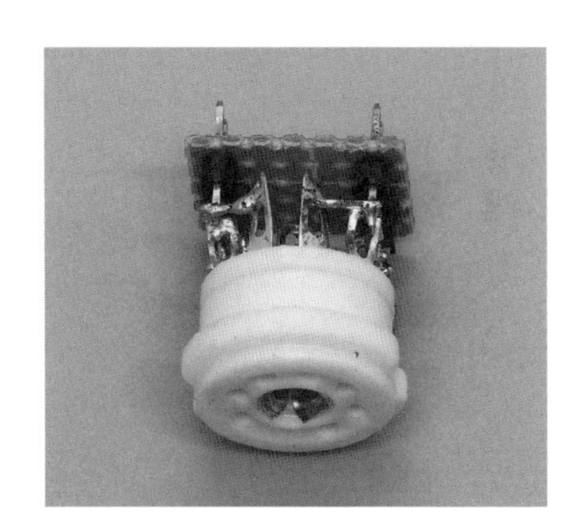

**図1.58**　余ったワイヤーを切り落とす

これで、真空管ソケットをブレッドボードに [図1.59] のように挿せるようになります。真空管ソケットに真空管を挿した状態は [図1.60] のようになります。

**図1.59**　完成したブレッドボード用の真空管ソケット

**図1.60**　真空管をブレッドボードに装着した状態
(真空管はWestern Electric 403B)

これで、ブレッドボードで真空管を使った配線ができるようになりました。

# 1.8 6J1/6AK5とトランジスタバッファを用いたハイブリッドパワーアンプ

本節では、真空管として6J1を用い、バッファとしてトランジスタのダイヤモンドバッファを用いたパワーアンプを製作します。最近、中国製のハイブリッド真空管プリアンプとして6J1を用いたものをよく見かけますが、この6J1は6K4、6AK5、5654、Western Electric社製のWE403A/WE401A、旧ソ連/ロシア製の6J1P/6J1P-EV/6K4P/6K4P-EVなどとピン配置が同じです。

さらに、2番ピンと7番ピンをボード上で接続しておくことで、2番ピンと7番ピンが真空管の内部で接続されていない6AS6/WE409A/6J2Pや、真空管の内部で2番ピンと7番ピンの接続が6AS6と逆の6AU6/6J4Pも用いることができます。

このように、本節で用いる真空管は最近のハイブリッド真空管アンプでよく使われており、さらに差し替え可能な真空管もいろいろなものが入手できるので、ここで取り上げることにします。

本節ではバッファ回路としてトランジスタのダイヤモンドバッファを使っていますが、代わりにMOS-FETを用いたバッファ回路と組み合わせてもかまいません。

## 1.8.1 全体の回路図

全体の回路図を［図1.61］に示します。

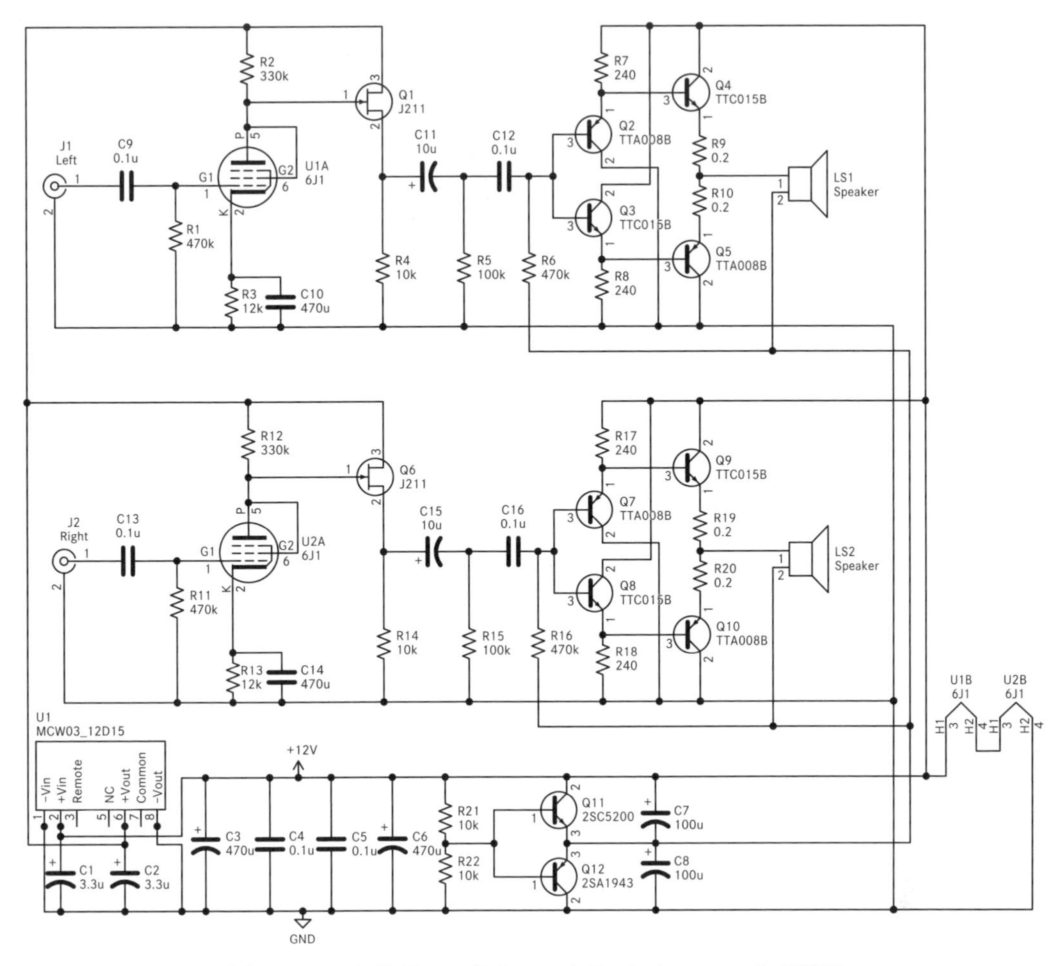


**図1.61**　6J1とダイヤモンドバッファを用いたパワーアンプの回路図

6J1は五極管ですが、これを三極管として使用しています。それ以外の部分は6DJ8とほぼ一緒で、B電源の電圧は30V、ヒーター電圧はACアダプターの12Vをそのまま使用しています。また、バッファ回路としてはトランジスタを用いたダイヤモンドバッファを使いますが、MOS-FETのバッファに交換してもかまいません。

## ブレッドボードの配置

ブレッドボード全体の配置を［図1.62］に示します。

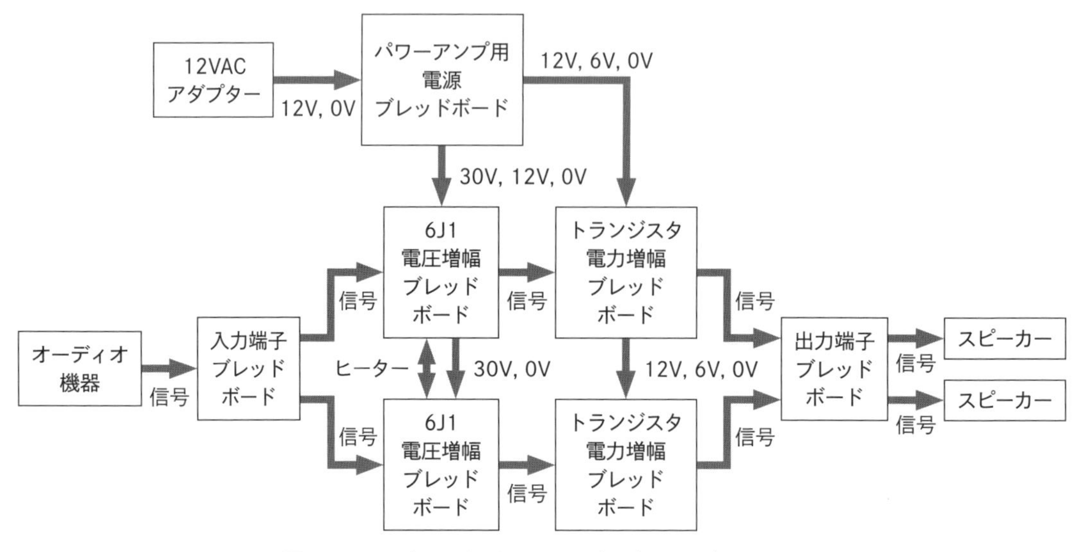


**図1.62**　6J1を用いたパワーアンプのブレッドボード配置

## 1.8.2 真空管電圧増幅回路の実装

この項では、ブレッドボード上に真空管増幅回路を実装します。

### 使用する部品

6J1を用いた増幅回路の製作に使う部品を紹介します。**[表1.12]** に部品一覧を示します。左右それぞれでブレッドボードを1枚ずつ使うので、部品の個数はブレッドボード2枚分です。購入先は、URLの示していないものは秋月電子通商の通販サイト（https://akizukidenshi.com/）です。ここに書いてある部品名で検索できるようにしてあります。

**表1.12**　6J1を用いた増幅回路の製作に用いる部品一覧

| 部品名 | 個数 | 購入URL |
|---|---|---|
| ブレッドボード EIC-801 | 2 | |
| ミニブレッドボード BB-601 | 1 | |
| ETFE電線パック AWG24相当 すずめっき軟銅単線 | 1 | |
| ブレッドボード・ジャンパーワイヤ 14種類×10本 | 1 | |
| 真空管 6J1/6J1P/6K4/6K4P/6AK5/5654/WE403A | 2 | aitendo　https://www.aitendo.com/<br>アンディクス・オーディオ　http://www.andix.co.jp/<br>パンテックエレクトロニクス<br>　https://www.soundparts.jp/<br>クラシックコンポーネンツ<br>　https://userweb.pep.ne.jp/classic/<br>若松通商　https://wakamatsu.co.jp/biz/ |

| 部品名 | 個数 | 購入URL |
|---|---|---|
| ブレッドボード用MT7ピン 真空管ソケット変換基板 | 2 | 前節で製作したもの |
| Nch J-FET J211 | 2 | |
| RCAジャックDIP化キット 赤 | 1 | |
| RCAジャックDIP化キット 白 | 1 | |
| カーボン抵抗 1/4W 10kΩ | 2 | |
| カーボン抵抗 1/4W 12kΩ | 2 | |
| カーボン抵抗 1/4W 100kΩ | 2 | |
| カーボン抵抗 1/4W 330kΩ | 2 | |
| カーボン抵抗 1/4W 470kΩ | 2 | |
| 電解コンデンサー 10μF 50V ニチコンFG | 2 | |
| 電解コンデンサー ハイブリッド 470μF 25V | 2 | |
| フィルムコンデンサー 0.1μF 50V ルビコンF2D | 2 | |

次に各部品について補足説明します。部品の図は、ブレッドボードの配線図に使用するものを使っています。既出の記号は省略しています。

1. ブレッドボード EIC-801

   ハーフサイズのものを使います。6J1を片チャンネルに1枚、左右両チャンネル分で2枚使って作成しています。以下の部品は両チャンネル分の個数です。

2. ミニブレッドボード BB-601

   入力のコネクターがメインのブレッドボードに載らないので、コネクター用のブレッドボードを追加で使います。

3. ETFE電線パック AWG24相当 すずめっき軟銅単線

   任意の長さに切って、ブレッドボードのジャンパーワイヤーとして使用できる単線のワイヤーです。

4. ブレッドボード・ジャンパーワイヤ 14種類×10本

   上記の単線からジャンパーワイヤーを作成する代わりに、すでに加工済みのジャンパーワイヤーを購入してもよいでしょう。この場合、短いものから長いものまで入っているセットを入手してください。短いものを多めに使います。

5. 真空管 6J1/6J1P/6K4/6K4P/6AK5/WE403A

   互換品を含めてさまざまなメーカーから販売されているので、いろいろと差し替えてみてください。例えば6J1や6K4が使えます。6J1と6K4が中国製、6J1Pと6K4Pがロシア製です。その他、オークションで互換球の中古品やNOS（New Old Stock、新古品）を入手できます。WE403AはアメリカのWestern Electric社製です。6AK5は国産も含めてさまざまなメーカーの製品があります。

6. ブレッドボード用MT7ピン真空管ソケット変換基板
   ここでは、前の節で作成した変換基板を用いて作成しています。MT7ピンの真空管ソケットをブレッドボードで使用するための変換基板はaitendoで発売されており、aitendoのWebサイトで「MT7P」で検索すると複数見つかります（2023年6月時点）。

7. Nch J-FET J211
   出力バッファに用いるジャンクションFETです。LTspiceにモデルが含まれていて、比較的入手性のよいものを選びました。

8. RCAジャックDIP化キット 赤
   ここでは入力にRCAジャックのDIP化キットを使います。これは左右のチャンネルごとに必要で、右が赤、左が白を示します。

9. RCAジャックDIP化キット 白

10. カーボン抵抗 1/4W 10kΩ（茶黒橙金）
    以下の抵抗はすべて1/4W以上のものを使います。

11. カーボン抵抗 1/4W 12kΩ（茶赤橙金）

12. カーボン抵抗 1/4W 100kΩ（茶黒黄金）

13. カーボン抵抗 1/4W 330kΩ（橙橙黄金）

14. カーボン抵抗 1/4W 470kΩ（黄紫黄金）

15. 電解コンデンサー 10μF 50V ニチコンFG

16. 電解コンデンサー ハイブリッド 470μF 25V

17. フィルムコンデンサー 0.1μF 50V ルビコンF2D（104）

## ブレッドボード上での配線

6J1を用いた増幅回路のブレッドボードでの配線を［図1.63］に示します。

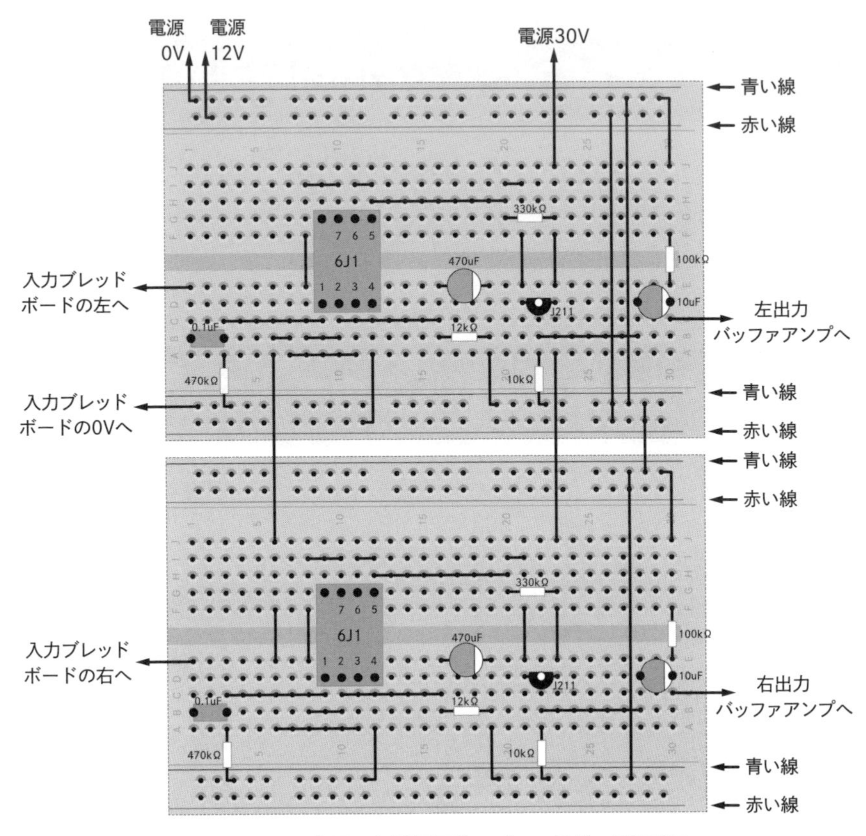


**図1.63** 6J1を用いた増幅回路のブレッドボード配線図

ここでは、6DJ8と同様、ヒーターの配線を左右両チャンネルの基板を合わせて12Vとしているので、2枚の基板の間の配線を描くために、2枚分の配線図を掲載しています。真空管に使う30Vは[図1.15]のモジュールの30V出力を接続します。入力側のワイヤーは[図1.39]の入力用ブレッドボードに接続します。増幅回路のブレッドボードの完成写真を[図1.64]に示します。

**図1.64** 6J1を用いた増幅回路の完成写真

## 1.8.3 ダイヤモンドバッファ回路の実装

トランジスタを用いたダイヤモンドバッファ回路の製作は1.6.3項と同様です。

トランジスタを用いたダイヤモンドバッファ回路のブレッドボードは［図1.40］のものを2枚使います。

## 1.8.4 アンプ全体のブレッドボードの配線

電源、真空管電圧増幅、バッファ、入出力それぞれのブレッドボード間の配線は［図1.65］のようになります。

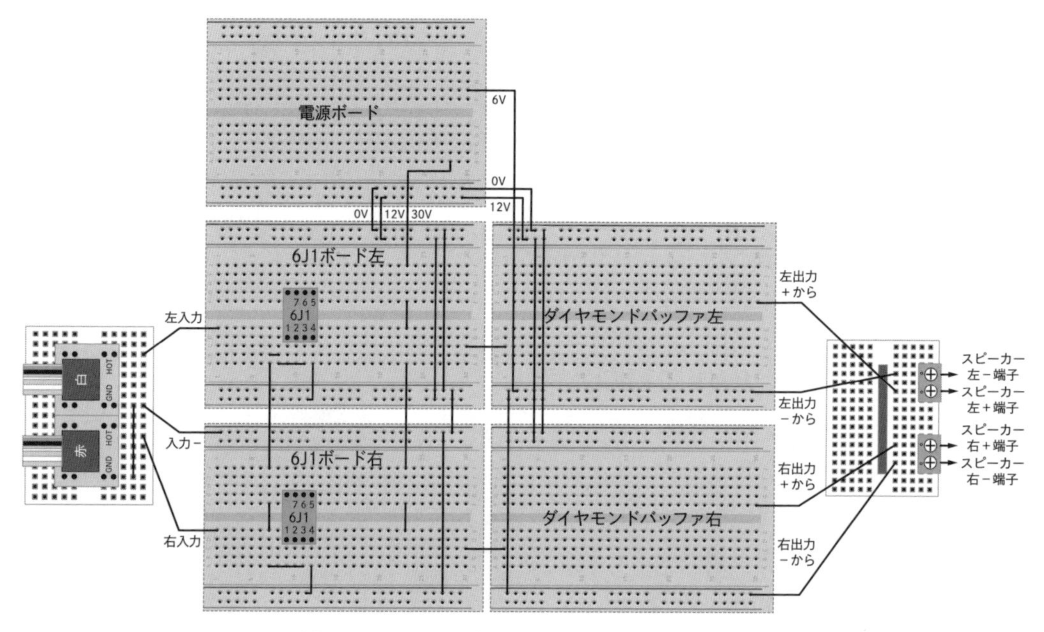


図1.65　6J1アンプ全体のブレッドボード配線図

# 第 2 章

# 真空管と真空管アンプの原理

本章では、各種の真空管の仕組みと、その動作について説明します。

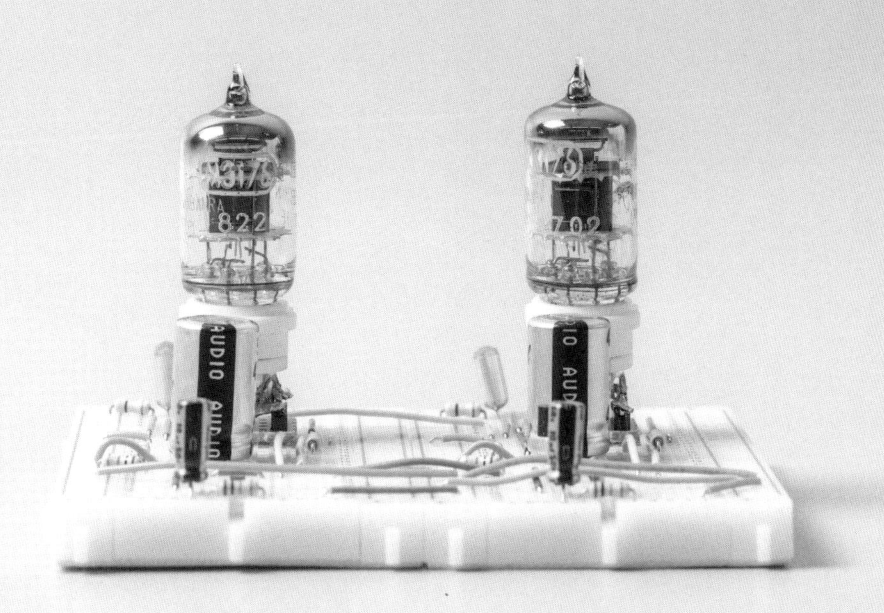

## 2.1 真空管とは

真空管とは、ガラスの容器の中を真空に近い状態にして、この中を電子が飛べるようにしたものです。容器の中に空気が入っていると、空気の分子が邪魔をして電子が飛ばず、電流が流れません。

ガラスの容器の中が真空に近い状態になっているもののうち、最も身近なものが電球（白熱電球、蛍光灯）でしょう。白熱電球は、フィラメントに電気を流してフィラメントを熱し、発光させています。このとき電球内に酸素があるとフィラメントが燃焼し、消失してしまうので、気圧を低く保ち、酸素以外のガス（一般に不活性ガス）を充填させています。

昔は真空管や電球に類するものとして、テレビやオシロスコープの表示に使われていたブラウン管、オーディオ機器やビデオデッキの表示に使われていた青緑色に文字が光る蛍光表示管などがありました。これらはLEDや液晶への置き換えが進み、近頃は見かけなくなりましたが、真空管の一種です。最近では蛍光表示管の技術を用いて、低電圧で動作する真空管が発売されて一般向けに販売されています。この他に、ニキシー管と呼ばれるものもあります。これは蛍光表示管より前に、数字をディスプレイに表示させるために使われていたものです。

真空管は半導体に完全に置き換えられたわけではなく、エレキギターのアンプやエフェクターなどでは今でも現役で使われています。また、昔ながらのオーディオが少しずつ盛り上がりを見せており、LPレコードがリリースされたり、真空管アンプや真空管を使ったヘッドフォンアンプが新しく発売されて話題になったりしています。

本章では、真空管の原理と各種の真空管について説明します。

# 2.2　電圧と電位



**本節と次節では、真空管の仕組みを理解するために必要な電気、電子に関わる用語を説明します。電源として正の電源、負の電源というものが存在します。また、真空管は真空の電球の中を電子が飛び、その量をコントロールすることによってさまざまな機能を実現します。これらについて理解するために、まずは電圧と電位、電場と電荷という用語について説明していきます。**

## 2.2.1　電圧と電位とは

本項では、電圧と電位という用語について説明し、続いて音楽信号の伝送方法についても説明します。

通常の生活の中では、電気の強さを表すのに「電圧」という単語が使われています。例えば、家のコンセントの電圧は100V、乾電池の電圧は1.5Vや1.2V、というように使います。これと似たものとして「電位」という単語があります。電圧と電位はどう違うのでしょうか？

まず電位について説明します。電気回路においては、任意の場所を基準として決めて0V（ボルト）の電位に設定し、これをグラウンド（ground）と呼びます。グラウンドよりも相対的に電位の高い場所を正の電位、0Vの位置よりも電位の低い場所を負の電位として扱います。

具体的には、**[図2.1]** の左のような縦型の温度計の目盛りをイメージすればよいでしょう。

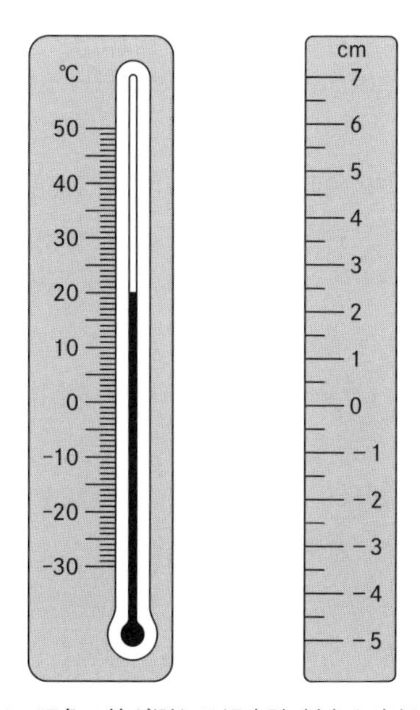


**図2.1**　正負の値が測れる温度計（左）と定規（右）

縦型の温度計は通常、0度の線があり、上に向かって正の値が増え、下に向かって負の値が増えるように目盛りが振ってあります。他には、例えば地面の標高を考えてみましょう。基準として標高0mが存在し、通常山の上など地上では正の標高、海底など標高0mよりも低い地点では負の標高となります。このような、標高を測るための縦型の定規（[図2.1]の右）を考えてみることにします。

この縦型の定規では、ある位置に0となる点があり、上に向かって1cm、2cm……と、下に向かって－1cm、－2cm……と目盛りが振ってあります。このような定規を用いて、[図2.2]のように部屋の中の物の高さを測ってみましょう。

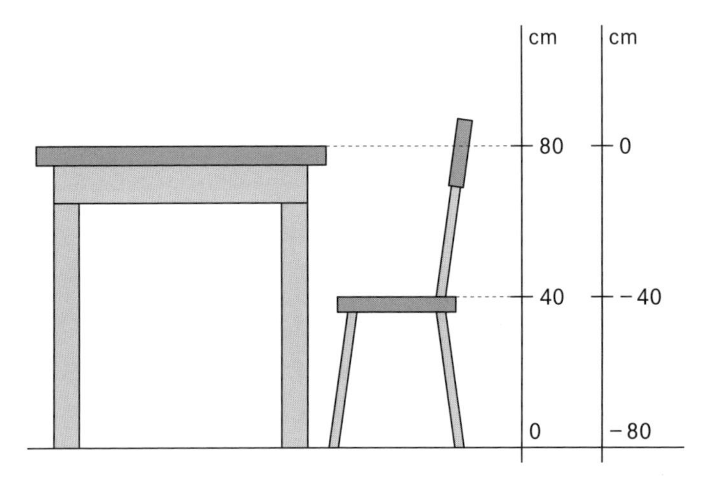


**図2.2**　高さの基準点を変えることで高さが負になる例

このとき、高さが0となる位置（基準点）をどこに置くかで、他の位置の高さは変わります。通常、部屋の中では床の高さを0としてすべての物の高さを測りますが、机の上面を高さ0として部屋の中の物の高さを測ると、椅子の座面や床は負（マイナス）の高さとなります。このように、電気回路では、どこか適当な位置の電位を0Vに設定し、他の位置の電位を0Vからの相対的な値で測ります。

この電位という言葉で電圧を正確に説明すると、電圧は「2点間の電位の差」といえます。例えば、電圧が1.5Vの乾電池について考えてみます。この電池に＋極と－極があり、電圧が1.5Vであるということは＋極と－極の電位の差が1.5Vであるという意味です。もし－極を0Vの電位として見ると、＋極は1.5Vの電位になり、逆に＋極を0Vの電位として見ると、－極は－1.5Vの電位になります。世の中には、正と負の両方の「（曖昧な意味での）電圧」を出力する電源があり、これは、どこかに電位が0Vとなるグラウンドの位置を決めて、正の「電圧」はグラウンドよりも電位が高く、負の「電圧」はグラウンドよりも電位が低いというのが正確な意味です。一般にグラウンドの位置は、機器を触ったとき感電しないように、通常、電源機器のケースを使います。

本書では、電位という言葉の意味でも「電圧」という用語を使います。正の電圧、負の電圧という用語が出てきたときには、グラウンドの位置よりも高い電位、低い電位という意味だと思ってください。

### グラウンドとアース

グラウンドと似た別の言葉として、アース（接地、earth）があります。これは、機器の故障で漏電が起こった際に、電気を地面に逃がして感電しないために付いています。家電製品では、洗濯機やエアコンなど、水を使う電気製品にアース線が付いている場合が多いです。本書では、このような危険のないように、低い電圧で動作する真空管アンプを設計、製作します。

## 2.2.2 音楽信号の電位

本書ではオーディオアンプを扱っているので、入力される信号は音楽信号を想定します。この信号は通常2本の電線を使って送られ、2本のうち1本がグラウンド線、もう1本が信号線として扱われます。グラウンド線の電圧を0Vとして考えると、信号線の電圧は正負に振動します。最終的に、この電圧の振動がスピーカーもしくはイヤフォンやヘッドフォンの振動板の振動となり、空気を通して耳に音圧の振動として伝わります。例えば、信号線の電圧が正の値のとき、スピーカーの振動板は飛び出ます。一方、信号線の電圧が負の値のとき、スピーカーの振動板は引っ込みます。このとき、1秒間で振動板が飛び出て引っこんで元に戻る回数が、音楽信号の周波数です。

### バランス伝送とアンバランス伝送

音楽信号の伝送方法には、バランス伝送とアンバランス伝送という2種類の伝送方式があります。アンバランス伝送が上で説明した伝送方式で、2本の線を使って信号が伝送され、1本がグラウンド、もう1本が信号を送る線になります。一方、バランス伝送では3本の線を使って信号が伝送され、それぞれホット、コールド、グラウンドと呼ばれます。グラウンドは常に0Vの電圧として扱われます。ホットがアンバランス伝送でいう信号線で、コールド線ではホットと正負を反転した信号が送られます。信号の受け手側では、ホットとコールドの差が音楽信号の振幅として扱われます。こうすると、外からノイズが入ったとき、ホットとコールドの両方に同じ電圧が足されるので、信号の受け手側で差を取ると、ノイズはキャンセルして消えます。これにより、バランス伝送はアンバランス伝送よりノイズに強いので、マイク、楽器などのケーブル、コンサートホール、スタジオなどの音響機器のような、ケーブルが長くなってノイズが乗りやすい場所で使われています。

# 2.3 電荷と電場

真空管の仕組みを説明するために、本節では電荷、電場という用語を説明しておきます。

電荷とは、ある物体が帯びている静電気の量です。単位は〔C〕(クーロン) で表します。これも電位と同じく、正の電荷、負の電荷が存在し、磁石のN極とS極の場合と同様、異なった符号の電荷を帯びた物質同士は引きつけられ、同じ符号の電荷を帯びた物質同士は反発します。例えば、髪の毛を下敷きで擦ると、髪の毛が正の電荷を帯びて下敷きが負の電荷を帯びるので、髪の毛が下敷きに引き付けられます。

ちなみに、電流は電線の断面を単位時間 (1秒) に通過する電荷の量 (電子の個数に比例した量) として定義されます。ただし、電子は負の電荷を持つため、電流が流れる向きは、電子が流れる向きと逆向きになります。

次に、電場について解説します。簡単のために、1次元の直線 (例えば電線) で指定します。この直線上の各点に電位が存在し、電位の高い場所と電位の低い場所の間には、電位の変化 (これを電場〔電界〕と呼ぶ)が存在し、その強さは電位の傾き (2点間の電位の差を距離で割ったもの) の強さ$E$ (単位は〔V/m〕または〔N/C〕) *1で定義されるとします。

例えば、[図2.3] のように、距離$r$〔m〕だけ離れた2本の線の電位がそれぞれ$V_1$〔V〕, $V_2$〔V〕($V_1 > V_2$) であるとき、この間の電場の強さは、位置にかかわらず一様に

$$E = \frac{V_1 - V_2}{r} \text{〔V/m〕} \quad (2.1)$$

と書けます。

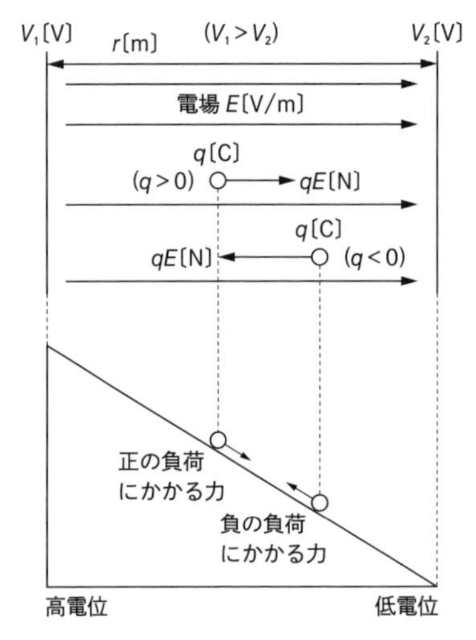


**図2.3** 電場と電荷にかかる力の向き

---

*1 N (ニュートン):力の大きさの単位。

最後に、電荷と電場の関係について述べます。[図2.3] の電場に電荷を置くと、電荷$q$〔C〕が電場$E$〔N/C〕から受ける力の大きさ$F$〔N〕は

$$F\,〔\mathrm{N}〕= q\,〔\mathrm{C}〕\cdot E\,〔\mathrm{N/C}〕 \tag{2.2}$$

のように、電場の強さと電荷の大きさにそれぞれ比例します。正の電荷の場合には、電場の向きと同じ方向に力を受け、電子のように負の電荷の場合には、電場の向きと反対の方向に力を受けます。

電位を地面の標高に例えて考えると、標高（電位$V_1$〔V〕）の高い場所と標高（電場$V_2$〔V〕）の低い場所の間には、坂道（電位の変化）が存在します。例えば、[図2.3] の上図において、左の直線と右の直線の間には、[図2.3] の下図のように左が高くて右が低いような坂道（電位の変化）が存在します。ここに正の電荷を置くと右向きの力が働き、坂道の下（右方向）に転がります。一方、負の電荷を置くと左向きの力が働き、坂道の上（左方向）に転がります。

## 電子と電流の流れる向き

電子が流れる向きと電流が流れる向きが逆である理由は、電子が発見されるより先に電池が発明されたからです。その際、電池の＋極と－極を電線でつないだときに電線の中を＋極から－極に電流が流れると決められました。その後、電子が発見されたとき、電子が負の電荷を持っていることがわかり、電子の流れる向きと電流の流れる向きが反対になってしまいました。

# 2.4 熱電子放出と二極管

**本節では、真空管の動作の基本である熱電子放出について説明したうえで、真空管のうち最も基本的な二極管について説明します。**

## 2.4.1 熱電子放出

真空管の動作において重要な仕組みが、熱電子放出です。

1879年、エジソンによって木綿糸を炭化したものをフィラメントとして使う白熱電球が発明されました。ただし、真空炭素電球の炭素フィラメントが使用中その一部が細くなり、過熱してガラス内面が黒くなるという状態になってしまいます。1883年、エジソンはその状態を防止するために電球内に電極を封入して実験するうち、偶然次のような現象を発見しました。**[図2.4]** のように、電極（P）に検流計（G）をつなぎ、その端子をフィラメント（F）の端子に接続して実験を行い、スイッチ（K）を端子1のほうに倒すと検流計の針が振れ、端子2のほうに倒すと検流計の針は振れないというものです。

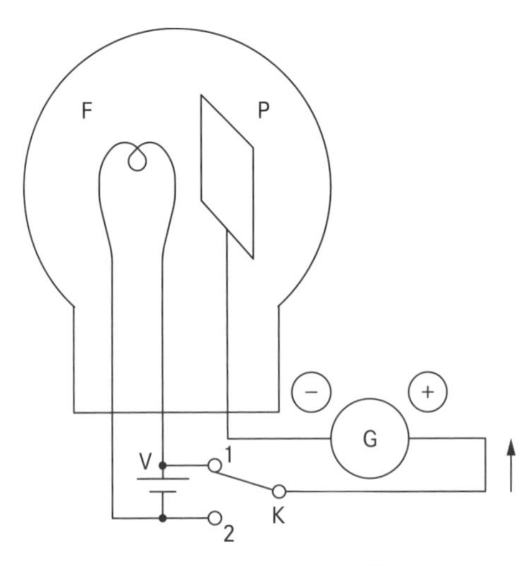


**図2.4** エジソンの実験

これがエジソン効果と呼ばれるものです。Kを端子1に倒したときは、電極（P）が電池の＋側につながります。このとき、電極とフィラメントの電位を比較すると、電極がフィラメントの−側よりVだけ高電位となります。これにより電極がフィラメントから放射された電子を吸引して回路を形成し、矢印方向に電流が流れます。エジソンは、この電極（P）を陽極（アノード）、フィラメント

(F) を陰極（カソード）と呼びました。また電流の大きさは陽極の材料の種類には関係なく、陽極と陰極の距離および、陰極材料の性質とその温度によって変わることも明らかになりました。これを始まりとして熱電子放出の研究が始まりました。

その後、フレミングによって研究が進められ、1904年に真空管（二極管〔ダイオード〕）が発明される元となりました。

熱電子放出とは次のような現象です。電気を流す金属の中には自由電子と呼ばれる、原子核の周囲を離れて自由に動ける電子があります。金属を熱すると、この自由電子の運動量が増えていきます。そして、自由電子のエネルギーが金属によって定まる一定値を超えると、自由電子は金属の外に飛び出します。飛び出した電子を「熱電子」と呼び、この現象を「熱電子放出」と呼びます。

## 2.4.2 二極管の構造

二極管の構造を [図2.5] に示します。

二極管はプレート（アノード）とフィラメントで構成され、プレートにフィラメントよりも高い電位がかかります。フィラメントを熱すると、フィラメントから熱電子が飛び出します。

プレートの電圧が十分高くない状態では、フィラメントから放出された熱電子のすべてがただちにプレートに引きつけられることなく、フィラメントの近くに集まります。このような電子群、すなわち空間電荷は後続の熱電子の放出を抑制し、プレートに飛んでいく電子の量を制限します。

プレートの電圧が十分に高くなると、電子は負の電荷を持つので、高い電位を持つプレートに引きつけられます。結果として、フィラメントからプレートに向かって電子の流れができます。これはプレートからフィラメントに向かって電流が流れることを意味します。

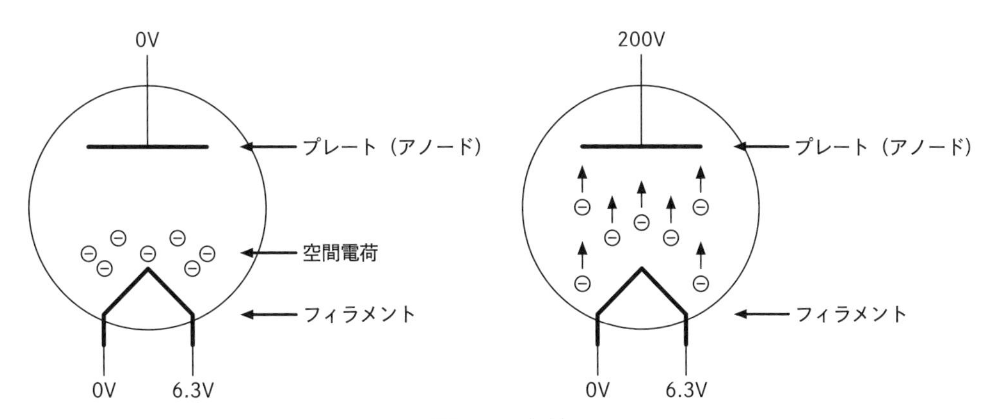


図2.5　二極管

なお、プレートのほうがフィラメントよりも電圧が低い場合、熱電子がプレートに引きつけられることがなく、よってプレートからフィラメントに向かって電子が流れることはありません。これを「整流作用」と呼びます。そのため、二極管のことを「整流管」と呼ぶこともあります。

## 直熱管と傍熱管

上記の説明ではフィラメントを直接加熱していましたが、フィラメントでカソードを加熱し、カソードから熱電子を放出させることもできます。この場合、フィラメントはカソードを加熱する目的でのみ使用されるので、フィラメントの代わりにヒーターと呼ばれます。フィラメントに電流を流して直接熱電子を放出させるものを直熱管、ヒーターによってカソードを加熱し、カソードから熱電子を放出させるものを傍熱管といいます。

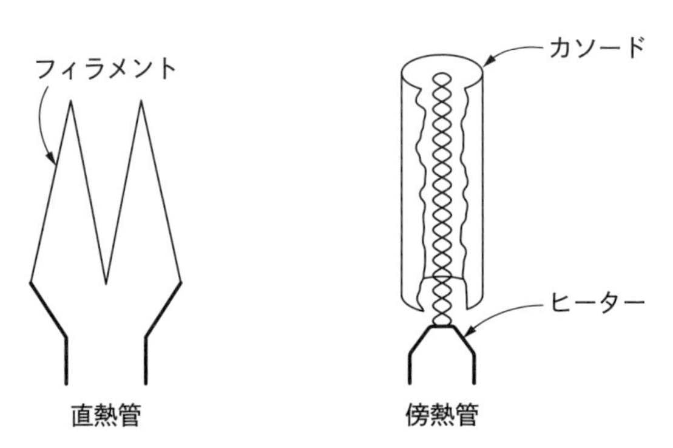


**図2.6**　直熱管のフィラメント（左）、傍熱管のカソードとヒーター（右）

[図2.6] の左は直熱管のフィラメント、右は傍熱管のカソードとヒーターの構造です。直熱管はフィラメントが単なる電熱線であるのに対し、傍熱管はヒーターを中心として、これをカソードが覆うような構造になっています。ヒーターに電流を流して発熱させることで、ヒーターの周囲にあるカソードを間接的に加熱し、カソードから熱電子が放出されます。この傍熱管を回路図で描くと [図2.7] のようになります。

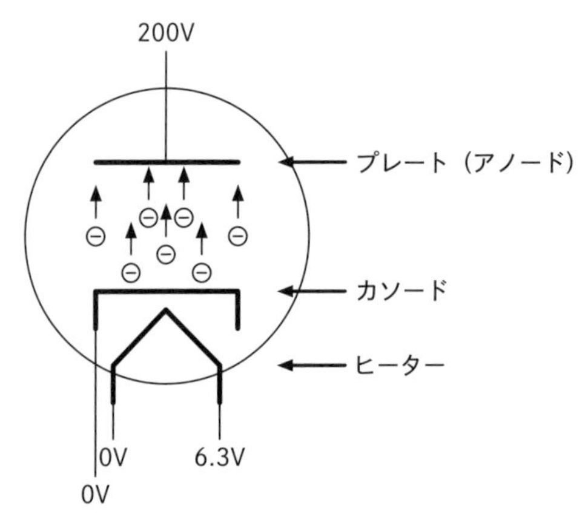


**図2.7**　傍熱二極管

[図2.7] のようにヒーターとカソードを分離することで、カソードの電位を自由に設定し、回路設計の自由度を上げることができます。

# 2.5 三極管

**本節では、オーディオアンプに使われている三極管の構造と動作の仕組みについて説明します。**

## 2.5.1 三極管の構造

傍熱二極管をベースとして三極管を説明します。傍熱二極管では、プレートにカソードより高い電位を設定し、カソードをヒーターで熱することで、プレートからカソードの向きに電流が流れました。カソードの電位を0Vと設定すると、プレートは正の電位を持つので、カソードから出た熱電子がプレートに引きつけられるという仕組みです。**[図2.8]** に二極管の図を再掲します。

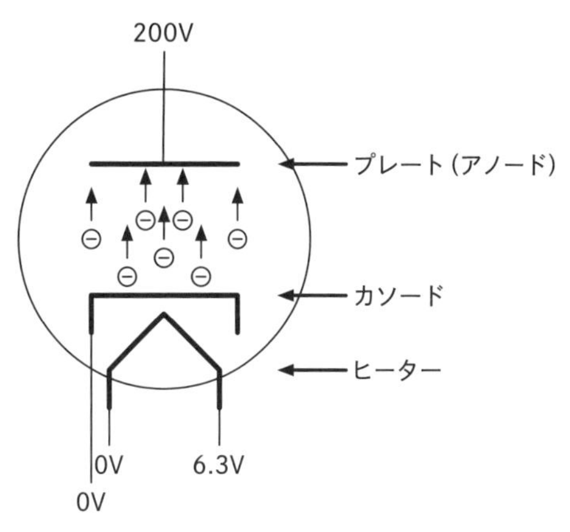


**図2.8**　傍熱二極管

ここで、プレートとカソードの間に網のようなもの（グリッド）を置いてみます。すると、**[図2.9]** のようになります。

端子が2個から3個に増えたので、これを三極管（トライオード）と呼びます。グリッドの電位を負に設定すると、カソードからプレートに向かって飛んでいる電子の一部がグリッドと反発して、グリッドを通り抜ける電子の割合が減ってしまいます。さらに、グリッドの負の電位を大きくしたり小さくしたりすることで、カソードからプレートに向けて飛んでいる電子の量を制御できます。電子の代わりに電流について考えてみると、プレートからカソードに向かって流れている電流を、グリッドの電位によって制御することになります。これが三極管の仕組みです。

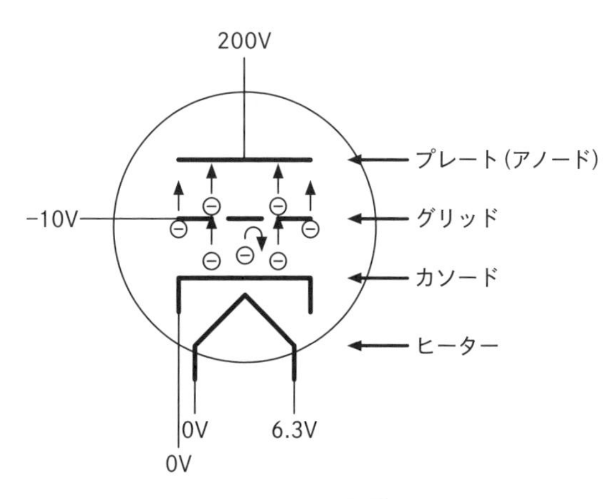


**図2.9**　三極管

## 2.5.2　三極管の特性

[図2.10] のグラフは、カソードに対するグリッドの電圧（負）の値$E_g$〔V〕をそれぞれ固定して、カソードに対するプレートの電圧$E_p$〔V〕を上げていったときのプレートからカソードに向かって流れるプレート電流$I_p$〔mA〕のグラフです。グリッド電圧を1つに固定してプレート電圧を上げていくと、プレート電流は増加します。また、グリッドの電位$E_g$〔V〕の負の値が大きくなるにつれてプレート電流が下がっていくのがわかります。

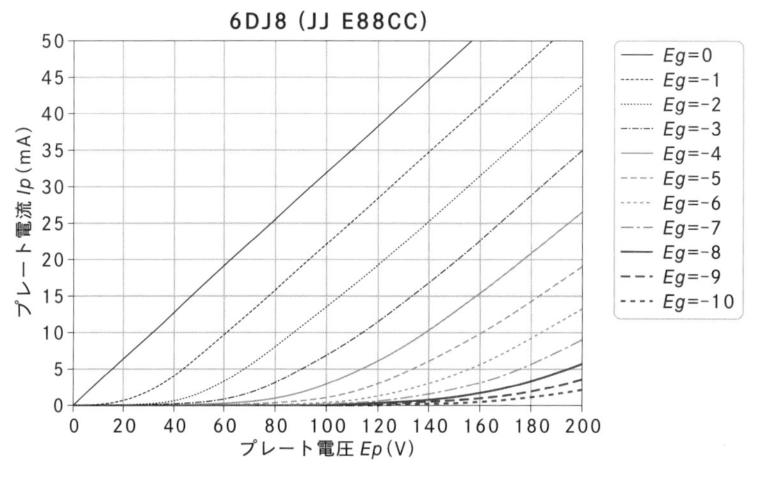


図2.10　三極管の$E_p$-$I_p$特性

[図2.11] のグラフは、カソードに対するプレート電圧$E_p$〔V〕をそれぞれ固定して、カソードに対するグリッドの電位（負）の値$E_g$〔V〕を変化させながらプレート電流$I_p$〔mA〕を測ったものです。前のグラフと同様に、プレート電圧が上がるとプレート電流が増加すること、負のグリッド電圧が負の方向に大きくなるとプレート電流が減少することがわかります。

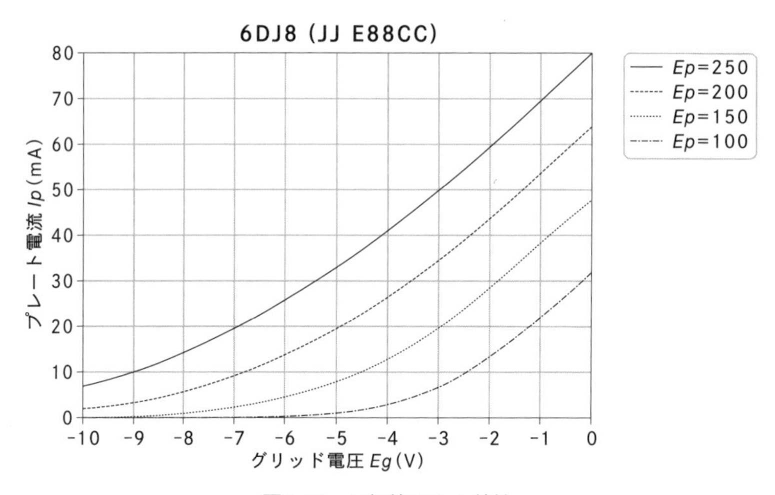


図2.11　三極管の$E_g$-$I_p$特性

水道の蛇口に例えて説明すると以下のようになります。[図2.12]のように、水道管にプレート(A点)とカソード(B点)を設定し、A点とB点の間に蛇口を開け閉めするバルブを取り付けます。バルブを回転させることで、A点からB点に向かって流れる水の量を多くしたり少なくしたりできます。バルブを完全に閉めることで、水を止めることもできます。バルブがグリッドの代わりだと考えると、バルブの回転による水の流量の増減が、グリッドの電圧の上げ下げによるプレートからカソードへ流れる電流の増減に対応します。

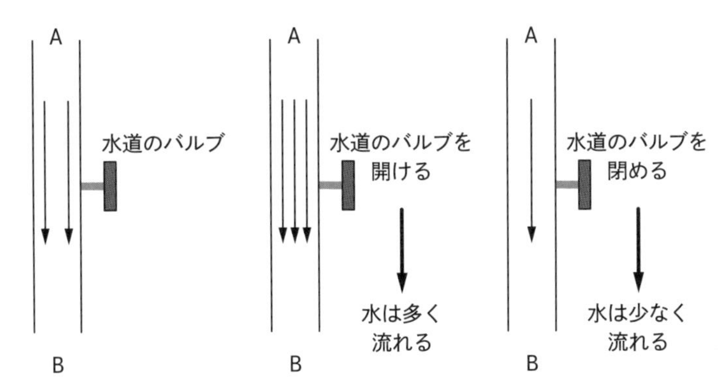


図2.12　水道のバルブによる三極管の電流制御の例え

現在使われている真空管の中でも音が良いといわれていることから"真空管の王様"と呼んでもよい電力増幅管300Bは三極管です。ほかには、電圧増幅管として使われる6DJ8、12AU7、12AX7、Nutube 6P1などがあります。これらのうち、300BとNutube 6P1は直熱管、6DJ8などは傍熱管です。

## 電圧増幅管と電力増幅管

電圧増幅管は、振幅(電圧)の小さい電気信号の電圧を増幅して、振幅の大きい電気信号にする真空管です。このとき、電圧は大きくなりますが、それに見合った電流を出力できないので、スピーカーを鳴らすことができません。このような真空管は、複数の真空管を用いて増幅するとき回路の手前側に置かれるので、プリ管とも呼ばれます。

これに対し、入力された電気信号の電圧を増幅し、さらに多くの電流を出力できる真空管を電力増幅管と呼びます(パワー管、出力管とも呼ばれます)。電力増幅管の出力は、スピーカーを鳴らすのに十分な電力を持っています。電力増幅管は、電圧増幅管と比べると出力電流が大きい分、電圧の増幅率が小さいです。このため、電圧増幅管で増幅された信号が出力管に入力されて、出力管の出力信号が(トランスを通した後で)スピーカーに入力されるという構成が取られます。

これらの呼び名は相対的なもので、境目は曖昧です。電力増幅管は、電圧増幅管に比べて電圧の増幅率が比較的小さく、その代わりに電流を多く出力できるものが多いです。

# 2.6 四極管

本節では、三極管に存在する欠点の一つを解消するために開発された、四極管について説明します。

## 2.6.1 四極管の構造

四極管は、プレートとカソードの間に2個のグリッドG1、G2を挿入したものです。これには [図2.13] のようにG1をコントロールグリッド（制御格子）として使うスクリーングリッド（遮蔽格子）四極管と、[図2.14] のようにG2をコントロールグリッドとして使うスペースチャージグリッド（空間電荷格子）四極管の2種類があります。

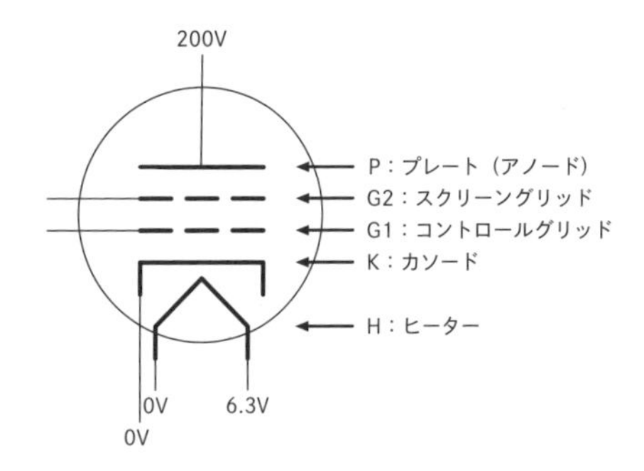


図2.13　スクリーングリッド（遮蔽格子）四極管の構造

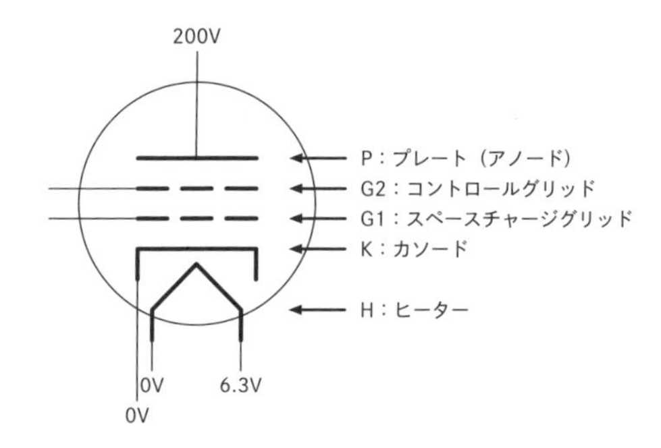


図2.14　スペースチャージグリッド（空間電荷格子）四極管の構造

## 2.6.2 スクリーングリッド四極管

スクリーングリッド（遮蔽格子）四極管と呼ばれる種類の四極管では、[図2.15] のように、カソードに近いほうのグリッドG1に信号を入力し、カソードに遠いほうのグリッドG2には比較的高い（プレート電圧よりは低い）電圧をかけることで電子を加速します。G1をコントロールグリッド、G2をスクリーングリッドと呼びます。

一般に、プレートと電源の間に挟まれた負荷抵抗に電流を流すと、負荷抵抗による電圧降下のため、プレートの電圧が電源電圧よりも下がります。そのため、三極管のようにプレート自身が電子を加速する役目を受け持っ

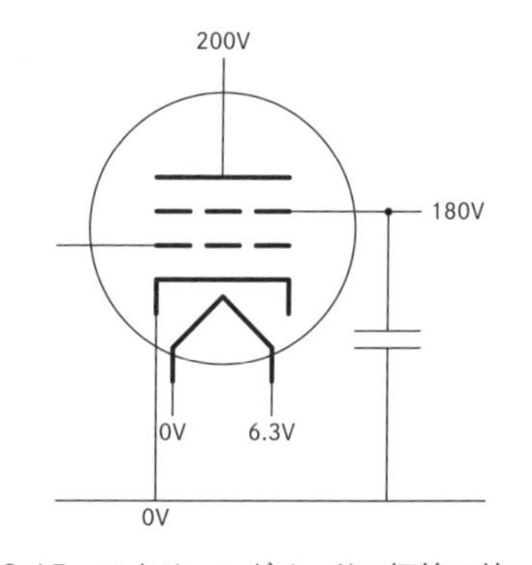


図2.15　スクリーングリッド四極管の使い方

ていると、結局、大きい出力電流が得られないという欠点があります。しかし、この形式の四極管では、スクリーングリッドの電圧によって電子が加速されるため、この欠点が除かれています。

四極管の欠点としては、プレート電圧がスクリーングリッド電圧より低い領域で、負抵抗特性（電圧が上昇するとき電流が減少する特性）が現れてしまうという現象があります。

一般的なスクリーングリッド四極管の特性を［図2.16］に示します。この特性は三極管と異なり、プレート電流の大きさは主にコントロールグリッドの電圧によって決まり、プレートの電圧に影響されにくい（曲線が水平に近い）という特徴を持ちます。

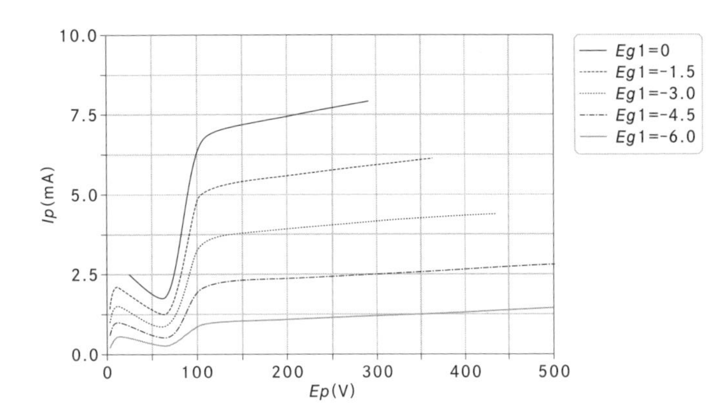

図2.16　スクリーングリッド四極管の$E_p$-$I_p$特性

## 2.6.3 スペースチャージグリッド四極管

スペースチャージグリッド（空間電荷格子）四極管は、［図2.17］のように、カソードに近いグリッドG1に正電圧をかけて、空間電荷を中和しつつカソードから電子を引き出します。さらに、カソードから遠いグリッドG2に信号を入力してコントロールグリッドとして使います。

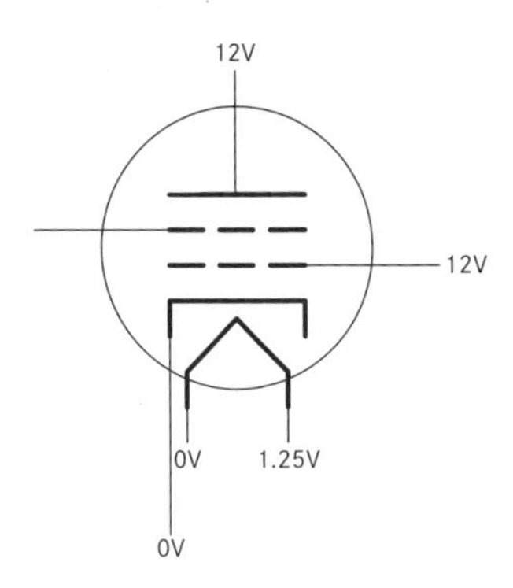

図2.17　スペースチャージグリッド四極管の使い方

こうすると、グリッドG1で十分に電子が加速されるため、プレート電圧が比較的低くてもプレート電流を多く流せます。そのため、電池用真空管として使われていた時期がありました。その後、真空管製造技術が進歩したため、電池用としてもこのような特殊な真空管をあまり必要としなくなりました。

スペースチャージグリッド四極管の例として12K5が挙げられます。一般的なスペースチャージグリッド四極管の特性を［図2.18］に示します。

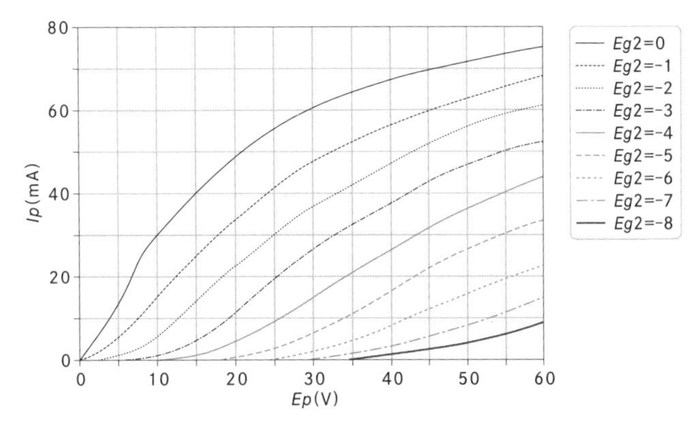

図2.18　スペースチャージグリッド四極管の$E_p$-$I_p$特性

# 2.7 五極管

本節では三極管を改良した四極管でさらに残っている欠点を改善するために考案された、五極管について説明します。

## 2.7.1 五極管の構造

五極管は、[図2.19] のようにプレートとカソードの間に3個のグリッドを挿入し、それぞれ次のように働かせたものです。

1. カソードに最も近いコントロールグリッドG1は、電子の流量を制御するために働かせます。通常、真空管への信号入力は、このグリッドに加えられます。
2. 真ん中のグリッドG2は、スクリーングリッドとして働かせます。
3. 通常、プレートに最も近いサプレッサーグリッドG3は、[図2.20] のようにカソードにつなげられるか、負の電圧を与えられます。そこで、プレートとスクリーングリッドの間に電位の谷がつくられ、プレートにぶつかって反射した二次電子がG2へ戻るのを抑制しています。

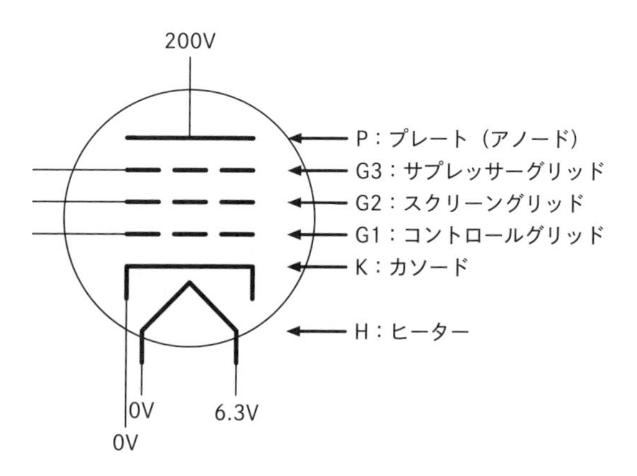


図2.19　五極管

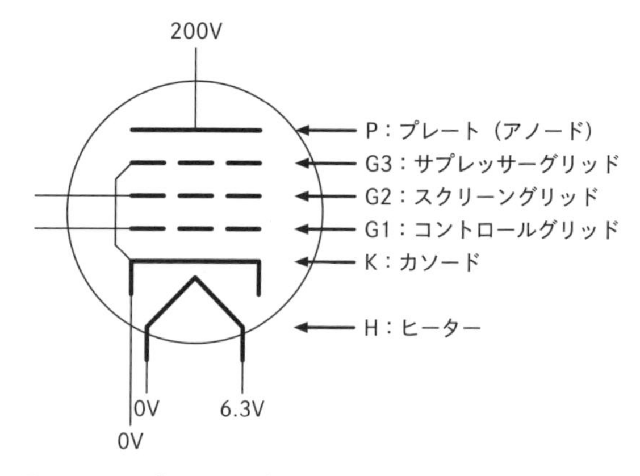


図2.20　サプレッサーグリッドとカソードをつないだ五極管

## 2.7.2 五極管の特性



五極管では、サプレッサーグリッドの存在によって四極管にあった欠点がなくなり、プレート電圧が十分低い場合でも、プレート電流がプレート電圧に依存せず、ほぼコントロールグリッドG1の電圧によって決まる、定プレート電流特性が得られます。

**[図2.21]** のグラフは、五極管WE403Aにおいて、G2の電圧を15Vに固定し、バイアスを0Vから－0.50Vまで0.10Vずつずらして設定した場合に、プレート電圧を変化させたときプレート電流がどのように変化するかを示した、$E_p$-$I_p$特性です。$E_p$が低い部分では上に凸な形で$I_p$が上昇し、ある程度$E_p$が上がった状態で$I_p$がほぼ一定になるようなグラフとなっています。四極管で見られたような下に凸となる部分も見られません。

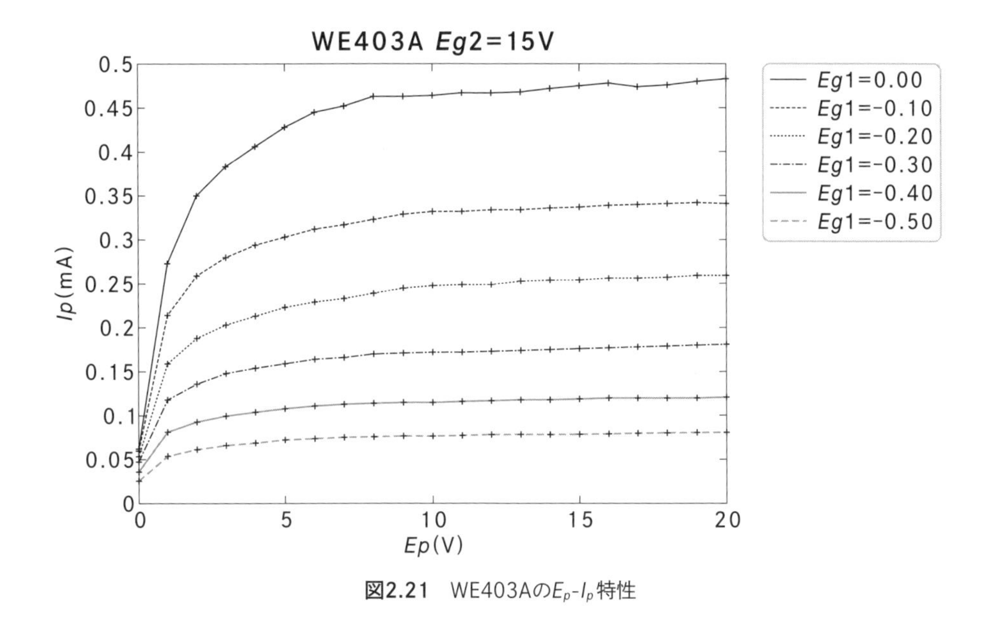


**図2.21** WE403Aの$E_p$-$I_p$特性

**[図2.22]** のグラフは、プレート電圧を0Vから20Vまで1Vずつずらして設定した場合に、グリッドG1の（カソードに対する相対的な）電圧を変化させたときにプレート電流がどのように変化するかを示した$E_g$-$I_p$特性です。

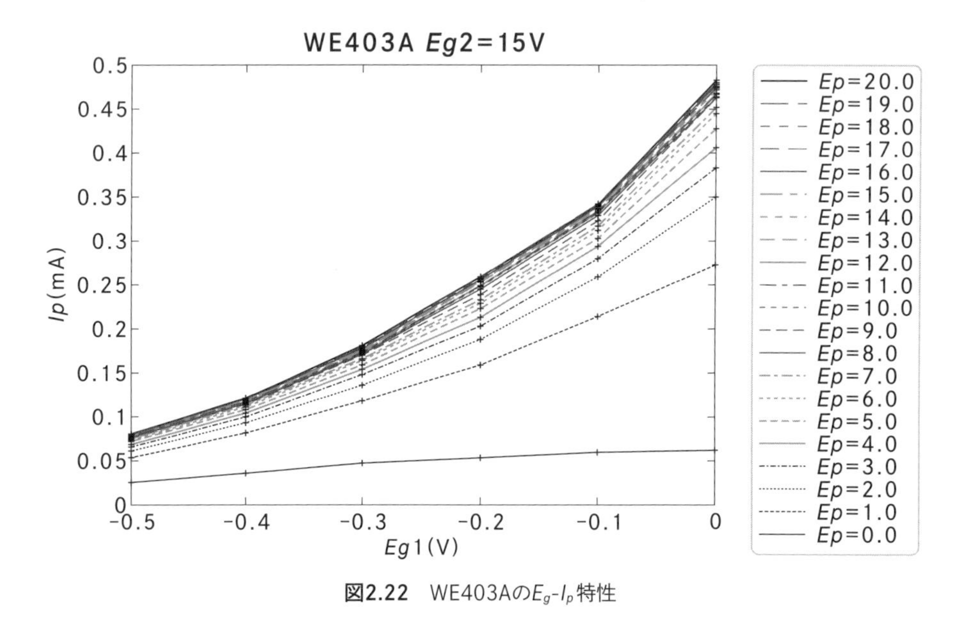


**図2.22**　WE403Aの$E_g$-$I_p$特性

現在流通している真空管の中では、6CA7 (EL34)、6BQ5 (EL84)、6J1、6J1P、5654、6K4P、6AK5、6AS6、6AU6、403A、409A、6AQ5、6AS5などが五極管です。

## シャープカットオフ五極管とリモートカットオフ五極管

高周波増幅用五極管の中には、そのバイアス電圧を変えると、相互コンダクタンス（[図2.22]に示すような$E_g$-$I_p$曲線の傾き）が滑らかに変わり、$E_g$の負の値の極めて（負の方向に）大きいところで、$I_p$が遮断される特性を持つものがあります。このような真空管をリモートカットオフ五極管と呼びます。この種の真空管では、グリッドの網目が中心から両端にいくにつれて、次第に疎になるようにつくられています。そのため、グリッド電圧を小さい負の値からさらに下げていくと、まず、グリッドの最も密な部分の電子流が遮断されます。さらにグリッド電圧を下げていくと、グリッドのより疎な部分の電子流が順次遮断されます。結局、滑らかに傾きが変わるような$E_g$-$I_p$静特性曲線が得られます。

このような五極管を増幅回路に使うと、そのバイアス電圧によって増幅作用を増減させることができます。よって、可変増幅五極管とも呼ばれます。この種の真空管はラジオの高周波増幅のAGC（Auto Gain Control）回路で使われていました。AGC回路は、入力された電波の強度によって増幅率を変化させ、出力レベルを一定に保つのに使われます。リモートカットオフ五極管の例として6D6や6BA6、6BD6があります。

一方、グリッドの網目が一様な五極管では、グリッド電圧がある値に低下すると、電流が一斉に遮断されます。このような五極管を「シャープカットオフ五極管」と呼びます。ラジオの検波回路などで使われていました。シャープカットオフ五極管の例として6C6や6AU6があります。

## 2.7.3 五極管の三極管結合（三結）とその特性



回路を設計する場合に、五極管を三極管として使用したい場合があります。このときは、五極管を三極管結合（三結）して使うようにします。

まず、**[図2.23]** のように接続すると、増幅率$\mu$が低い三極管相当となります（$\mu$については後の節で説明します）。これは、スクリーングリッドG2とサプレッサーグリッドG3をともにプレートとみなした場合に相当します。

また、**[図2.24]** のように接続すると、増幅率$\mu$が中程度の三極管相当となります。これは、スクリーングリッドG2をコントロールグリッドG1と、サプレッサーグリッドG3をプレートとみなした場合に相当します。

最後に、**[図2.25]** のように接続すると、増幅率$\mu$が高い三極管相当となります。これは、スクリーングリッドG2とサプレッサーグリッドG3をともにコントロールグリッドG1とみなした場合に相当します。

上記の3種類の三極管結合では、後者になるにつれてコントロールグリッドとして使うグリッドが増えます。これにより、コントロールグリッドの電圧を変化させたときの電子の流量の変化が大きくなり、その結果として増幅率$\mu$が大きくなると考えることができます。

ただし、五極管によっては、真空管の内部でサプレッサーグリッドG3がカソードに接続されている場合があります。このような場合には、**[図2.26]** のようにスクリーングリッドG2をプレートに接続することで、三極管の特性を得ます。

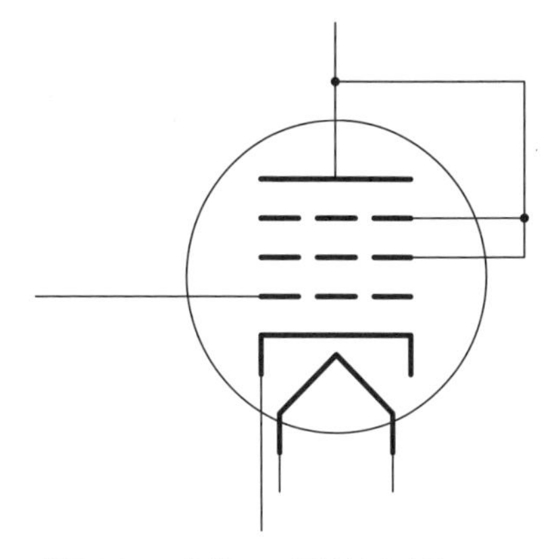

**図2.23**　五極管の三極管結合方法その1（低い$\mu$）

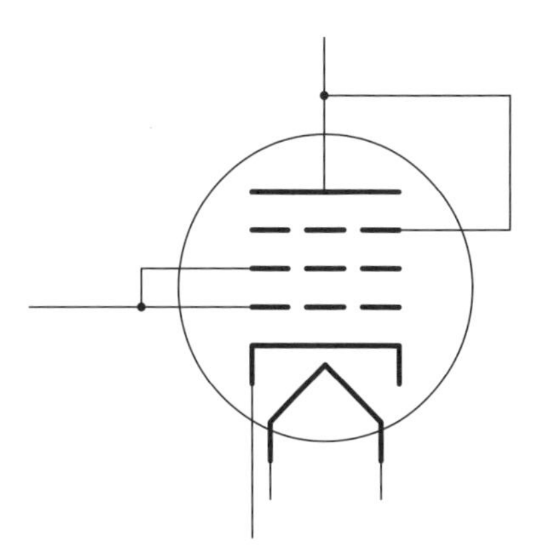

**図2.24**　五極管の三極管結合方法その2（中程度の$\mu$）

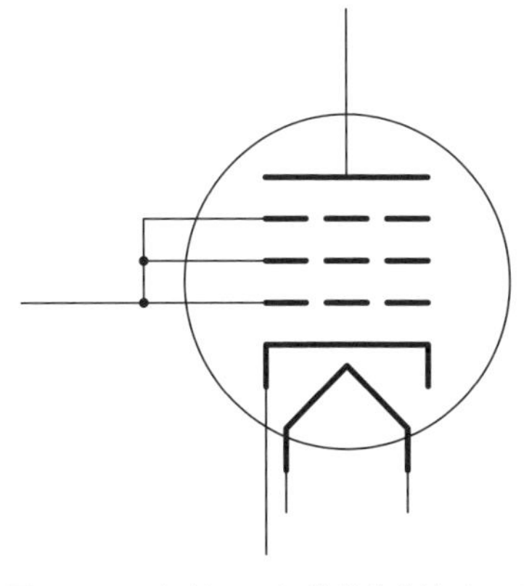

**図2.25**　五極管の三極管結合方法その3（高い$\mu$）

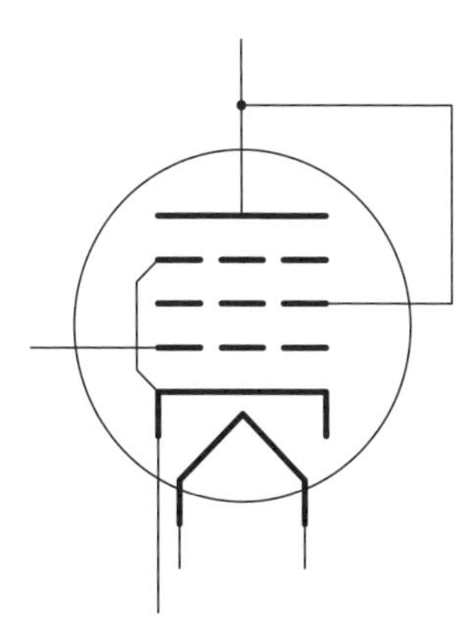

**図2.26**　五極管の三極管結合方法その4（内部でサプレッサーグリッドG3がカソードに接続されている場合）

例えば、このような構造を持った五極管として上に述べたWE403A（6AK5）があり、この真空管で上の図のように三極管結合したときの$E_p$-$I_p$特性が［図2.27］のグラフです。前のようにある程度大きな$E_p$においてI$_p$がほぼ一定だったのとは違い、$E_p$が増加するに従って$I_p$の曲線の傾きが増加していく、つまり、三極管のような特性になっていることがわかります。

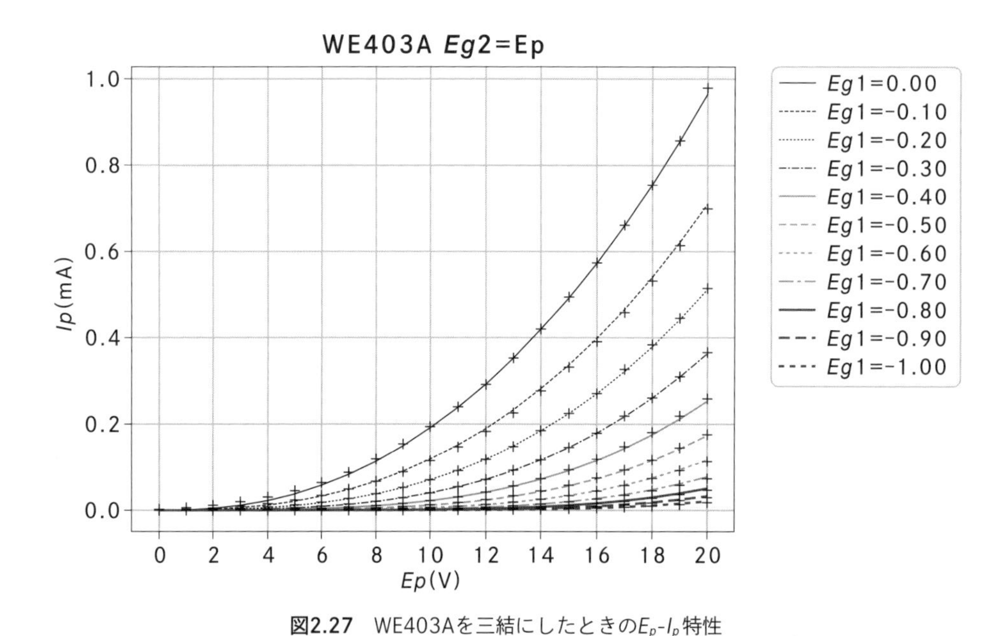


**図2.27**　WE403Aを三結にしたときの$E_p$-$I_p$特性

## 複合管

真空管の中には、1つの管の中に三極管を2個入れたものや、三極管と五極管を入れたものなどが存在します。これらを複合管と呼びます。例えば、三極管と五極管を1つの管に入れた真空管を三極五極複合管と呼びます。また、三極五極複合管の中で三極管の部分を三極部、五極管の部分を五極部と呼びます。三極管を2個、1つの管に入れたものもあり、これを双三極管と呼びます。

三極五極複合管は、オーディオアンプに用いる際に、三極部を初段の電圧増幅部として、五極部を後段の電力増幅部として使うことができます。これにより、左右あわせて2本でステレオアンプを製作することができます。真空管を使う本数を少なくすることができるため、安価なキットでよく使われています。また双三極管は、1本でステレオアンプの電圧増幅部の左右両チャンネルをまかなえます。

三極五極複合管としては6BM8やPCL86、6AU8などがあり、双三極複合管としては6DJ8や12AU7、12AX7、6BX7GT、Nutube 6P1などがあります。

# 2.8 ビーム管



本節では、四極管の欠点を、五極管とは異なる方法で解消した、ビーム管について説明します。ビーム管は真空管アンプにおいて出力管としてよく使われている種類の真空管です。

## 2.8.1 ビーム管の構造

五極管では、プレートから放出される二次電子が、スクリーングリッドG2に戻ってくることを抑制するために、サプレッサーグリッドG3を置きました。しかし、もし他の方法で、スクリーングリッドG2とプレートの間における電子密度を大きくすることができれば、この空間電荷によって、この部分に電位の谷がつくられ、ちょうどサプレッサーグリッドG3を挿入した場合と同様の効果が得られるはずです。

ビーム管は、四極管のプレート、カソード、コントロールグリッドG1、スクリーングリッドG2以外に、[図2.28] のようにビーム形成電極（カソードに接続される）を設置し、この電極の構造および配置をうまく設計することによって、電子の流れをプレートとスクリーングリッドG2の間に集めて、電位の谷をつくったものです。

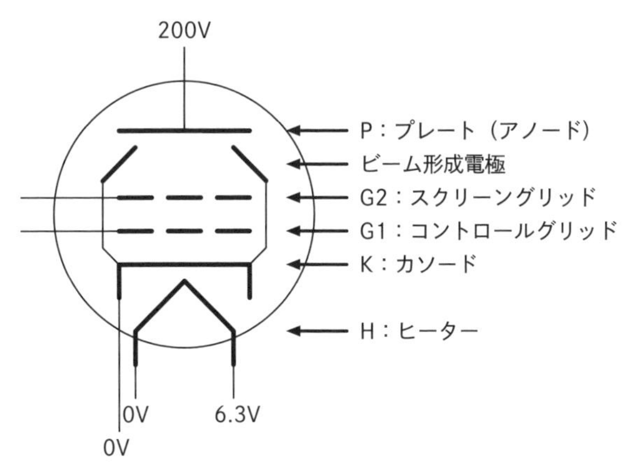


図2.28　ビーム管の記号

[図2.29] は実際のビーム管の構造です。中心にカソードがあり、その中にヒーターのワイヤーが入っています。カソードの周囲をコントロールグリッドとスクリーングリッドのワイヤーが囲んでおり、その外側に穴の空いたビーム形成電極があり、一番外側がプレートで覆われています。

このように、実際の真空管の構造は模式図とは異なり、カソードが中心、プレートが外側に筒状に配置されており、カソードから外向きの全方向に電子が放射され、プレートの正電圧で吸い取られるようになっています。

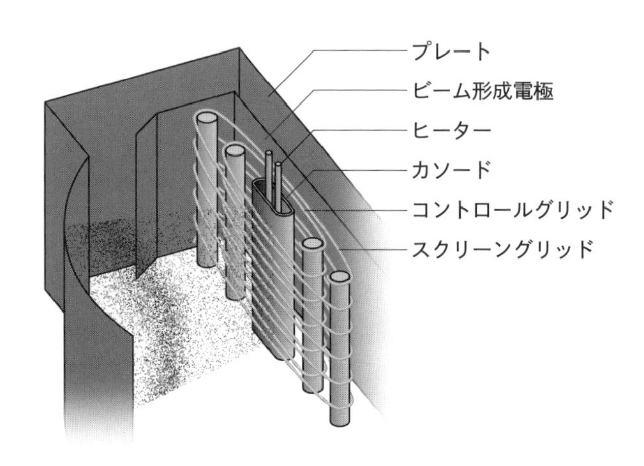


図2.29　ビーム管の構造

ビーム管においてはさらに、コントロールグリッドとスクリーングリッドの位置を合わせており、スクリーングリッドがコントロールグリッドの陰になって、スクリーングリッド電流が少なくなります。このため、カソードからプレートに向かう電子の流れは散乱しないで集束されるので、一般に$E_p$-$I_p$曲線において定電流特性の範囲が広くなり、五極管以上の定プレート電流特性を持ちます。これは動作範囲を広くするのに役立ちます。

## 2.8.2 ビーム管の特性

[図2.30] は、ビーム管6AQ5の$E_p$-$I_p$特性です。立ち上がりの部分が五極管に比べて密になっており、グリッド電圧が負の方向に大きくなるほど立ち上がりが急になっています。また、四極管の特性で欠点として挙げた、プレート電圧を上げたときプレート電流が右下がりになっている部分（$E_g = 0$V、$E_p = 10$Vから13Vのあたり）が存在するのがわかります。

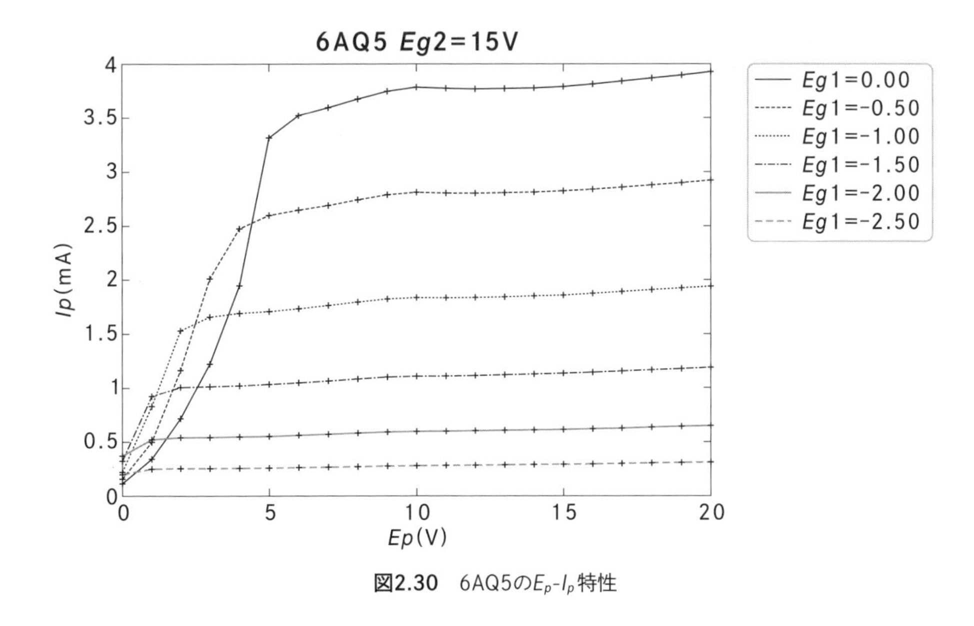


図2.30　6AQ5の$E_p$-$I_p$特性

[図2.31] は、プレート電圧を固定してグリッド電圧を変化させたときのプレート電流（$E_g$-$I_p$特性）です。

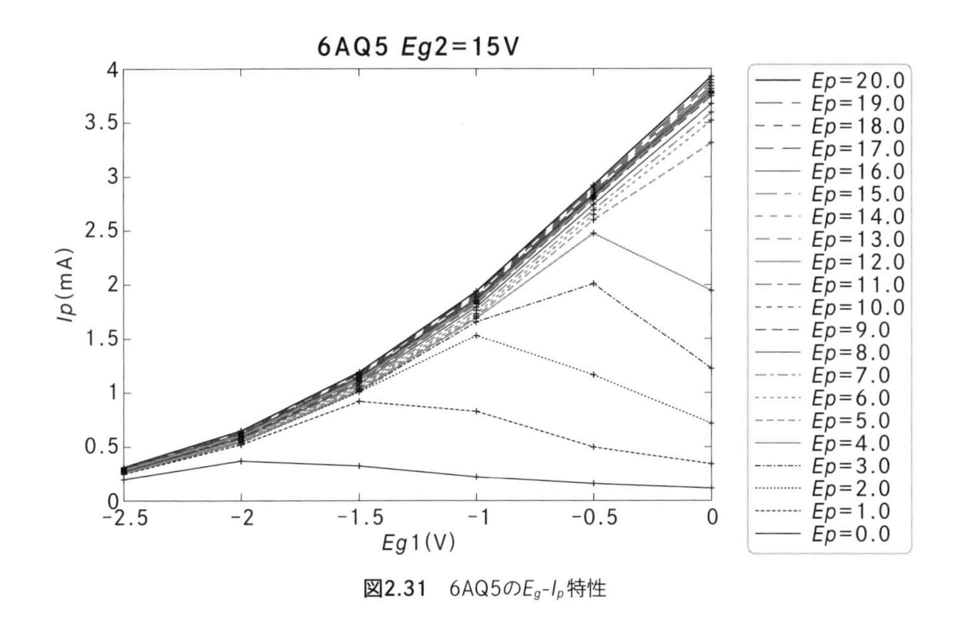


図2.31　6AQ5の$E_g$-$I_p$特性

ビーム管は、五極管のグリッドG3の代わりにビーム形成電極を使ったものとしてみるのではなく、四極管に対してビーム形成電極が追加されたものとしてみることもできます。そのため、データシートではbeam tetrode（ビーム四極管）とbeam pentode（ビーム五極管）の両方の表記があります。現在出力管としてよく使われている6L6、6V6、KT88などはビーム管です。

## 真空管の互換性と球転がし

真空管は寿命が短いため、トランジスタのようにはんだづけせず、ソケットに挿して動かす場合が多いです。そのため、球転がし（Tube Rolling）と呼ばれる、互換性のある真空管に挿し替える楽しみがあります。本書で扱っている12AU7や6DJ8、6AK5などは互換球が比較的多い球です。真空管の互換性も単純ではありません。同じ型番の真空管を違うメーカーが販売している場合があり、アメリカとヨーロッパで型番の付け方が違うため、同じ球でもメーカーによって型番が違うこともあります。さらに、軍用に信頼性を上げた球が存在する場合、単にピンの配置が同じだけの場合などがありいろいろです。例えば、12AU7、12AT7、12AV7、12AY7、12AX7などは、ピン配置はまったく同じなのですが、特性が異なるため、単純に挿し替えただけではきれいに音が出ず、負荷抵抗やカソード抵抗の変更などが必要になる場合があります。12BH7Aは12AU7と特性が比較的近いようで、挿し替えた作例がWebに多く載っています。場合によっては、最大プレート電圧や最大プレート損失が異なるために真空管を壊してしまったり、ヒーターの電流が異なるために機器を壊してしまったりする場合もあるので、データシートを見比べて互換性を確認しましょう。「（型番）tube datasheet」というキーワードでWebを検索すると、さまざまな真空管のデータシートをPDFで入手できます。

本書で製作している真空管アンプの場合、B電源の電圧が30Vと低いため、プレート電圧やプレート損失が定格以上になることはありません。また、ヒーター電源もACアダプターの12Vをそのまま使っているため、使用するACアダプターを12V 4Aなどの大容量のものにしておくと、ヒーターの電流が足りなくなることもありません。そのため、比較的気軽に球転がしを楽しめます。

# 第 3 章

# 真空管を用いた増幅回路

本章では、真空管を用いた増幅回路の設計について説明します。

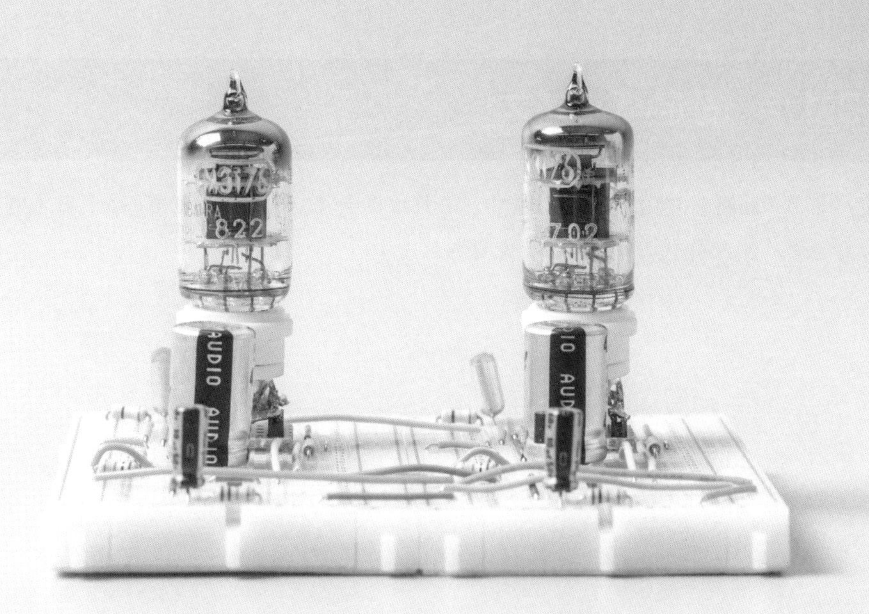

# 3.1 真空管のバイアスのかけ方

本節では三極管を例として、バイアスのかけ方を説明します。

## 3.1.1 バイアスとは

真空管のグリッドに入力する音楽信号は、三角関数のサイン関数やコサイン関数のように、0Vを中心として正負に交互に振れています。このとき、真空管に音楽信号が入力されていないときの、カソードに対するグリッドの電圧を「バイアス」といいます。音楽信号を入力すると、カソードに対するグリッドの電圧は、バイアス電圧を中心として上下に振れることになります。

バイアスをかけるのは、グリッドの電圧が、カソードの電圧よりも常に低い（カソードの電圧を0Vとするとグリッドの電圧は常に負であるような）範囲で動くようにする必要があるからです。そのため、0Vを中心として電圧が上下する入力信号を、ある負の電圧を中心として上下し、各時点の値としては常に負のままであるように、全体の電圧を一定の負の方向にずらします。このずらす電圧の量がバイアスです。バイアスが「浅い」「深い」などと表現することがあります。例えば、カソードに対してグリッドの電圧がより低いとき、「バイアスが深い」といいます。

水道のバルブの例えでいうと、ある程度の量の水が常に流れている状態（これを基準、中心とする）で、流れる水の量を多くしたり少なくしたりします。この基準の水流の量がバイアスに相当します。常に水が流れている（流れる水の量が0にならない）ことが、グリッドの電圧がカソードの電圧よりも常に低いことに相当します。

## 3.1.2 固定バイアス

固定バイアス回路を［図3.1］に示します。これは真空管で古来使われていた、基本的なバイアスのかけ方です。1970年代の回路にはよく見られます。

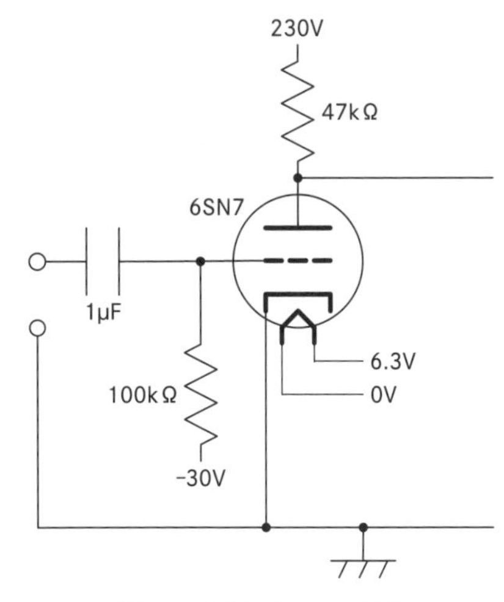


**図3.1** 固定バイアス回路

真空管アンプでは複数の種類の電源を使います。ヒーターもしくはフィラメントに用いる低電圧の電源をA電源、プレートに用いる高電圧の電源をB電源、グリッドのバイアスに用いる電源をC電源と呼びます。現在真空管アンプの自作においては、B電源のみが用語として使われることが多く、A電源やC電源という用語はほとんど使われません。

### 3.1.3 カソードバイアス（自己バイアス）

固定バイアスでは、ヒーターに電流を流すためのA電源、プレートの負荷にかけるB電源、グリッドにバイアスをかけるためのC電源と3つの電源を用意する必要があり、電源の用意が大変です。そこで、バイアスをかけるためのC電源を省略するために、**[図3.2]** のような回路でバイアスをかける方法があります。これをカソードバイアス（自己バイアス）と呼びます。

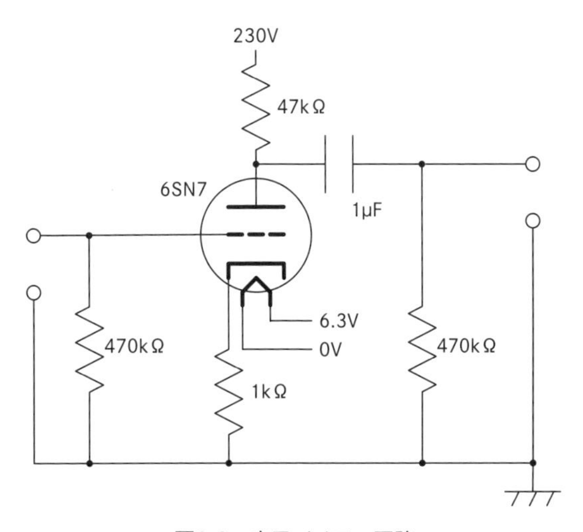


**図3.2** 自己バイアス回路

この図では、カソードの電位を0V（グラウンド）として考える代わりに、カソードにカソード抵抗を接続し、その先をグラウンドとして扱います。入力される信号が無音のとき、入力の2つの端子の電位差は0Vなので、グリッドの電位はグラウンドと同じ0Vになります。一方、カソードの電位は、（プレート電流）×（カソード抵抗〔上の図の場合は1kΩ〕）だけグラウンドより高くなるため、この高くなったカソードの電位を基準（0V）としてみると、グリッド及びグラウンドの電位は相対的にマイナスの電位になり、プレートにかけるB電源の電圧は、カソードとグラウンドの電位の差だけ下がります。カソードに対するグリッドのバイアス電圧は、カソード抵抗の値で決められます。

## 自己バイアス回路の利点

固定バイアスと比較して、自己バイアス回路は次のような利点があります。

まず、C電源の回路が不要であることが挙げられます。負の電圧を作成するのは、一般的に部品点数が増えて回路が複雑になりがちです。

次に、熱暴走が起こりにくいことが挙げられます。プレートの電圧（グラウンドから見たプレートの電圧）が固定されているとき、真空管の温度が上昇したと仮定しましょう。このときプレート電流が増え、これと同じ量の電流がカソード抵抗にも流れます。そうすると、カソード抵抗と流れる電流に対するオームの法則によって、グラウンドに対するカソードの電圧は高くなり、これによりバイアスは深く（カソードに対するグラウンドの電位はマイナス方向に大きく）なります。これによってプレートに流れる電流$I_p$が小さくなるので、熱暴走が抑えられる方向に回路が動作します。一方、固定バイアスの場合は、カソード抵抗による上記のような機構がないため、熱暴走が起きやすいです。このため、固定バイアスに比べて自己バイアスのほうが動作が安定していると言うことができます。

## 自己バイアス回路の欠点

一方、自己バイアスは、固定バイアスと比較して次のような欠点があります。

まず、入力信号の電圧は常に上下していますが、この電圧が高くなるとき、動作点がバイアスの浅い方向に動くため、プレート電流が増えます。このとき、カソード抵抗にプレート電流と同じ量の電流が流れるので、オームの法則でカソード抵抗の両端の電圧が上がり、グラウンドに対するカソードの電圧が上がります。この結果、増幅率が小さくなってしまいます。一般的にはこれを防ぐために、カソード抵抗に対して並列にコンデンサーを付けて、信号の入力によってカソードに流れる電流の変動分をカソード抵抗に流さずにコンデンサー側に流します。これでバイアスを安定させながら増幅率を確保できます。ただし、信号がコンデンサーを通るため、低域成分が減少してしまい音質が若干悪くなってしまうという問題が存在します。

また、カソード抵抗にバイアス電圧が存在することから、あらかじめ設計に用いたB電源の電圧（カソードを0Vとした場合の電源電圧）がこの分だけ低くなってしまうため、設計どおりに動作させるには、電源電圧をバイアス電圧の分だけかさ上げする必要があります。ただ、電源電圧に比べてバイアス電圧が小さい場合には、この点は考慮せずに設計することが多いです。

さらに、大きいバイアス電圧が必要な真空管においては、このカソード抵抗による発熱も考えなければならないという問題点も存在します。

動作が安定していて用意する電源電圧の数も少ないため、作成しやすい自己バイアス回路ですが、実は上記のように細かい欠点もいろいろと存在します。



## 3.1.4 グリッドリークバイアス

グリッドリーク電流という電流を利用するバイアスのかけ方です。以前から使われていた手法ですが、YAHAアンプというヘッドフォンアンプで採用され、最近脚光を浴びるようになりました。グリッドリークバイアスの回路は [図3.3] のようになります。

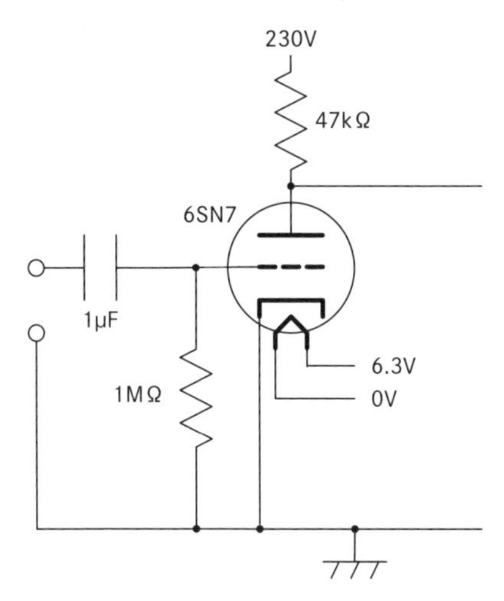


**図3.3** グリッドリークバイアス回路

カソードから熱電子が放出され、プレートに向かって飛んでいきますが、その一部はグリッドにぶつかって吸収されます。これをグリッドリーク電流と呼びます。入力信号の電位をコンデンサーでグリッドと離すと、グリッドに飛び込んだ電子は数MΩのグリッド抵抗を通ってグラウンドに戻ります。これは、電流がグラウンドからグリッドに向かってグリッド抵抗を流れていることに相当します。カソード抵抗は存在しないため、カソードの電位はグラウンドと同じ0Vとなり、グリッドの電位は（グリッドリーク電流）×（グリッド抵抗）だけカソードより低くなります。このようにして、グリッドにバイアスをかける仕組みをグリッドリークバイアスと呼びます。

この方法は構造が簡単なため1960年頃の文献にも見ることができ、よく使われていたという記述もあります。この方法の欠点として大きいバイアス電圧が取れないので、バイアス電圧が低くても動作する真空管でしか使用できないことと、入力される交流信号の電圧（振幅）がバイアス電圧を超えないようにする必要があります。

# 3.2 三極管を用いた増幅回路の設計

本節では、これまで説明してきた三極管を用いて増幅回路を設計します。

三極管の仕組みは、プレート電圧を固定してバイアスを変化させると、プレートからカソードに向かって流れる電流が変化するというものです。この電流を出力電圧に変換するには、プレート側の電源端子とプレートの間に$R$〔Ω〕の抵抗を挟み（これを負荷抵抗と呼びます）、プレートと負荷抵抗の間から電圧を取り出します。プレートからカソードに流れる電流（プレート電流）が$I_p$〔A〕であるとき、この抵抗による電圧降下は$R \times I_p$〔V〕となります。よって、出力される電圧は、**[図3.4]** のように電源電圧が200Vの場合、$200 - R \times I_p$〔V〕となります。

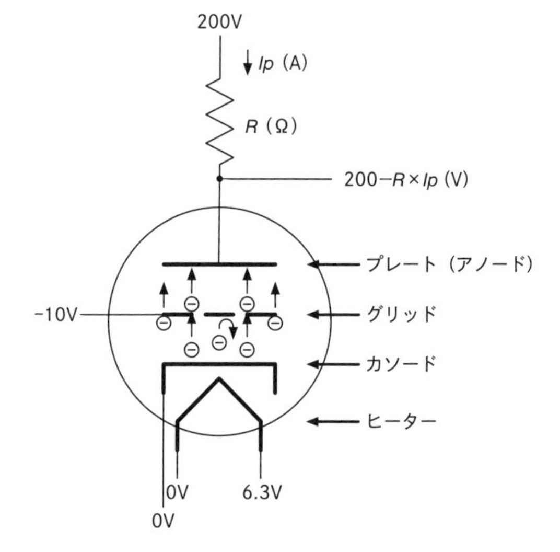


**図3.4**　プレート電流から出力電圧への変換

これにより、入力信号は負のバイアスを中心とした電圧の増減となり、出力信号は正のある電圧を中心とした電圧の増減となります。

これを両者ともに0Vを中心とした増減となるようにし、カソードバイアス回路として回路を作成すると、**[図3.5]** のようになります。グリッドの電圧は、信号入力がない場合を考えます。このとき、グリッド電圧はグラウンドに対して0Vとなります。B電源の電圧は230Vです。カソード電圧はプレート電流$I_p$〔A〕にカソード抵抗1kΩを掛けた$1000 \times I_p$〔V〕だけグラウンドより高くなるため、プレート電圧は$230 - 1000 \times I_p$〔V〕に下がります。

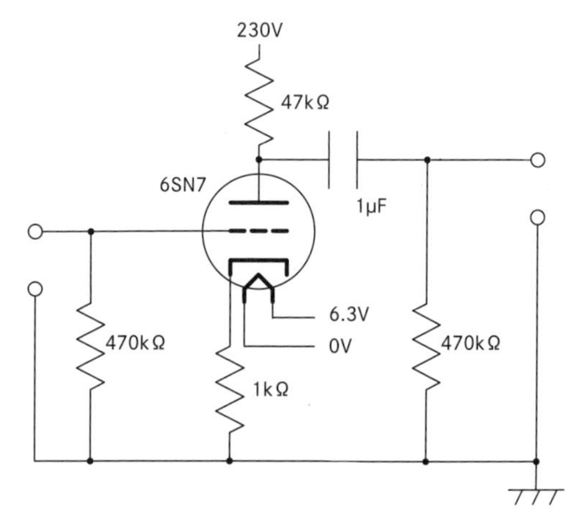


**図3.5**　周辺回路を追加した増幅回路

## 3.2.1 真空管の三定数

三極真空管には次のような3つの定数があります。これを三定数と呼びます。

1. **増幅率（$\mu$）**
2. **相互コンダクタンス（$gm$）**：単位はジーメンス〔S〕
3. **内部抵抗（$rp$）またはプレート抵抗**：単位はオーム〔Ω〕

これらの定数は、上に示した3つの特性（グリッド電圧、プレート電圧、プレート電流）のうち1つを固定して、残りの2つの値の変化を見たときの相対的な変化量によって表されます。これらの変化量は曲線として描画されるので、厳密には接線の傾きとなり、1つの値に固定される量ではありませんが、ある領域においてはほぼ定数となります。

増幅率$\mu$の定義は、ある一定のプレート電流を保ちながらプレート電圧を微小変化させた量に対するグリッド電圧の微小変化量の比、すなわちグリッド電圧の微小電荷量をプレート電圧の微小変化量で割ったものです。電圧を電圧で割ったものなので、単位は無次元（単位なし）となります。

相互コンダクタンス$gm$の定義は次のとおりです。一定のプレート電圧において、グリッド電圧を微小変化させると、プレート電流が微小変化します。このグリッド電圧の微小変化量に対するプレート電流の微小変化量の比、すなわちプレート電流の微小変化量をグリッド電圧の微小変化量で割ったものを相互コンダクタンス$gm$と呼びます。単位はジーメンス〔S〕です。

内部抵抗$rp$の定義は次のとおりです。一定のグリッド電圧において、プレート電圧を微小変化させると、プレート電流が微小変化します。この度合いは真空管内に一種の抵抗があり、その大小によるものであると考えられるので、プレート電圧の微小変化量とプレート電流の微小変化量の比を内部抵抗$rp$（もしくはプレート抵抗）と呼びます。単位はオーム〔Ω〕です。

これら3つの定数の間には$\mu = gm \times rp$の関係があります。この3つの値を、6DJ8の実測値から作成したモデルを使って具体的に計算すると、以下のようになります。

まず、$E_g = -3$V、$E_p = 150$Vにおける相互コンダクタンス$gm$は、**[図3.6]**（$E_g$-$I_p$図）の接線の傾きになります。この接線は、$E_g$が2Vだけ増えたとき$I_p$が15mAだけ増えているので、$gm = 15\text{mA}/2\text{V} = 7.5\text{mS}$となります。

一方、$E_g = -3$V、$E_p = 150$Vにおける内部抵抗$rp$の値は、**[図3.7]**（$E_p$-$I_p$図）の接線の傾きの逆数となります。この接線は$E_p$が30Vだけ増えたとき$I_p$

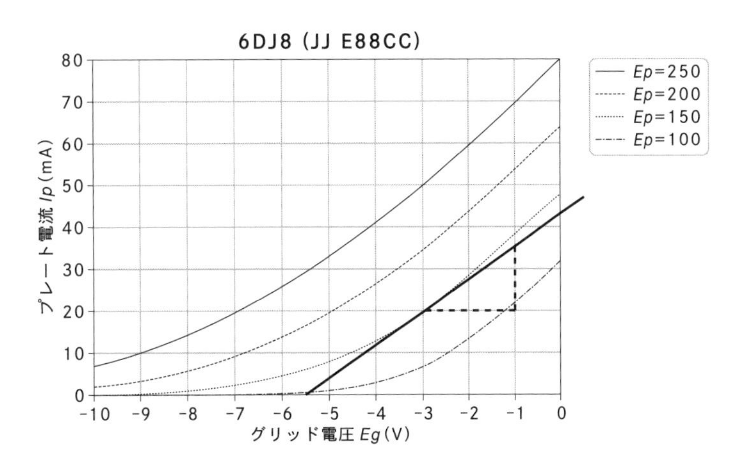


**図3.6** $E_g = -3$V、$E_p = 150$Vにおける6DJ8の相互コンダクタンス$gm$

が15mAだけ増えているので、傾きの逆数は$rp = 30V/15mA = 2k\Omega$となります。

最後に、$gm = 7.5mS$、$rp = 2k\Omega$より、$\mu = 0.0075 \times 2000 = 15$となります。

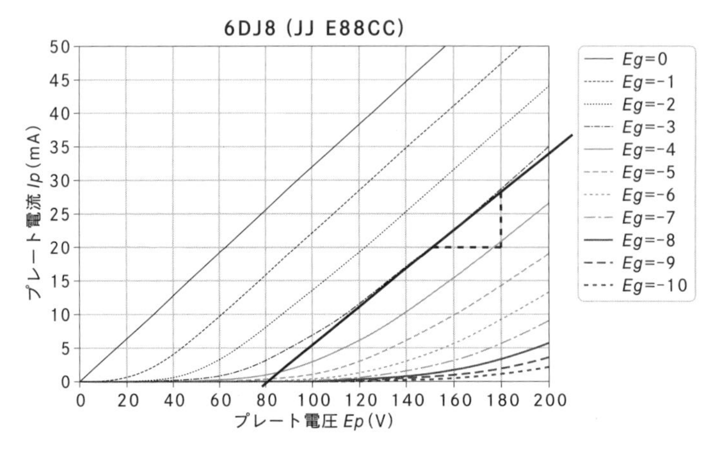


**図3.7** $E_g = -3V$、$E_p = 150V$における6DJ8の内部抵抗$rp$

## タンスの整理

真空管の三定数でコンダクタンスという量の単位が出てきました。ここで関連する言葉を整理しておきましょう。一般的に交流回路では、電圧や電流の振幅と位相を同時に表現するために複素数が使われています。なお、虚数単位として数学では$i$を使いますが、電気関係では電流に$i$が使われているので虚数単位として$j$を使います。

電圧$V$と電流$I$が$V = I/Y$の関係を持つとき、$Y = I/V$を「アドミッタンス」と呼びます。このとき、電圧も電流もアドミッタンスも複素数です。アドミッタンス$Y = G + jB$の実部$G$をコンダクタンス、虚部$B$をサセプタンスと呼びます。単位はいずれもジーメンス〔S〕です。電圧と電流が直流の場合、電流と電圧の間に位相の差がない場合には、実部だけ考えればよいので、コンダクタンス$G$を使います。

一方、電圧$V$と電流$I$が$V = ZI$の関係を持つとき、$Z = V/I$を「インピーダンス」と呼びます。インピーダンス$Z = R + jX$の実部$R$をレジスタンス、虚部$X$をリアクタンスと呼びます。単位はいずれもオーム〔Ω〕です。電圧と電流が直流の場合、電流と電圧の間に位相の差がない場合には、実部だけを考えてレジスタンスを使います。

さらに、リアクタンス$X$には容量性リアクタンス$X_C$と誘導性リアクタンス$X_L$があり、容量性リアクタンス$X_C$はコンデンサーのキャパシタンス$C$と交流の周波数から、誘導性リアクタンス$X_L$はコイルのインダクタンス$L$と交流の周波数から決まります。

アドミッタンス$Y$とインピーダンス$Z$は逆数$Y = 1/Z$の関係を持ちます。そのため、昔はアドミッタンスの単位として、インピーダンスの単位であるΩを上下逆に書いた〔℧〕が使われていました。なお℧の読み方は、Ωの読み方ohmを逆に書いたmho「モー」です。

## 3.2.2 特性曲線に基づく増幅回路の設計

前に示した6DJ8の特性曲線から、実際に抵抗負荷の場合の増幅回路を設計してみましょう。ここでは、B電源の電圧=150Vとして計算します。[図3.8] のように、横軸のプレート電圧$E_p = 150$Vの点と、縦軸のプレート電流$I_p = 50$mAの点を結ぶ直線を引きます。これを負荷直線（ロードライン）と呼びます。

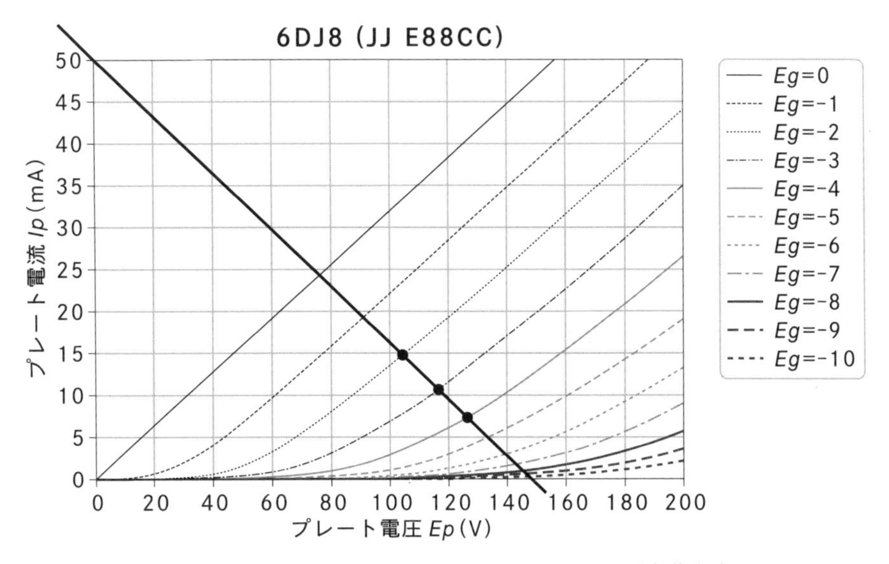


**図3.8** 横軸の$E_p = 150$Vと縦軸の$I_p = 50$mAを結んだ負荷直線

この直線は、($E_p = 150$V, $I_p = 0$mA) と ($E_p = 0$V, $I_p = 50$mA) の2点を結んだ直線になっています。このときの負荷抵抗は$R_p = 150$V/50mA=3kΩとなります。負荷抵抗はオームの法則に従います。また、プレートに流れる電流と負荷抵抗に流れる電流は等しいので、負荷抵抗にかかる電圧$E_L$と流れる電流$I_p$の関係は$I_p$〔A〕× 3〔kΩ〕=$E_L$〔V〕が成立します。プレートにかかる電圧$E_p$と負荷抵抗にかかる電圧$E_L$の合計が150Vなので（ここではカソード抵抗にかかる電圧を無視しています）、プレートの電位$E_p$と流れる電流$I_p$の関係は$E_L + E_p = 150$と$I_p \times 3000 = E_L$より、$I_p \times 3000 + E_p = 150$となります。これを変形すると、$I_p = (150 - E_p)/3000 = -(1/3000) \times E_p + 0.05$となります。これが、上の図で引いた負荷直線のグラフの式になります。

実際の設計の場合は、まず電源電圧を決めます。上の例の場合、150Vとなります。次に、負荷抵抗の値を決めます。これは、負荷直線と$E_p$-$I_p$曲線の交わる間隔が、なるべく等間隔になるように決めます。今回の場合、$R_p = 3$kΩとします。

ここで、グリッドの電圧を [図3.9] のように−3Vを中心として±1Vの振幅で振ってみると、$E_p$と$I_p$は負荷直線の上を動きます。$E_g = -2$Vのとき$E_p = 105$Vとなり、$E_g = -4$Vのとき$E_p = 130$V弱となるのがわかります。よって、入力$E_g$を2Vだけ振ることで、出力$E_p$は25Vだけ増減します。

一方、$I_p$を使って計算すると、$E_g=-2$Vのとき$I_p=15$mAとなり、$E_g=-4$Vのとき$I_p=7.5$mAとなります。よって、$E_g$を2Vだけ振ることで、負荷抵抗に流れる電流（プレートに流れる電流）は7.5mAだけ増減します。負荷抵抗の値は$R_p=3$kΩなので、負荷抵抗の電圧の増減は7.5mA×3kΩ=22.5Vとなります。

両者（25Vと22.5V）がだいたい一致していることがわかります。入力された電圧の増減の幅が2Vで、負荷抵抗に現れる電圧の幅がだいたい25V（105～130V）となるので、増幅度（増幅率$\mu$はプレート電流一定としたものなので、増幅度とは別物です）は12～13倍となります。

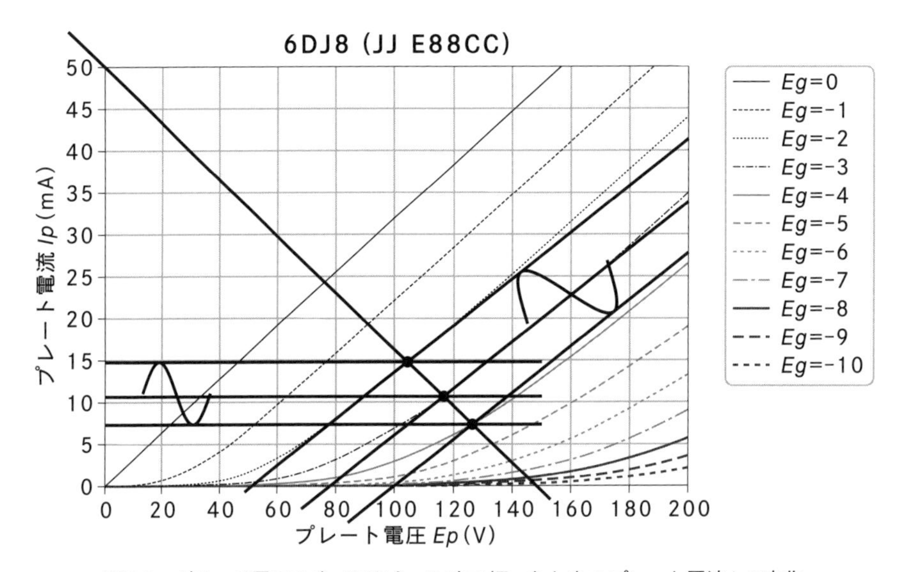


**図3.9**　グリッド電圧$E_g$を−2Vから−4Vまで振ったときのプレート電流$I_p$の変化

このときのカソード抵抗の抵抗値も計算しておきましょう。増減の中心（入力信号の振れ幅がないとき）を見ると、$E_g=-3$Vのとき$I_p=12$mA弱です。これより、3V/12mA=250Ωをカソード抵抗として設定すれば、プレート電流12mAがカソードにも流れます。カソード抵抗に流れる電流12mAにカソード抵抗の抵抗値250Ωを掛けた3Vが、グラウンドとカソードの電位差になります。入力信号の振幅が0Vなので、グリッドに入力される電圧はグラウンドと同じ0Vとなり、カソードに比べると$E_g=-3$Vとなって、つじつまが合うことがわかります。

上記で設計した増幅回路を［図3.10］に示します。実際には、250Ωや3kΩのような抵抗と合致する値が存在しない場合が多いので、これらに近い抵抗の値を使うことになります。

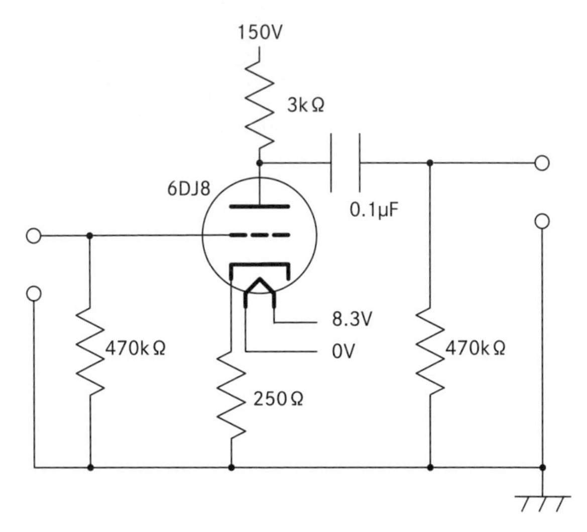


**図3.10** 設計した増幅回路(6DJ8)

ただし、上の負荷直線のグラフは、カソード電圧を0Vとしてプレート電圧とグリッド電圧を示したものです。カソードに抵抗を入れてバイアスを調整するカソードバイアスの場合には、カソードより、カソード抵抗にかかる電圧の3Vだけ下をグラウンド電位としているので、上のカソードを基準としてプレートの電圧を測って計算している負荷直線からプレート電圧が変化し、負荷直線が下に移動します。そのため、カソードバイアス回路の場合には、この設計法は近似的なものだと考えてください。

また、負荷直線の範囲を大きく使って、なるべく出力電圧を稼ごうとすると、最大プレート損失と呼ばれる値から決まる曲線($E_p$-$I_p$のグラフでは反比例の曲線として描画される)より下になるように負荷直線を引くことになるので、真空管の性能を限界まで使った負荷直線は上の図とは異なります。

もうひとつ、負荷直線の変わる要素があります。**[図3.10]** の回路では、負荷抵抗が3kΩになっていますが、0.1μFのコンデンサーの先に470kΩの抵抗が存在します。交流信号に対するコンデンサーの抵抗はほぼゼロなので、この真空管増幅回路から出力された交流信号は、3kΩの負荷抵抗と470kΩの抵抗を両方通るため、交流信号に対する負荷抵抗は3kΩと470kΩの並列の合成抵抗になり、若干小さくなります。

さらに、カソードバイアスの増幅回路に交流信号を入力した場合、プレート電流が交流信号に比例して変化します。この電流はカソード抵抗にそのまま流れるので、(プレート電流)×(カソード抵抗)だけバイアス電圧が動いてしまいます。このための対策としては、カソード抵抗に並列にコンデンサーを入れて、交流信号はそちらに流すことで、バイアス電圧を安定させることがよく行われています。

# 3.3 段間結合方法

**オーディオアンプでは通常、電圧増幅段、電力増幅段の2つの増幅回路の後に出力トランスを接続してアンプ全体を構成しています。本節では、これらの各段の結合方法について解説します。**

## 3.3.1 直接結合(直結)

直接結合(直結)とは、前段の出力と後段の入力を直接結合する方法です。[図3.11] に回路例を示します。

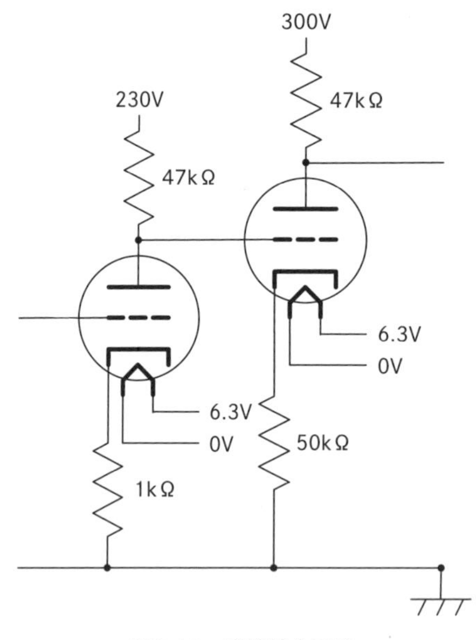


図3.11　直接結合回路

最も簡単な結合方法ですが、設計する際に考慮する必要のある点が存在します。

まず、前段の出力電圧と後段のグリッド電圧が等しくなるため、後段の入力バイアス電圧を維持するために、カソードの電圧が高くなり、その結果プレートの電圧も高くする必要があり、後段のB電源の電圧として比較的高い電圧が必要となります。ただし、プレート損失電力(プレート電圧×プレート電流)には上限があるため、限界を見極めながら使う必要があります。

また、カソードの電圧が高くなることから、カソードとヒーターの電位差も注意する必要があります。これには上限があるため、場合によってはヒーターにもバイアスを掛けてカソードとの電位差を上限以下に抑える必要があります。これらは設計するうえで難しい点となるので、設計の簡単な次項に示すCR結合がよく使われています。

## 3.3.2 CR結合

CR結合は、コンデンサーと抵抗を用いて前段の出力と後段の入力を結合する方法です。[図3.12]に回路例を示します。

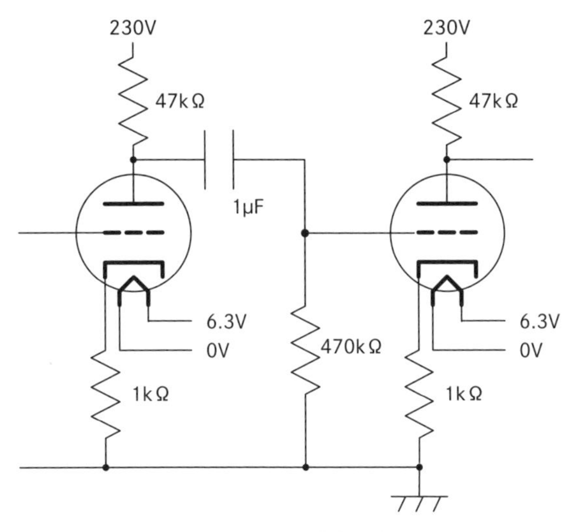


**図3.12** CR結合回路

上に述べた直接結合における後段のB電源の電圧の高さを考慮する必要がないため、CR結合はよく使われています。

ただし、CR結合にも欠点があります。信号がコンデンサーを通るため、コンデンサーとその先の抵抗によってハイパスフィルターが形成されます。このため、コンデンサーの静電容量と抵抗の抵抗値として十分な値がないと低周波特性が悪化してしまいます。また、信号がコンデンサーを通ることによって音に変化が出ます。これを嫌って、前に述べた直接結合を使う場合もあります。最も大きい影響は、段間のコンデンサーを交流が通るため、交流信号に対する実際の負荷抵抗の値が、このコンデンサーの後の抵抗と負荷抵抗の合成抵抗になり、小さくなってしまうということです。

## 3.3.3 トランス結合

トランス結合は、前段の出力と後段の入力の間をトランスを用いて結合する方法です。佐久間駿氏によって設計された佐久間式アンプでよく使われています。[図3.13]に回路例を示します。

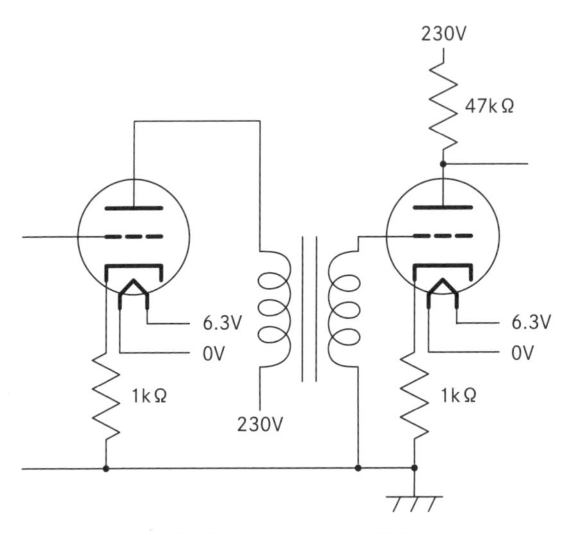


**図3.13**　トランス結合回路

入力側のコイルの巻数と出力側のコイルの巻数を変えることで、トランスにインピーダンス変換という機能を持たせることができます。例えば、出力段とスピーカーを接続する際には、出力段の出力インピーダンスをスピーカーのインピーダンスまで下げる必要があるため、この方式がよく使われます。回路図を［図3.14］に示します。また、トランスは入力側の電流の変化を出力側に伝えるため、音楽信号の直流成分をカットできるのも段間結合法として都合がよいです。

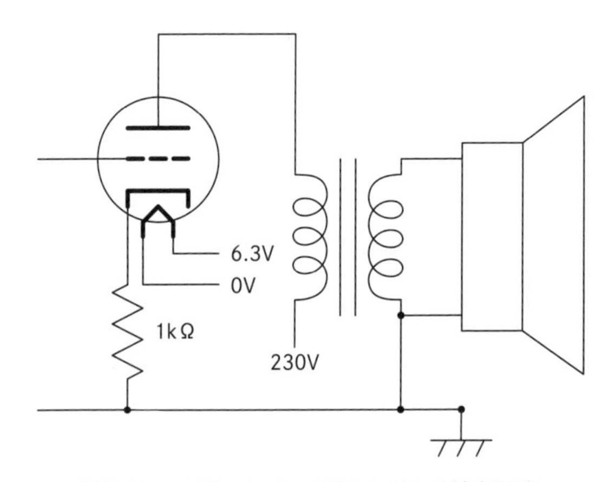


**図3.14**　スピーカーとの間のトランス結合回路

例えば［図3.14］のトランス結合回路では、トランスの入力側では場合によっては100V以上のDC成分を持ちますが、出力側の信号のDC成分は0Vとなっています。

ただし、コンデンサーと同様、トランスも音に変化を与えます。トランスは入力側と出力側にコイルがあり、これらの相互誘導を使って信号を伝送しているため、信号がこれらのコイルを通るときに十分な大きさのトランスを使わないと、周波数特性が悪化してしまいます。そのため、高音質を目指そうとすると、トランスの値段が数万円となってしまい、製作費がかさむという問題点があります。

# 3.4 入力インピーダンスと出力インピーダンス



ここでは、真空管アンプの段間結合や、入力機器とアンプ、アンプとスピーカーなどの間のインピーダンスマッチングについて説明します。

## 3.4.1 入力インピーダンスと出力インピーダンスとは

入力インピーダンスと出力インピーダンスは以下のように説明できます。まず、インピーダンスはざっくりいうと、(直流も含む) 交流に対する抵抗〔Ω〕です。機器に (物理的な場合だけでなく、仮想的な場合も含めて) 純粋な抵抗以外にコンデンサーやコイルが含まれていると、交流に対する抵抗は周波数によって変化しますが、1kHzの信号に対する抵抗を示すことが多いようです(スピーカーのインピーダンスの場合はメーカーが指定する値で、多くは8Ωもしくは4Ωとなっています)。ここでは、直流を用いて入力インピーダンスと出力インピーダンスについて考えてみます。

出力インピーダンスは、出力機器の信号線に、直列に出力抵抗$R_1$〔Ω〕が挟まっていると考えます。よって、出力機器が電力を出力しようとして電圧を発生させても、出力される電流は、出力抵抗と電圧からオームの法則で決まる電流までしか取り出せません。この出力抵抗を内部抵抗と呼ぶことがあります。また、出力抵抗の大きさを出力インピーダンスと呼びます。

一方、入力インピーダンスは、入力機器の信号線とグラウンドとの間に、入力抵抗$R_2$〔Ω〕が挟まっていると考えます。この入力抵抗の大きさを入力インピーダンスと呼びます。出力機器からみたとき、負荷抵抗と呼ぶこともあります。

これらを図示すると [図3.15] のようになります。

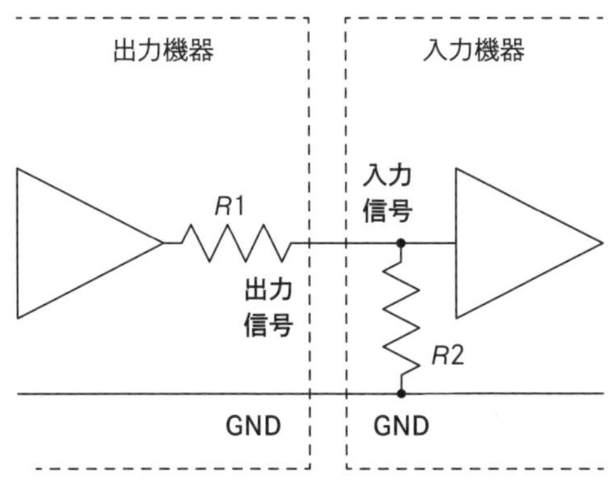


図3.15　入力インピーダンスと出力インピーダンス

これを簡単に書くと、[図3.16]のようになります。

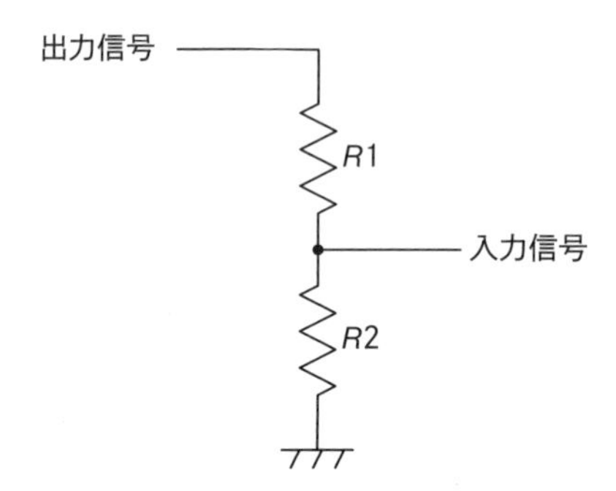


図3.16　入力インピーダンスと出力インピーダンスの簡略記法

ここでは[図3.16]のような設計で、出力電圧一定の場合の入力電圧と、出力電力一定の場合の入力電圧を、それぞれ3種類の入出力インピーダンスの設定で実際に計算します。

## 3.4.2 出力電力一定の場合の入力電力の評価

まず、[図3.17]のような場合を考えます。この3つの図は、出力電圧$V_{out}$を2Vに固定、出力インピーダンス$R_1$を600Ωに固定して、入力インピーダンス$R_2$を$R_1$=$R_2$、$R_1 \ll R_2$、$R_1 \gg R_2$のようにそれぞれ設定した場合です。

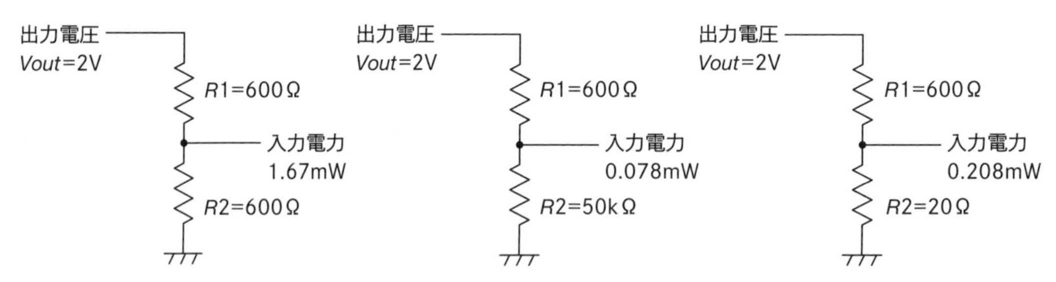


図3.17　出力最大電力一定に対する3種類の入力・出力インピーダンスと入力電力

出力最大電力は、出力電圧と出力できる最大電流から求めます。出力できる最大の電流は$R_2=0$のときに$V_{out}/R_1$〔A〕となり、出力できる最大の電力は$V_{out} \times V_{out}/R_1$〔W〕となるので、$V_{out}$=2V、$R_1=600\,\Omega$を代入すると1/150W=6.67mWとなります。

入力電力は、入力抵抗$R_2$で消費される電力を考えることにします。そうすると、入力抵抗$R_2$に流れる電流は$V_{out}/(R_1+R_2)$〔A〕、入力抵抗$R_2$にかかる電圧は$V_{in}=R_2 \cdot V_{out}/(R_1+R_2)$〔V〕なので、入力抵抗$R_2$で消費される電力は、これらを掛け合わせて$P_{in}=R_2 \cdot (V_{out}/(R_1+R_2))^2$〔W〕となります。これを実際に$R_1=600\,\Omega$、$R_2=600\,\Omega$の場合、$R_1=600\,\Omega$、$R_2=50{,}000\,\Omega$の場合、$R_1=600\,\Omega$、$R_2=20\,\Omega$の場合に値を代入して計算すると、それぞれ$P_{in}$=1.67mW、0.078mW、

0.208 mWとなり、出力インピーダンス$R_1$と入力インピーダンス$R_2$が等しい場合に、入力機器に最大の電力を送ることができます。これをインピーダンスマッチングといいます。

また、最後の$R_2 \ll R_1$のような場合を「負荷が重い」といいます。これはちょうど、真空管から直接スピーカーに音を出そうとするような場合に相当し、十分な電力をスピーカーに送り出せません。そこで一般に真空管アンプでは、スピーカーの前にトランスを挿入することで、真空管から見たスピーカーの入力インピーダンスを高くして、出力インピーダンスが数kΩの真空管によって4〜16 Ω程度の入力インピーダンスを持つスピーカーに信号を送り込んでいます。



## 3.4.3 出力電圧一定の場合の入力電圧の評価

次に、出力電圧が一定で、出力・入力インピーダンスがある場合を考えてみます［図3.18］。出力電圧と出力インピーダンス、入力インピーダンスは前の図と一緒です。

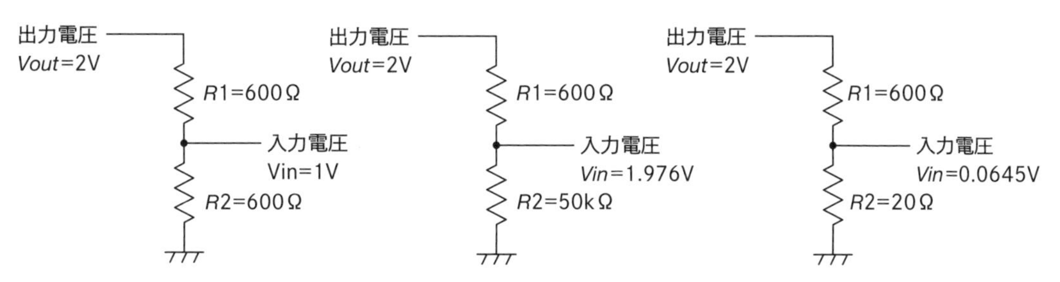


**図3.18** 出力電圧一定に対する3種類の入力・出力インピーダンスと入力電圧

入力電圧$V_{in}$は、抵抗$R_2$にかかる電圧を考えることにします。このとき、$R_1$と$R_2$に流れる電流は$V_{out}/(R_1+R_2)$〔A〕となり、入力電圧は$V_{in}=R_2 \cdot V_{out}/(R_1+R_2)$〔V〕となります。これを実際に$R_1=600\ \Omega$、$R_2=600\ \Omega$の場合、$R_1=600\ \Omega$、$R_2=50{,}000\ \Omega$の場合、$R_1=600\ \Omega$、$R_2=20\ \Omega$の場合について値を代入して計算すると、それぞれ$V_{in}=1$V、1.976V、0.0645Vとなり、$R_2 \gg R_1$の場合が最も入力電圧$V_{in}$が大きくなることがわかります。このように、前段の出力インピーダンスよりも後段の入力インピーダンスが十分に高い場合をロー出しハイ受けといいます。真空管のグリッドに音楽信号を入力する場合がこれに相当します。

## 真空管の入出力インピーダンスとダンピングファクター

真空管の入力インピーダンスは高く、入力信号の電流はあまりグリッドに流れ込むことがありません。よって、真空管はグリッド電圧でプレート電流を制御するデバイスであると考えることができます。

一方、出力インピーダンスについて考えると、電圧出力管の出力インピーダンスは比較的高く、電力出力管の出力インピーダンスは比較的低くなります。このため、電圧出力管からは多くの電流を取り出すことができず、ここにスピーカーをつないでも鳴らすことができません。これに対して電力出力管からは電圧出力管に比べて多くの電流を取り出すことができるので、スピーカーを鳴らすことができます。多くの場合は、さらにトランスでインピーダンス変換をしてスピーカーに音楽信号を出力しますが、OTL (Output TransLess) アンプと呼ばれる、トランスを用いずに真空管から直接スピーカーに音楽信号を出力するアンプもあります。

スピーカーの（入力）インピーダンスをアンプの出力インピーダンスで割った値をダンピングファクターと呼びます。実際にはスピーカーのインピーダンスは周波数によって大きく変化するので、ダンピングファクターも周波数によって変化します。一般的に、ダンピングファクターはアンプのスピーカーに対する制動力の性能と説明されます。スピーカーのインピーダンスに比べてアンプの出力インピーダンスが小さいと、ダンピングファクターが大きくなります。スピーカーはコイルによる電磁石と永久磁石で構成されており、アンプからの信号（電流）によってコイルで振動板を振動させて空気をふるわせることで音を出しています。ダンピングファクターが大きくなると、アンプの出力電流とコイルによる制動力が大きくなるので、低音の締まりがよくなるといわれています。

一般に真空管アンプのダンピングファクターは1から10程度のものが多いので、ダンピングファクターの影響が大きいです。一方、最近の半導体アンプのダンピングファクターは最低でも100以上はあるので、ダンピングファクターの音に対する影響は、真空管アンプに比べるとだいぶ小さいと考えられます。

# 3.5 負帰還（NFB）



負帰還とは、出力の一部を入力に戻して差し引く（逆相で足し算する）ものです。概念図を［図3.19］に示します。

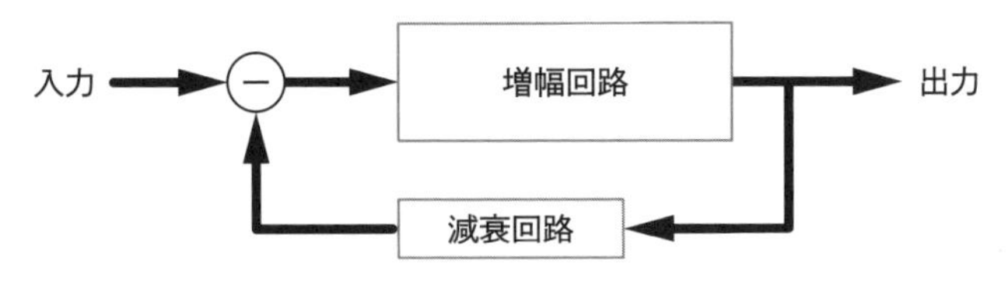


図3.19　負帰還（NFB）の概念図

負帰還の利点は、周波数特性が伸びることです。負帰還をかけない場合に比べて、より低域と高域の周波数まで一定の増幅率で増幅できるようになります。また、歪みを減らすことができます。本書では負帰還を一切かけない基本的な回路を使っていますが、若干の歪みがあります。この歪みを負帰還によって減らせるのです。また、ノイズも減らせます。

最後の利点として、負帰還を用いた回路は出力インピーダンスが小さくなり、ダンピングファクターが大きくなります。これによって、真空管アンプでは負帰還をかけることで音が良くなることが多いです。一般に五極管は三極管に比べると負帰還をかけて使うことが多いようです。

一方、負帰還の欠点は、増幅率が下がってしまうことです。また、回路に位相のずれがある場合、発振の恐れがあるので、設計に気をつける必要があります。

# 第 4 章

# LTspiceの設定と使い方

本章では、回路シミュレーターであるLTspiceの設定と使い方について説明します。第5章以降で使うために最低限の事項だけ説明します。詳細について知りたい場合は、他の解説書などを参考にしてください。

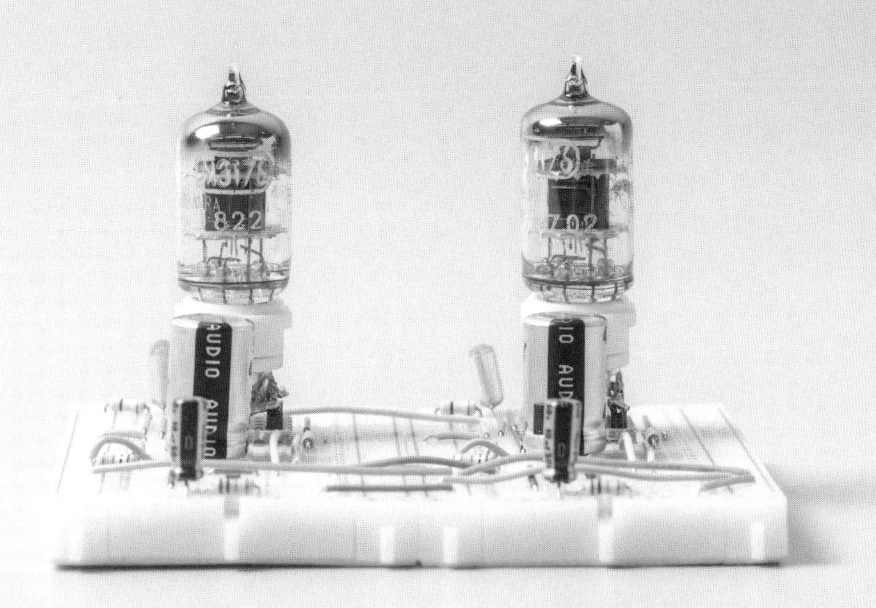

## 4.1 LTspiceとは

LTspiceは回路シミュレータSPICEの一種です。SPICE（Simulation Program with Integrated Circuit Emphasis）とは、アナログ電子回路の動作をシミュレートするソフトウェアで、カリフォルニア大学バークレイ校で1973年に開発されました。元々のSPICEは回路図をテキストで書く必要があったのですが、SPICEを拡張し、回路図エディタや波形ビューアなどを追加したものがOrCAD PSpiceやPSpice for TI、LTspiceです。その中でもLTspiceは、1つの回路内で扱える部品数が無限であること、無期限で無料のバージョンが制限なしで使用できることなどからよく使われています。また、WindowsとmacOSの両方で動作するのも利点です。

LTspiceは電子回路シミュレーションソフトウェアなので、各種の電子部品がモデルとして含まれています。LTspiceはシミュレータであり、実際の部品を使うわけではないので、LTspice上で利用する部品を「部品のモデル」と呼びます。一般に、LTspiceやPSpiceなどで使う部品のモデルをSPICEモデルと呼びます。このSPICEモデルは、半導体部品を製造しているメーカーから無償で配布されている場合もあります。特に、LTspice自体が半導体メーカーであるAnalog Devices社（旧Linear Technology社）から提供されているため、同社がリリースしている半導体部品のSPICEモデルの多くがソフトウェアに最初から組み込まれています。しかし、国産の半導体部品や真空管などのモデルはほとんど含まれていないという欠点があります。

そこで、本章では、実測したデータから部品のSPICEモデルを作成したり、メーカーなどから提供されているSPICEモデルを持ってきて実際にLTspiceに追加し、電子回路の動作をシミュレーションで確認します。

## オープンソースのSPICE

SPICEソフトウェアは元々大学でオープンソースで開発されていたこともあり、現在でもオープンソースのSPICEが存在します。カリフォルニア大学バークレイ校で開発されたSPICEはネットでソースコード（1993年の最終バージョンSPICE 3f5）が公開されています。

- **Spice（The Donald O. Pederson Center for Electronic Systems Design）**
  https://ptolemy.berkeley.edu/projects/embedded/pubs/downloads/spice/index.htm

WindowsやmacOS以外でSPICEを動かすなら、オープンソース版のSPICEをベースにして移植できます。また、SPICE 3f5に機能追加し、バグフィックスを済ませた「ngspice」というソフトウェアがオープンソースで提供されており、Linux上で動作します。

- **ngspice - the open source Spice circuit simulator**
  https://ngspice.sourceforge.io/

ngspiceは元々のSPICEと互換性があるので、LTspiceやPspiceの部品モデルが使えます。ngspiceそのものはGUIを持たないので、GUIを追加するTCLspiceやgSpiceUI（GNU Spice GUI）などが公開されています。ngspiceは古くから公開されていることもあり、ネット上で日本語の情報が入手可能です。

他に、SPICEのソースコードをベースにしていないようですが、「Gnucap」というgSpiceUIから使える回路シミュレーターも存在します。ただし、部品モデルの一部はバークレイのSPICEから持ってきているようで、部品モデルに互換性があります。

Linuxや他のUNIXでSPICEを使いたい場合には、これらが候補となるでしょう。

# 4.2 LTspiceのインストール方法

本節では、LTspiceのインストール方法について説明します。LTspiceは、Windows、macOSの各OS用のバージョンが提供されています。ここでは、各OSごとにインストールの方法を説明します。

## 4.2.1 Windows版のダウンロードとインストール方法

まず、Windows版のダウンロードとインストールの方法を説明します。

アナログ・デバイセズのWebサイト(https://www.analog.com/jp)にアクセスし、[設計支援]タブをマウスでクリックした後、[設計/計算ツール]の中にある[LTspice]をクリックすると、**[図4.1]**のようなページが表示されます。[Windows 7、8、10の64ビット版をダウンロード]をクリックしてインストール実行ファイルをダウンロードします。インストール実行ファイル名は[LTspice64.msi]です。

**図4.1** LTspiceのダウンロードページ(2023年6月現在)

ダウンロードしたインストール実行ファイルは、**[図4.2]** のようなアイコンになっています。このファイルをダブルクリックしてください。

インストーラが起動すると **[図4.3]** のようなウィンドウが表示されます。

このウィンドウで [Next >] ボタンをクリックすると、**[図4.4]** のようなウィンドウが表示されます。

**図4.2** LTspiceインストール実行ファイル

**図4.3** インストーラの最初の画面

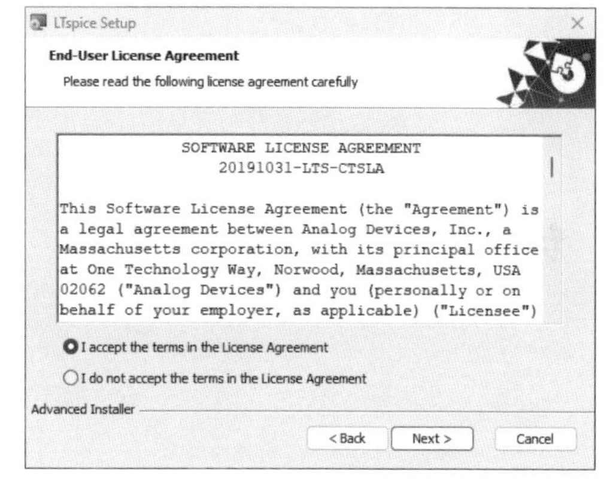


**図4.4** ライセンス同意画面

当初は下のラジオボタンが選択されているので、上のラジオボタン（[I accept the terms in the License Agreement]）を選択して [Next >] ボタンをクリックしてください。すると **[図4.5]** のようにインストールをこのコンピューターの全ユーザーのために行うか、自分のためだけに行うか選択するウィンドウが開きます。ここでは、下の [Everybody (all users)] を選択して [Next >] ボタンをクリックします。

次に、**[図4.6]** のようにプログラムのインストール先フォルダを選択するウィンドウが開きます。前のダイアログで [Everybody (all users)] を選択した場合にソフトウェアがインストールされるフォルダが表示されています。ここでは、そのまま [Next >] ボタンをクリックしてください。

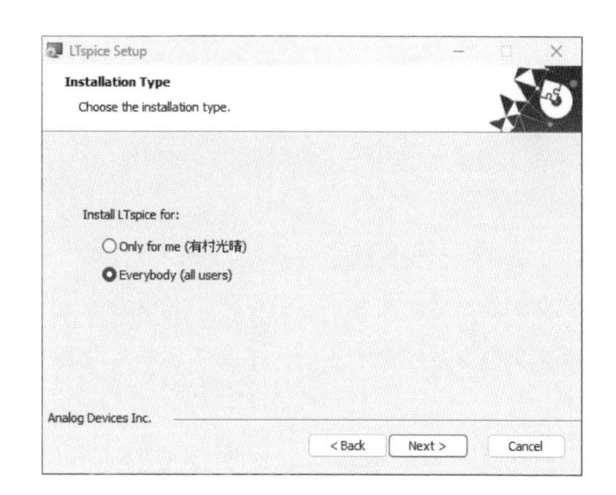


**図4.5** 使用ユーザー選択ウィンドウ

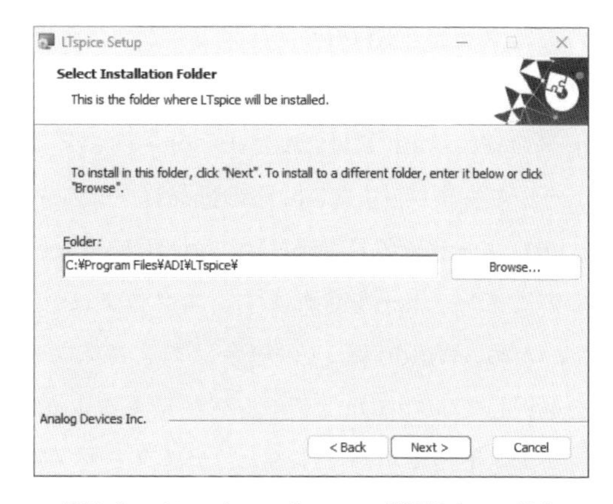


**図4.6** インストール先フォルダ選択ウィンドウ

すると［図4.7］のようにインストールの最終確認ウィンドウが開きます。［Install］ボタンをクリックしてください。

ここで［図4.8］のようなウィンドウが表示される場合には、［はい］ボタンをクリックしてください。

［図4.9］のようにインストールが進行します。

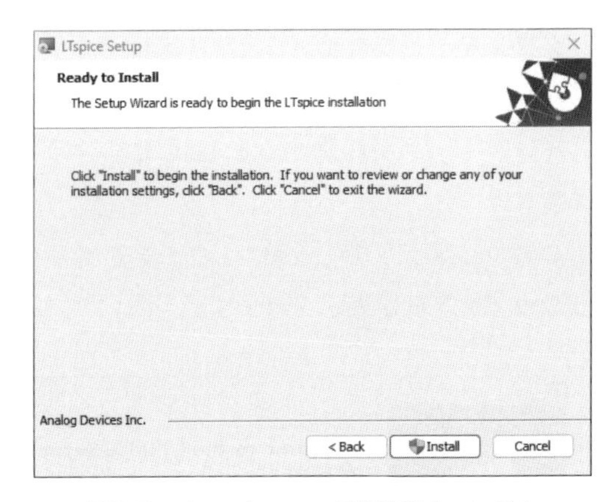


図4.7　インストールの最終確認ウィンドウ

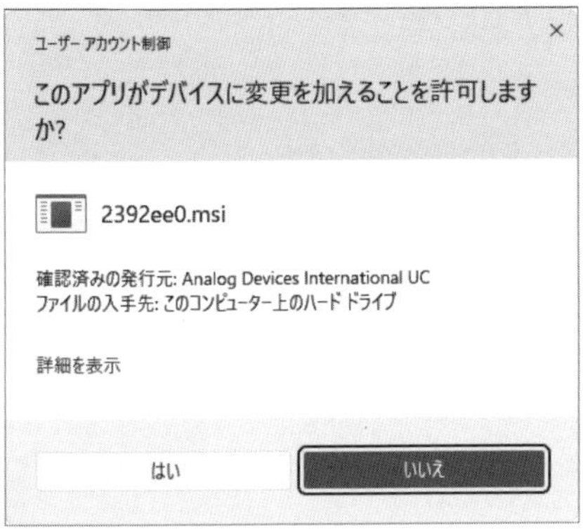

図4.8　デバイス変更確認ウィンドウ

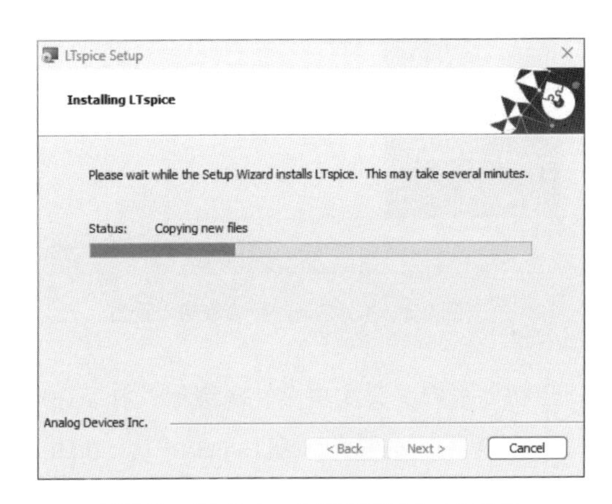


図4.9　インストール経過表示ウィンドウ

インストールが終了すると、［図4.10］のウィンドウが表示されます。このウィンドウで［Finish］ボタンをクリックすると、インストールは終了です。

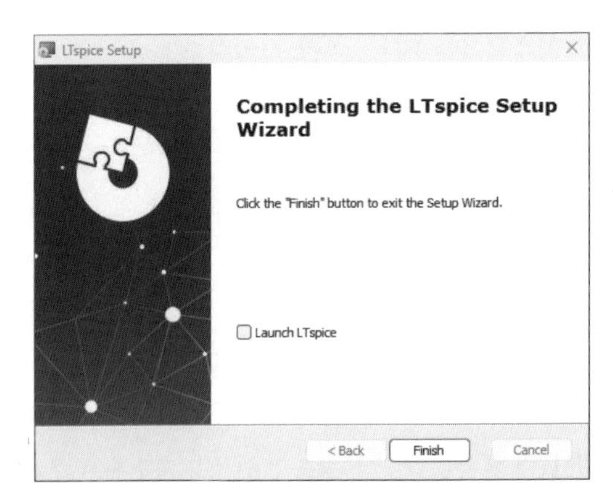


図4.10　インストール終了ウィンドウ

使用ユーザー選択ウィンドウで［Everybody (all users)］を選択した場合、アプリケーションの実行ファイルLTspice.exeは、インストール先フォルダ選択ウィンドウに表示されていた、フォルダC:\Program Files\ADI\LTspice内にインストールされます。また、回路の部品はフォルダC:\User\(ユーザー名)\AppData\Local\LTspice\libの中にインストールされます。エクスプローラーのウィンドウからAppDataというフォルダは見えないため、Windows 11の場合はエクスプローラーの［表示］メニューから［表示］→［隠しファイル］を選択して、AppDataフォルダが見えるようにしてアクセスします。

インストールが終了すると、デスクトップに［図4.11］のような、アプリケーションのショートカットのアイコンが表示されます。

これをダブルクリックすると、**[図4.12]** のようにアプリケーションが起動します。

実はこの画面では回路図を作成できないので、［File］メニューから［New Schematic］を選択すると、**[図4.13]** のように回路図編集ウィンドウがこのアプリケーションウィンドウの中に全画面表示され、回路が描ける状態になります。メニューに表示される項目も増えます。

**図4.11**　デスクトップに表示されるLTspiceアプリのアイコン

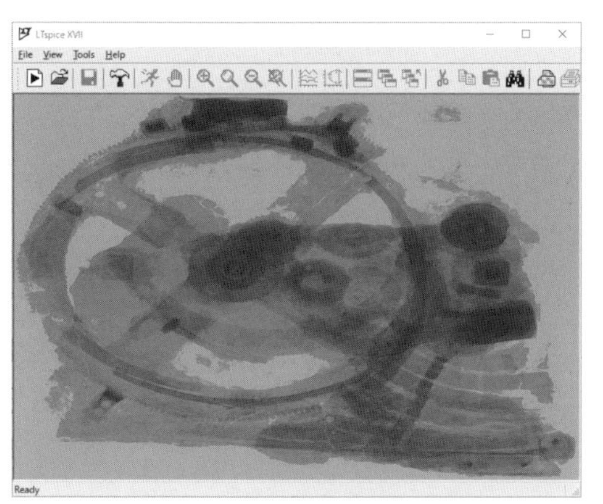

**図4.12**　LTspiceアプリケーションウィンドウ

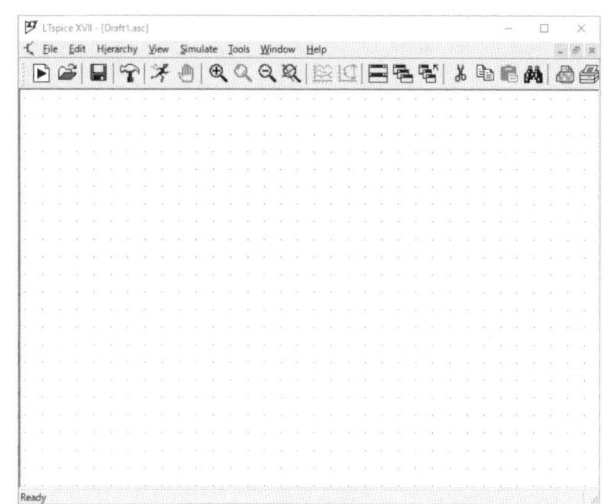

**図4.13**　回路図編集ウィンドウ

## 4.2.2 Windows版のアップデート方法

アップデートを確認するには、［Tools］メニューの［Update components］をクリックします **[図4.14]**。

**[図4.15]** のようなウィンドウが表示された場合は［OK］ボタンをクリックしてください。これはアップデートにあたってインターネット経由でAnalog DevicesのWebサイトにアクセスすることを確認するためのウィンドウです。

この後インストールが進んで、アプリケーションとSPICEモデルがアップデートされます。

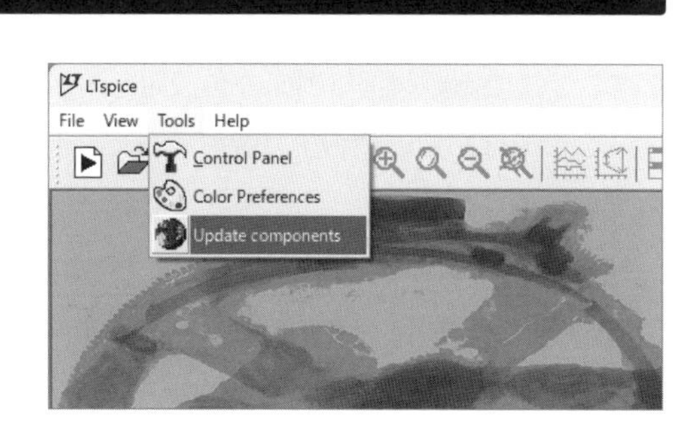

**図4.14**　LTspiceのアップデート

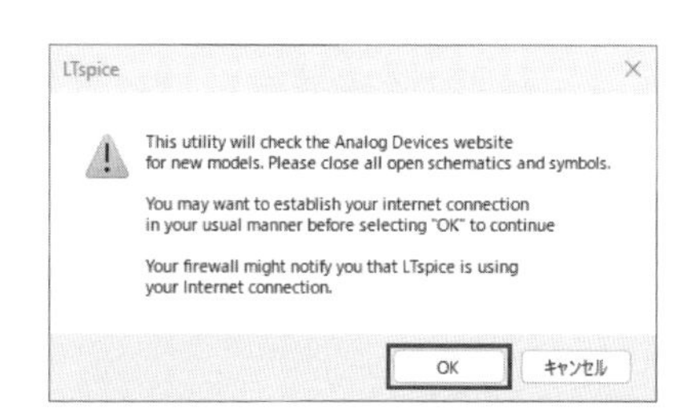

**図4.15**　アップデート確認ウィンドウ

## 4.2.3 Windows版の初期設定方法

初期設定として、「µ」を「u」に変換するように設定しておくと便利です。

[Tools] メニューの [Control Panel] を選択すると [Control Panel] が表示されます。**[図4.16]** のように [Netlist Options] タブをクリックして、一番上の [Convert 'µ' to 'u'] にチェックを入れます。続けて [OK] ボタンをクリックして、[Control Panel] ダイアログを閉じます。

LTspiceを終了した後、不要になったファイルを自動的に削除するには、[Control Panel] の [Operation] タブの上から4番目のチェックボックス [Automatically delete .raw files[*]] にチェックを入れておきます。

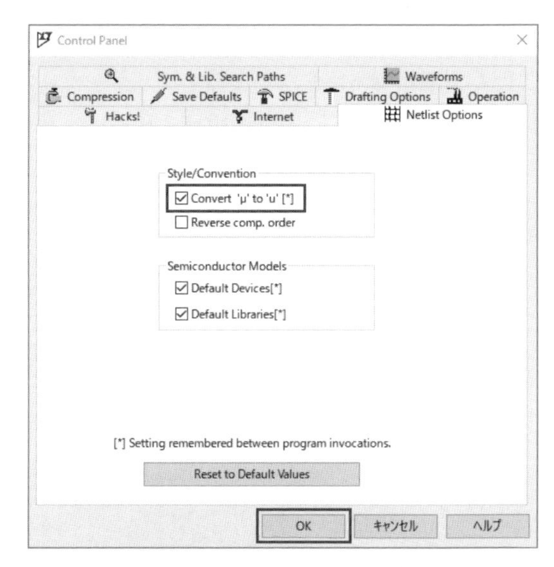


**図4.16** LTspiceの初期設定

### 画面の色変更

回路図編集画面の色設定を行うには、[Control Panel] の [Drafting Options] タブをクリックし、表示された画面の [Color Scheme[*]] ボタンをクリックします。[Color Palette Editor] ウィンドウが開き、[Schematic] タブが選択された状態になるので、ここで回路図編集画面の色設定を **[図4.17]** のように行います。ここでは印刷の都合上、背景を白に、配線をすべて黒に設定しています。

波形表示画面の色設定を行うは、[Control Panel] の [Wave forms] タブをクリックし、表示された画面の [Color Scheme[*]] ボタンをクリックします。[Color Palette Editor] ウィンドウが開き、[WaveForm] タブが選択された状態になるので、ここで波形表示画面の色設定を **[図4.18]** のように行うことができます。ここでは回路図編集画面と同様、背景を白に設定しています。

以上で初期設定は終了です。

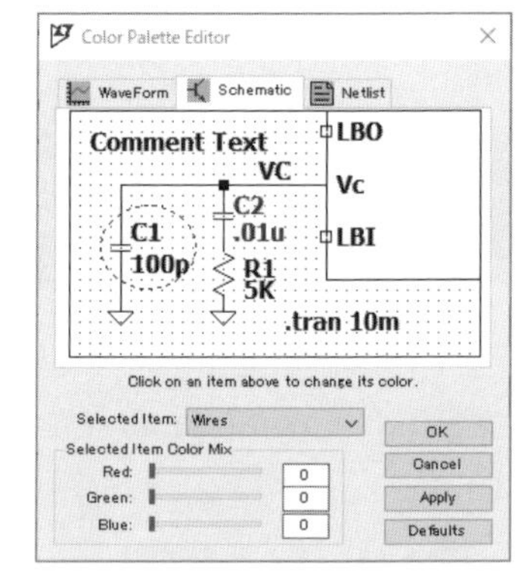


**図4.17** 回路図編集画面の色設定

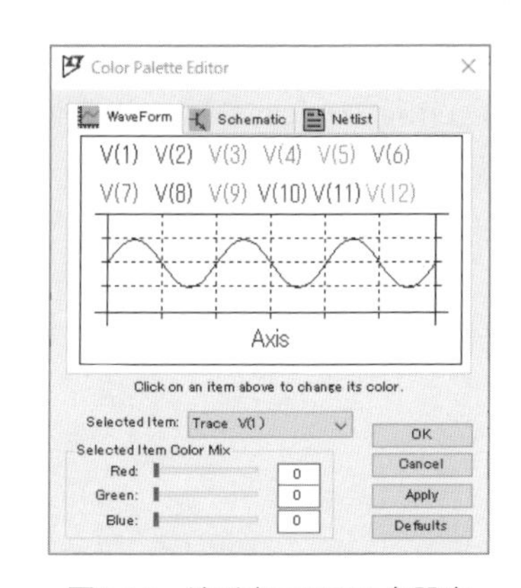


**図4.18** 波形表示画面の色設定

## 4.2.4 macOS版のダウンロードとインストール方法

以下ではmacOS版のダウンロードとインストールを説明します。

WebブラウザSafariでWindows版と同じダウンロードページにアクセスし、macOS用のLTspiceをダウンロードすると、**[図4.19]** のようにフォルダ［ダウンロード］の中にインストール用のファイル（LTspice.pkg）がダウンロードされます。

ダウンロードしたファイルをダブルクリックすると、**[図4.20]** のようにインストーラーが起動します。［続ける］ボタンをクリックしていくとインストールが完了します。

macOS版の実行ファイル（LTspice.app）はApplications（アプリケーション）フォルダ内にインストールされます。

回路の部品は/Users/（ユーザー名）/Library/Application Support/LTspice/libフォルダの中に、作成した回路図のファイルは/Users/（ユーザー名）/Documents/LTspiceフォルダの中に保存されます。Finderのウィンドウから/Users/（ユーザー名）/Libraryフォルダは見えないので、［移動］メニューから［フォルダへ移動...］を選択し、**[図4.21]** のように/Users/（ユーザー名）/Library（もしくは省略形の~/Library）を入力して［return］キーを押します。

**図4.19** ダウンロードしたLTspiceのインストーラー

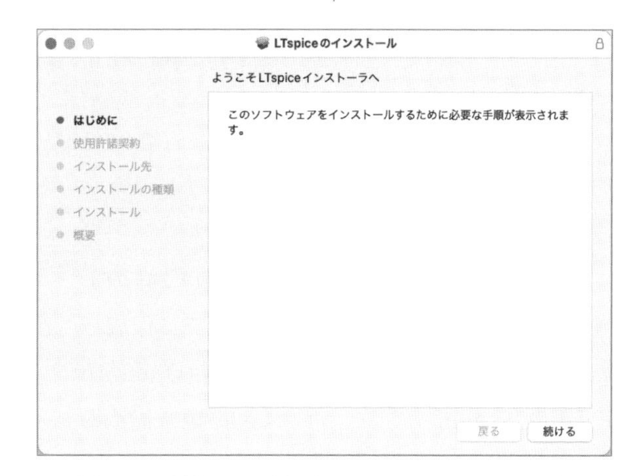


**図4.20** ダウンロードしたLTspiceのインストーラーを起動した状態

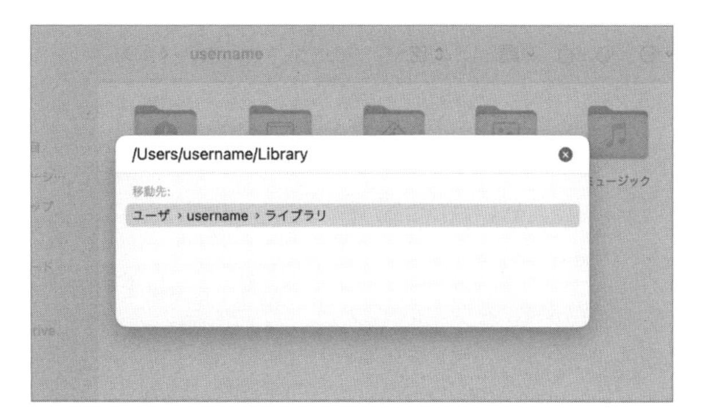


**図4.21** ライブラリフォルダへのアクセス

この中で、Application Support、LTspiceを順にダブルクリックして開くと、中にlibディレクトリが見えます。アクセスしにくい場所にあるので、アイコンの上で右クリックして［エイリアスを作成］し、**[図4.22]** のようにデスクトップに置いておくと便利です。

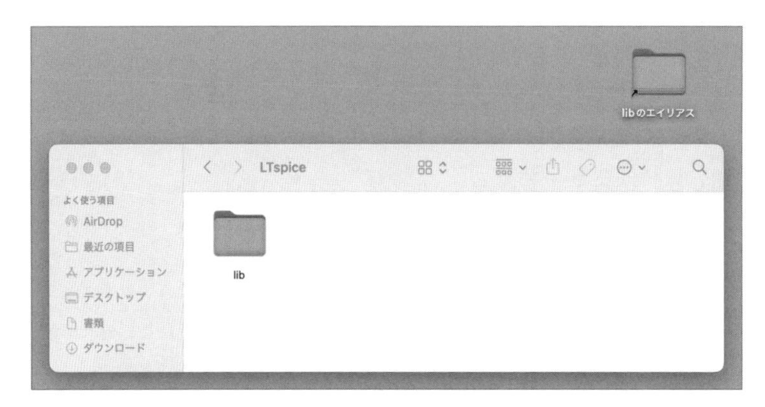


**図4.22**　ライブラリフォルダのエイリアス

Applicationsフォルダにアクセスし、**[図4.23]** のアイコンをダブルクリックすると、アプリケーションが起動します。

**図4.23**　LTspiceアプリケーションのアイコン

アプリケーションを起動すると、**[図4.24]** のようなダイアログが表示されます。すでに作成した回路図を開く場合には、2番目の［Open An Existing Schematic］を、新しく回路図を描く場合には、3番目の［Start a new blank Schematic］をクリックしてください。

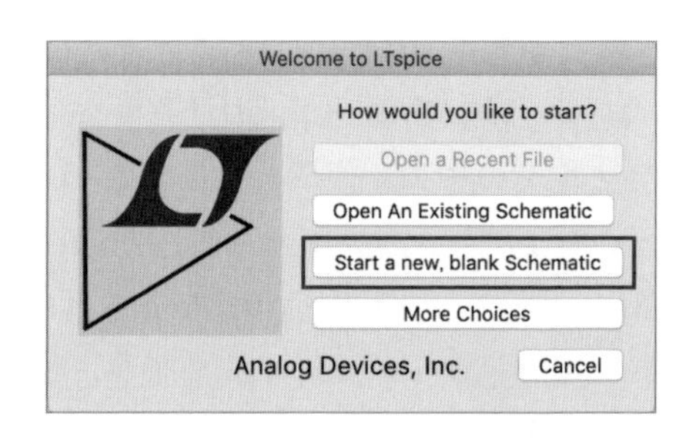


**図4.24**　LTspiceアプリケーションの起動ダイアログ

起動した状態のアプリケーションのウィンドウは、Windows版と異なり **[図4.25]** のようにすっきりしています。Windows版と異なり、回路図エディタのウィンドウが開いています。Windows版では、LTspiceのウィンドウの中に回路図編集ウィンドウや波形描画ウィンドウが入っていましたが、macOS版では、それぞれ独立したウィンドウとして開きます。

**図4.25**　LTspiceアプリケーションの起動ウィンドウ

## 4.2.5 macOS版のアップデート方法

macOS版でアップデートの確認は次のように行います。

ウィンドウの上に3つだけボタンがあります。このうち一番右のボタンをマウスでクリックすると［Control Panel］がポップアップします。［Operation］タブをクリックすると、[図4.26] のように［Model Update］ボタンと［Software Update］ボタンが表示されています。



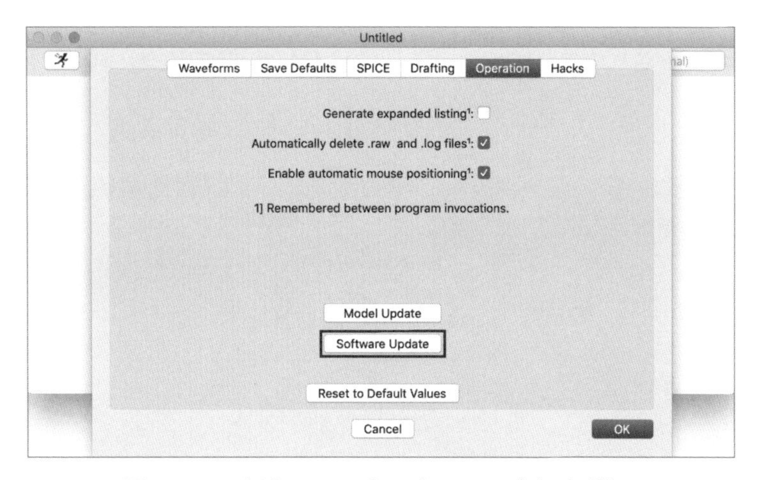


**図4.26** アプリケーションとモデルのアップデートボタン

［Software Update］ボタンをクリックすると、[図4.27] のように表示されてアップデートが行われます。

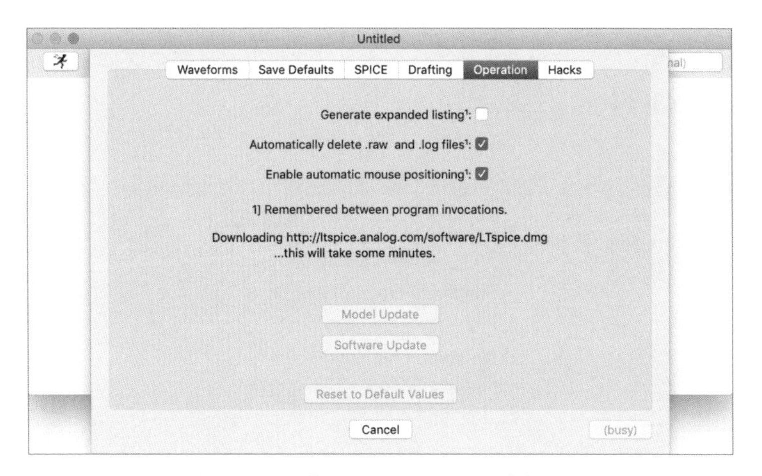


**図4.27** アプリケーションのアップデート

アップデートが終了すると、[図4.28] のようにターミナルに更新状況が表示されます。このウィンドウは初期設定では閉じないようになっているので、ターミナルのウィンドウをクリックして、[ターミナル] メニューから終了しておきましょう。

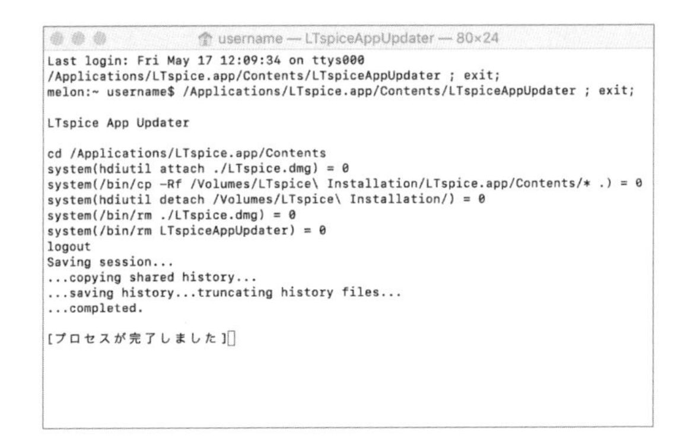


図4.28　アプリケーションのアップデート終了

[Model Update] ボタンをマウスでクリックすると、[図4.29] のようにポップアップダイアログに経過が表示されてアップデートが行われます。

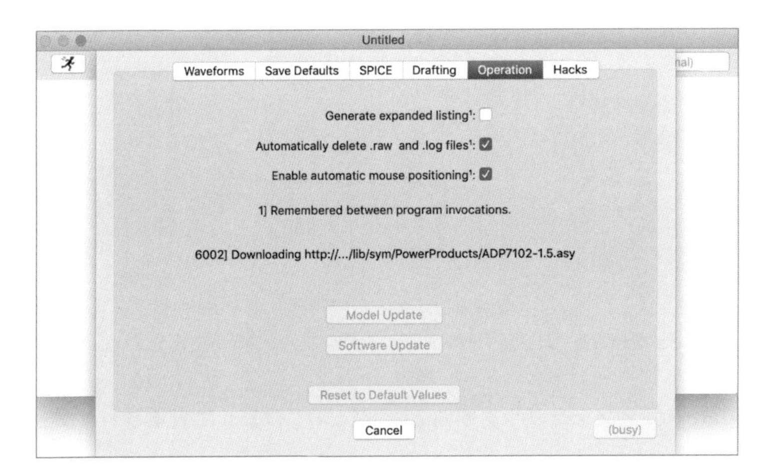


図4.29　モデルのアップデート

アップデートが終了すると、[図4.30] のようにポップアップダイアログに「Models successfully updated.」と表示されます。

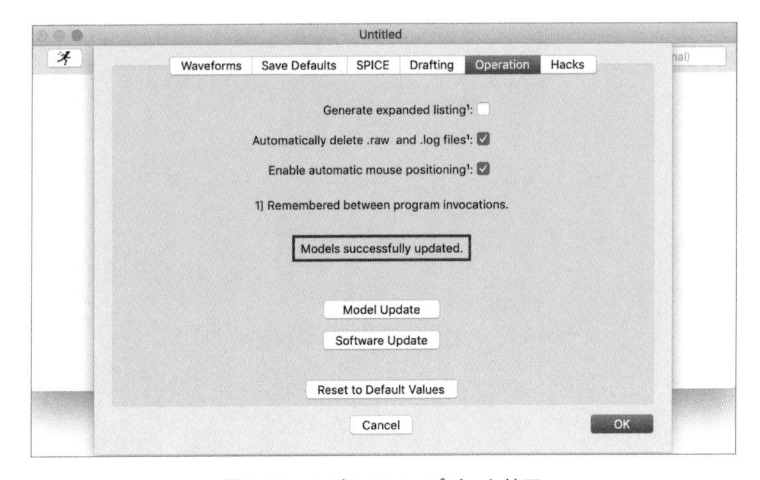


図4.30　モデルのアップデート終了

## 4.2.6 macOS版の初期設定方法

macOS版での初期設定では、Windows版で行った「μ」を「u」に変換する設定はデフォルトで有効になっており、設定項目がありません。また、[Automatically delete .raw files] には [Operation] タブ内ですでにチェックが入っているので、設定を変更する必要はありません。

Windows版と同様、回路図編集画面と波形表示画面の色を変更します。[Control Panel] ポップアップの [Drafting] タブに [Configure Colors] ボタンがあります。これをクリックすると、**[図4.31]** のような色設定ポップアップが表示されます。上のタブで [Schematic] をクリックすると、回路図編集画面の色を設定できます。

また、[Control Panel] ポップアップの [Waveforms] タブで [Configure Colors] ボタンをクリックすると、**[図4.32]** のように波形表示画面の色を設定できます。

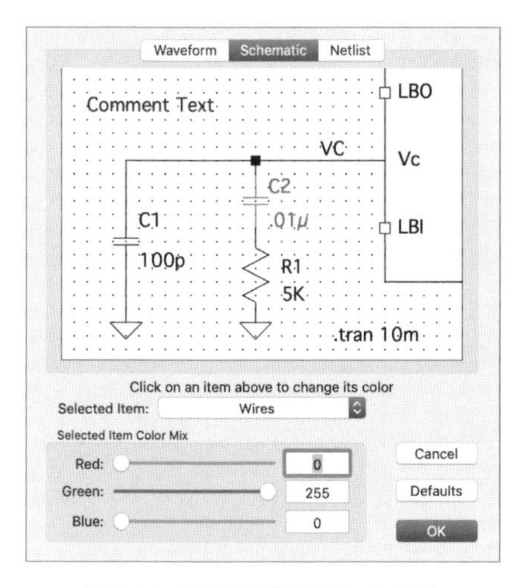


**図4.31**　回路図編集画面の色設定

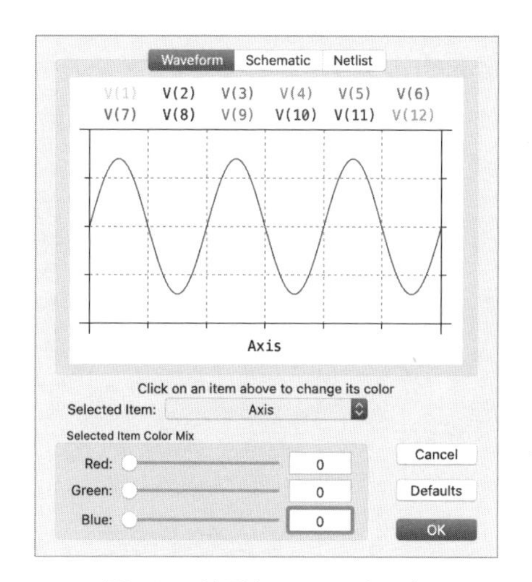


**図4.32**　波形表示画面の色設定

以上で初期設定は終了です。

# 4.3 簡単な回路の作成とシミュレーション

本節では、LTspiceに含まれている部品を使って、簡単な回路をシミュレーションしてみます。ここでは、シミュレーションのうち最も基本的な、時間に対するトランジェント（過渡応答）解析を行います。これは、横軸に時間、縦軸に電圧や電流を取ったグラフを描画するものです。

## 4.3.1 回路の作成の準備

Windows版の場合、[図4.8] の画面の状態で、［File］メニューから［New Schematic］を選択すると、[図4.33] のような回路図編集ウィンドウが、LTspiceウィンドウの中の全画面表示で開きます。

macOS版の場合、アプリケーションを起動した [図4.25] の状態が回路図編集ウィンドウです。

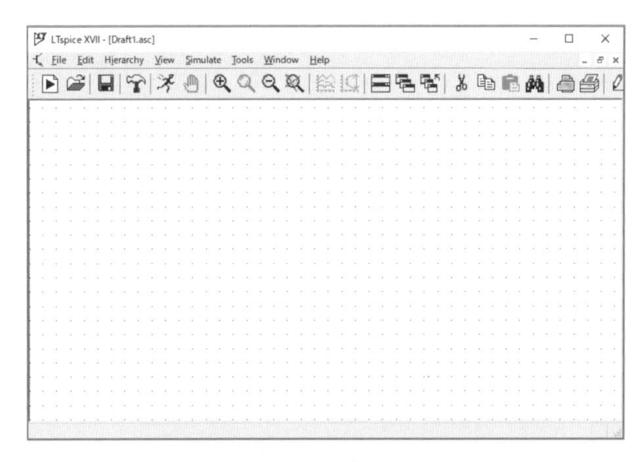


図4.33　回路図編集ウィンドウ

Windows版の場合は、回路図編集ウィンドウでマウスを右クリックすると、[図4.34] のようなメニューが表示され、回路の作成はこのメニューからすべて行えます。

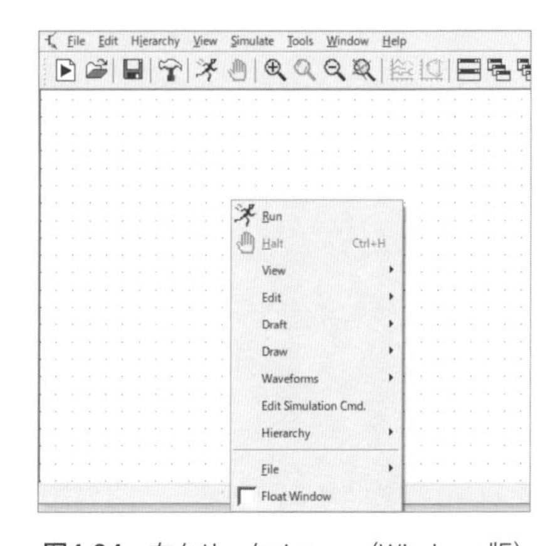


図4.34　右クリックメニュー（Windows版）

macOS版の場合は、マウスの右クリックで[図4.35]のようなメニューが表示されます。

回路図の作成は、どちらの場合も[Edit]メニューと[Draft]メニューから行えます。以下の説明では、説明をmacOS版と共通にするため、Windows版に表示されているツールバーは使わずに、このメニューとメニューバーのメニューのみを使って作図の説明を行います。

まず、編集しやすいように方眼ドットを表示しておきましょう。Windows版の場合は右クリックメニューから[View]→[Show Grid]を選択します。macOS版の場合は右クリックメニューから[View]→[Grid Dots]を選択します。

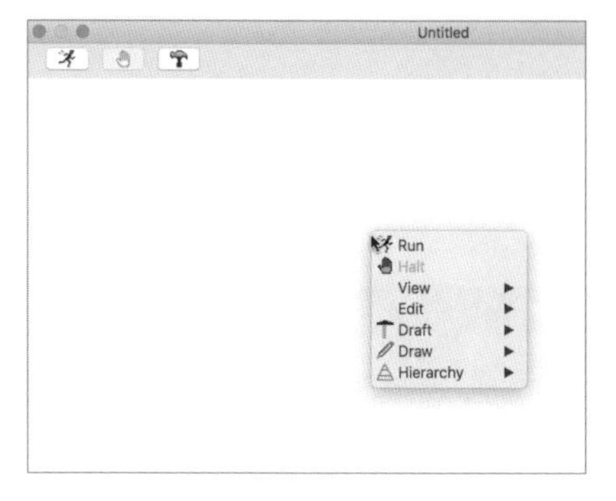


図4.35　右クリックメニュー(macOS版)

## 4.3.2 回路の作成

ここでは、[図4.36]のような回路を作成します。

[File]メニューから[Save]を選択すると、自動的に「Draft1.asc」、「Draft2.asc」のように番号が順に振られてファイルが保存されます。このとき、macOS版の場合、ファイル名やフォルダ名に日本語やスペースが含まれていると、ファイルが読み込めない場合があるようです。ユーザーアカウント名も含めて、半角英数字のみを使ってフォルダ名やファイル名を付けてください。

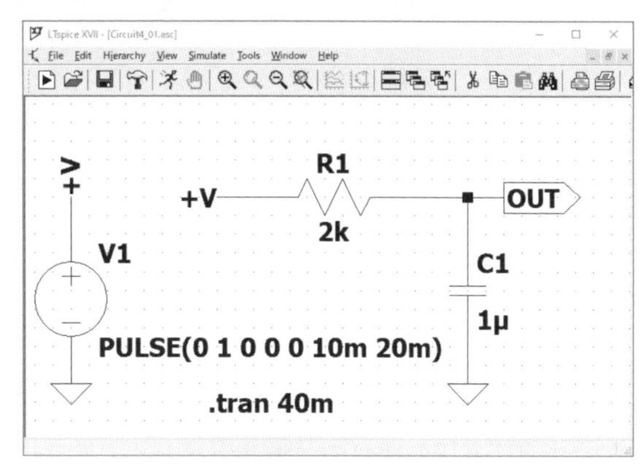


図4.36　回路の例

## 4.3.3 抵抗の配置方法

抵抗を配置するには、右クリックメニューから[Draft]→[Component]を選択して、[Select Component Symbol]ダイアログ(macOS版の場合はポップアップしたダイアログ)で「res」を選択し、[OK]ボタンをクリックしてください。この状態でキーボードでCtrl + rを押す(Ctrlキーを押しながらrキーを押す)と部品の記号が回転します。Ctrl + eを押すと左右反転します。また、マウスで左クリックを続けると部品が回路図中に配置され、右クリックすると回路図の配置が終了します（LTspiceでは、メニューで現在のモードが確定され、右クリックすることで現在のモードを終了します）。配置された抵抗の記号に、部品の番号R1と抵抗値Rが書かれています。この文字Rの上にマウスカーソルを動かして右クリックして、「2k」と入力すると、抵抗が2kΩと設定されます。

## 4.3.4 コンデンサーの配置方法

コンデンサーを配置するには、右クリックメニューから［Draft］→［Component］を選択して、［Select Component Symbol］ダイアログ（macOS版の場合はポップアップしたダイアログ）で「cap」を選択し、［OK］ボタンをクリックしてください。電解コンデンサーのように極性つきのものは「polcap」という部品が用意されています。配置されたコンデンサーの記号に、部品の番号C1と容量Cが書かれています。この文字Cの上にマウスカーソルを動かして右クリックして、「1u」と入力すると、抵抗が1μF（マイクロファラッド）と設定されます。

## 4.3.5 端子の配置方法

+V、OUT、三角形のGND（グラウンド）端子は以下のように描画します。

Windows版の場合は、右クリックメニューから［Draft］→［Label Net］を選択すると、**［図4.37］**の「Net Name」ダイアログが表示されます。

macOS版の場合は、右クリックメニューから［Draft］→［Net Name］を選択すると**［図4.38］**の「Enter Net Name」ダイアログが表示されます。

OUT端子は3番目の項目のテキストボックスに「OUT」と入力し、［Port Type］で［Output］を選択してください。また、+V端子は3番目の項目のテキストボックスに「+V」と入力し、［Port Type］は［None］（macOS版の場合は［(none)］）を選択してください。同じテキストが入力された部分は接続されているとみなされます。

GND端子はダイアログ内で一番上にある［GND(global node 0)］のラジオボタンにチェックを入れて、［OK］ボタンをクリックしてダイアログを閉じて配置します。GND端子は回路図全体の電位を確定するために必要なので、必ずどこかに接続してください。通常は、電源のマイナス側をグラウンドとします。

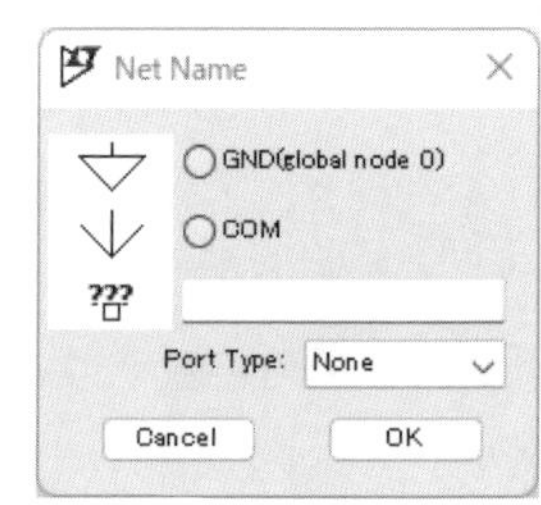


**図4.37** Windows版の「Net Name」ダイアログ

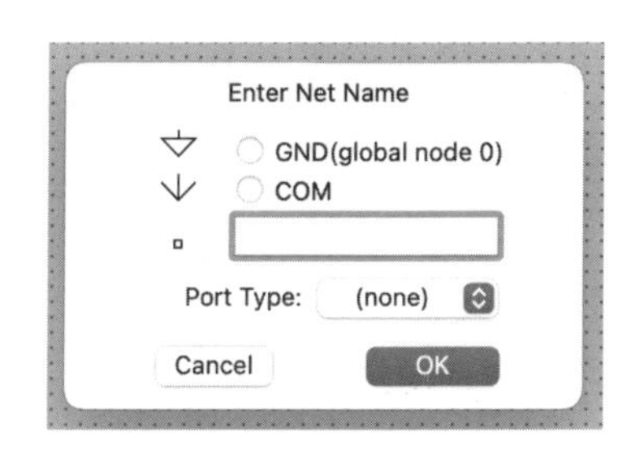


**図4.38** macOS版の「Enter Net Name」ダイアログ

## 4.3.6 ワイヤーの描画

ワイヤーは、右クリックメニューから［Draft］→［Draw Wire］を選択して、左クリックで折れ線を描画します。右クリックで描画を終了します。

## 4.3.7 電源の設定

電源は、電源記号を右クリックメニューから［Draft］→［Component］を選択して、「Select Component Symbol」ダイアログ（macOS版の場合はポップアップしたダイアログ）で［voltage］を選択してください。記号の上で右クリックし、開いたダイアログで［Advanced］ボタンをクリックしてください。

### 矩形波の設定

このシミュレーションでは矩形波を設定してみます。

Windows版の場合は［図4.39］に示す［Independent Voltage Source -（部品名）］ダイアログが開きます。

図4.39　Windows版でのPULSE電源の設定

このダイアログ内の4つのボックスにある［Make this information visible on schematic］チェックボックスのうち［Functions］ボックスのもののみチェックを入れて、他のものはチェックを外します。［Functions］ボックス内で［PULSE(V1 V2 Tdelay Trise Tfall Ton Period Ncycles)］ラジオボタンを選択し、その下のテキストボックスには[図4.39]のように値を設定します。それぞれの値の意味は[表4.1]のとおりです。

**表4.1**　電源をPULSE（矩形波）にする設定

| 項目 | 意味 |
|---|---|
| Vinitial[V] | 初期値 |
| Von[V] | ON値 |
| Tdelay[s] | 動作開始までの遅延時間 |
| Trise[s] | ONにかかる立ち上がり時間 |
| Tfall[s] | OFFにかかる立ち下がり時間 |
| Ton[s] | 一周期のうちONの時間 |
| Tperiod[s] | 一周期の時間 |
| Ncycles | 繰り返し数（記入なしで無限回） |

macOS版の場合は[図4.40]に示す「Edit Voltage Source（部品名）」ダイアログが開きます。

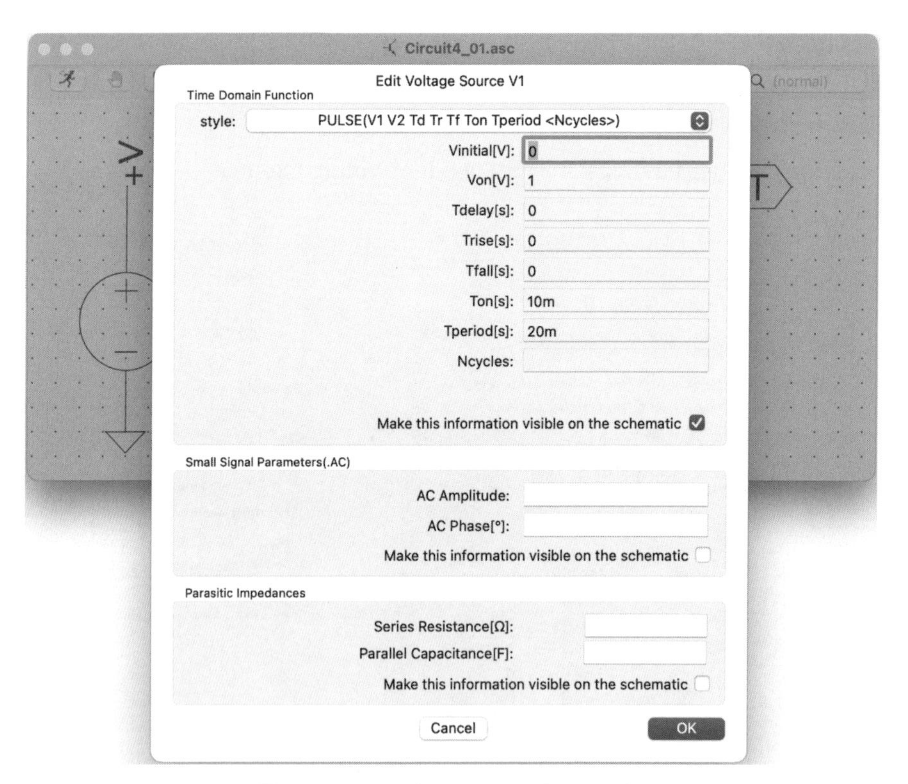


**図4.40**　macOS版でのPULSE電源の設定

Windows版と同様、ダイアログ内にある3つのボックスにある[Make this information visible on schematic]チェックボックスのうち[Time Domain Function]ボックスのもののみチェックを入れて、他のものはチェックを外します。また、[Time Domain Function]ボックスの[style]のプルダウンメニューで[PULSE(V1 V2 Td Tr Tf Ton Tperiod <Ncycles>]を選択し、その下のテキストボックスでは[図4.40]のように値を設定します。それぞれの値の意味は[表4.1]のとおりです。

## 交流電源の設定

電源から正弦波を出力する場合（交流電源の場合）には、以下のように設定します。

Windows版の場合は、［Functions］ボックスで［SINE(Voffset Vamp Freq Td Theta Phi Ncycles)］ラジオボタンを選択し、その下のテキストボックスには［表4.2］のように値を設定します。通常は、［Amplitude］と［Freq］を設定すれば他の値は0でよいでしょう。

**表4.2　電源をSINE（正弦波）にする設定**

| 項目 | 意味 |
|---|---|
| DC offset[V] | サインカーブのオフセット |
| Amplitude[V] | 振幅 |
| Freq[Hz] | 周波数 |
| Tdelay[s] | 開始までの遅延時間 |
| Theta[1/s]（macOS版の場合θ[1/s]） | 振幅が指数的に減衰する速さ |
| Phi[deg]（macOS版の場合φ[°]） | 位相のずれ(90度でcos) |
| Ncycles | 継続回数(無記入で無限回) |

macOS版の場合は、［Time Domain Function］ボックスの［style］のプルダウンメニューで［SINE(Voff Vamp Freq Td θ φ <Ncycles>］を選択し、Windows版の場合と同様に、その下のテキストボックスでは［表4.2］のように値を設定します。

## 直流電源の設定

電源から固定した電圧を出力したい場合(直流電源の場合)は、以下のように設定します。

Windows版の場合は、［図4.39］で示したダイアログ内の4つのボックスにある［Make this information visible on schematic］チェックボックスのうち［DC Value］ボックスのもののみチェックを入れて、他のものはチェックを外します。このとき、先に［Functions］ボックスで［(none)］ラジオボタンを選択しておいてください。［DC value］テキストボックスには出力したい電圧を設定します。

macOS版の場合は、［図4.40］で示したダイアログ内にある3つのボックスにある［Make this information visible on schematic］チェックボックスのうち［Time Domain Function］ボックスのもののみチェックを入れて、他のものはチェックを外します。また、［Time Domain Function］ボックスの［style］のプルダウンメニューで［DC Value］を選択し、その下の［DC value[V]］テキストボックスで値を設定します。

回路図上の記号から直接設定する場合は、記号の右下の文字［V］を右クリックして表示されたダイアログの［DC value[V]］テキストボックスに電圧を入力し、［OK］ボタンをクリックします。

## 4.3.8 編集機能

画面の空白で右クリックメニューを表示させ、[Edit] を選択すると各種編集機能が使えます。

[Edit] → [Move] を選択すると、マウスカーソルが手を開いた「ぱー」の状態になります。この状態で部品やワイヤーを左クリックすると、マウスカーソルと共に部品が移動します。左クリックすると部品が固定され、次の部品を選択するモードになります。右クリックするとMoveモードを抜けます。

[Edit] → [Drag] を選択すると、マウスカーソルが手を閉じた「ぐー」の状態になります。この状態で部品やワイヤーを左クリックすると、マウスカーソルとともに部品が移動し、これにつながっているワイヤーもつながったまま引っ張られます。左クリックすると部品が固定され、次に部品を選択するモードになります。右クリックするとDragモードを抜けます。

[Edit] → [Delete] を選択すると、マウスカーソルがハサミの状態になります。この状態で部品やワイヤーを左クリックすると、部品やワイヤーを削除できます。右クリックするとDeleteモードを抜けます。

[Edit] → [Duplicate] を選択すると、マウスカーソルが書類を2枚重ねたような絵になります。この状態で部品やワイヤーを左クリックすると、クリックした部品やワイヤーが複製されて、これを置く場所を選択するモードになります。左クリックすると、複製された部品が置かれます。右クリックすると、Duplicateモードを抜けて複製がキャンセルされます。

[Edit] → [Undo] を選択すると、1つずつ前の操作をキャンセルできます。キャンセルした動作が残っている状態では、[Edit] → [Redo] が選択できるような状態になり、これを選択すると、キャンセルした動作を順に1つ前の状態にできます。

## 4.3.9 補助単位

抵抗値やコンデンサーの容量、コイルのインダクタンスを設定する際の補助単位を [表4.3] に示します。Meg (メガ) とm (ミリ) に気をつけてください。「M」と大文字で書いても「m」と解釈されてしまうので、抵抗で1MΩを指定したい場合は1Megと書く必要があります。なお、単位のΩ、F (ファラッド)、H (ヘンリー) などを書く必要はありません。

**表4.3** LTspiceで使う補助単位一覧

| 記号 | スケール |
|---|---|
| T | $10^{12}$ (テラ) |
| G | $10^{9}$ (ギガ) |
| Meg | $10^{6}$ (メガ) |
| k | $10^{3}$ (キロ) |
| m | $10^{-3}$ (ミリ) |
| μ(u) | $10^{-6}$ (マイクロ) |
| n | $10^{-9}$ (ナノ) |
| p | $10^{-12}$ (ピコ) |
| f | $10^{-15}$ (フェムト) |

## 4.3.10 シミュレーションの実行

ここでは.tran解析を行います。.tran解析とは、時間に対する過渡応答、トランジェント(transient)解析のことです。

まず、画面の空白で右クリックメニューから［Draft］→［SPICE Directive］(macOS版では［SPICE directive］)を選択すると、［Edit Text on the Schematic］ウィンドウが開き、ラジオボタンの［SPICE directive］が選択された状態になっています。ここで下のテキストボックスに「.tran 40m」と書いて［OK］ボタンをクリックすると、このテキストがマウスカーソルにくっついた状態になるので、画面の空白に置いてください。これは、40 msecに渡って時間変化を見るというシミュレーション命令です。

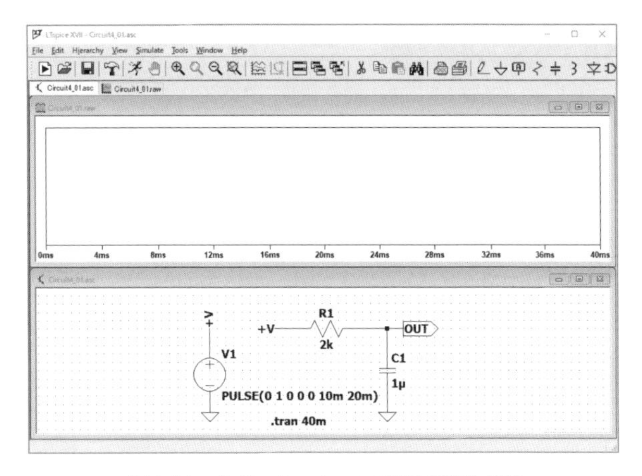


**図4.41** シミュレーション画面の初期状態

ここで、画面の空白で右クリックしたときにメニューの一番上に表示されている［Run］を選択すると、真っ白なグラフが表示されます。Windows版の場合、タブバーが画面のツールバーの下に表示され、現在真っ白なグラフ画面と回路図画面の間を移動できるようになります。

ここで、回路図画面もしくはグラフ画面のウィンドウのタイトルバーで全画面表示ボタンをクリックすると、**［図4.42］**および**［図4.43］**のように、それぞれの画面をウィンドウ全体に表示できます。各画面間を移動するには、ツールバーの下に表示されているタブバーで、それぞれのタブをクリックします。

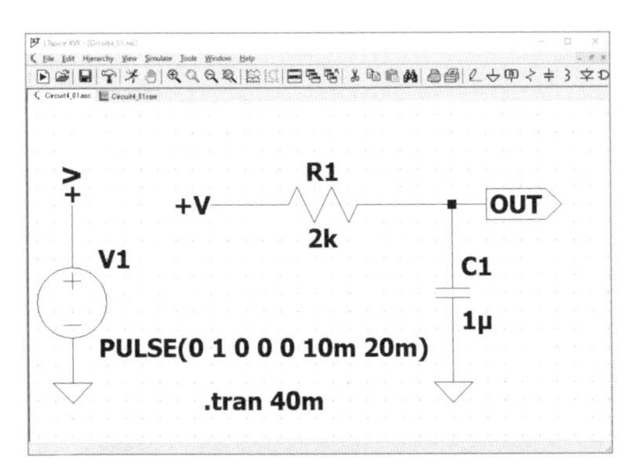


**図4.42** 回路図画面の全ウィンドウ表示

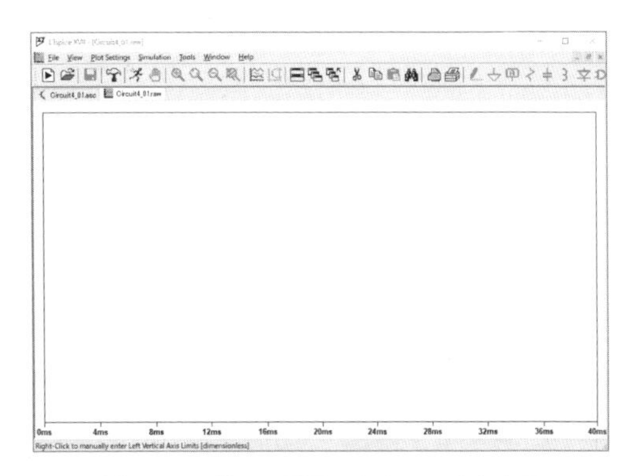


**図4.43** グラフ画面の全ウィンドウ表示

macOS版の場合、[図4.44] のようにグラフ画面として新しいウィンドウが開きます。

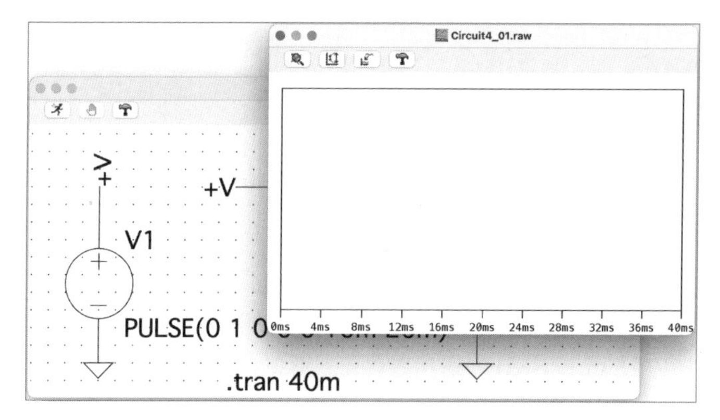


図4.44　グラフ画面の表示 (macOS版の場合)

## 4.3.11　電圧の測定とプロット

この状態で回路編集画面を表示すると、場所によって、マウスカーソルが鉛筆のような絵 ([図4.45] 左：電圧プローブ) もしくはバドミントンの羽のような絵 ([図4.45] 右：電流プローブ) になります。

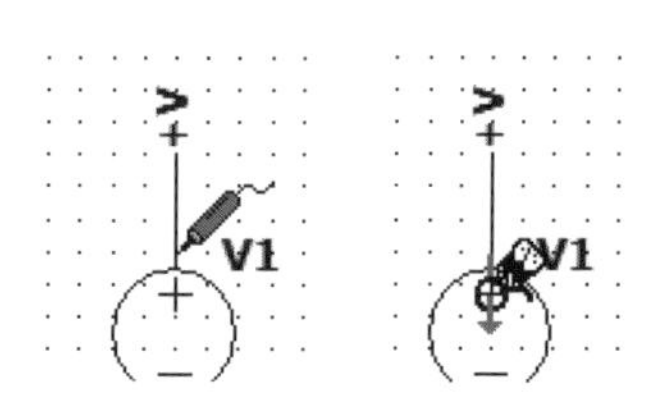


図4.45　電圧プローブ (左) と電流プローブ (右)

電圧プローブカーソルでOUT端子と+Vを順にクリックしてください。

タブをクリックしてグラフを表示させると、[図4.46] のようなグラフが表示されます。このときグラフに表示されている値は、グラウンド点を0Vとしたときの、指定された点の電圧です。

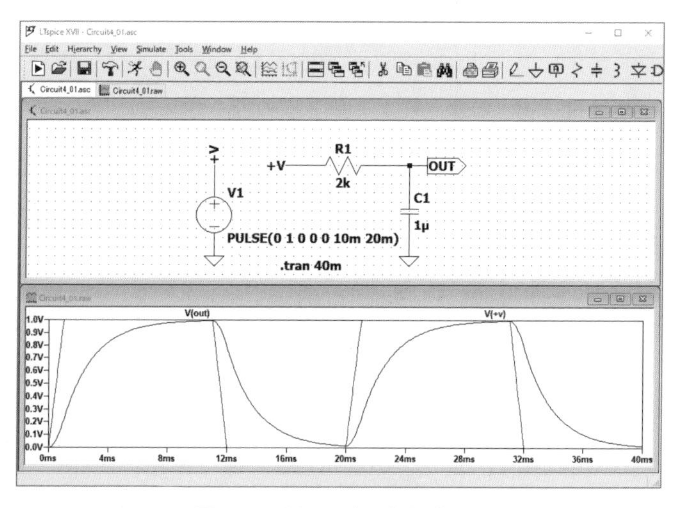


図4.46　電圧の時間変化グラフ

## 4.3.12　電流の測定とプロット

次に電流を表示します。まず電圧グラフを削除するために、[図4.46] のグラフ画面で右クリックメニューから [Edit] → [Delete] を選択すると、マウスカーソルがはさみの形になります。この状態でグラフの上に表示されている「V(+v)」と「V(out)」をクリックすると、現在表示されているグラフがそれぞれ削除されます。右クリックすると削除モードを終了します。

次に、抵抗とコンデンサーの上でそれぞれマウスカーソルが電流プローブになった状態で、マウスで左クリックすると、[図4.47] のように抵抗$R_1$とコンデンサー$C_1$に流れる電流がグラフに表示されます。

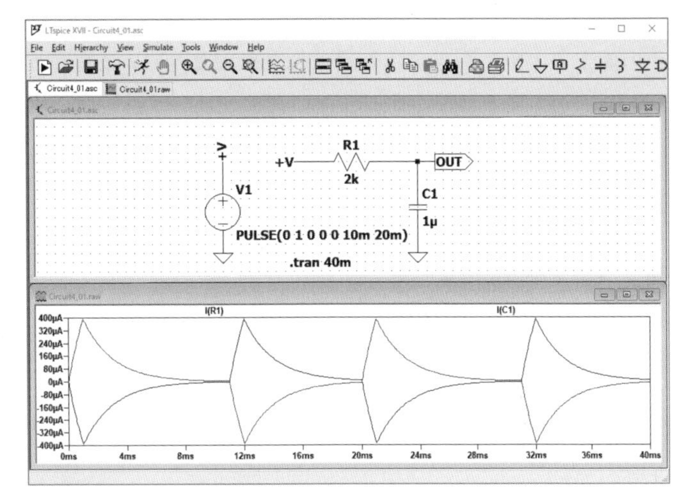

図4.47　電流の時間変化グラフ

## 4.3.13　二点間の電位差の測定とプロット

次に二点間の電位差（電圧）の測定をします。ここでは、抵抗の両端の電位の差を測ります。先ほどの [図4.47] のグラフ画面で、2つのグラフを削除してください。

二点間の電位差を測定するには2つの方法があります。Windows版では両方の方法が使えますが、macOS版では2つ目の方法しか使えません。

1つ目の方法は以下のとおりです。抵抗の左側のワイヤーの上でマウスカーソルが赤色の電圧プローブになった状態でマウスの左ボタンを押します。次に左ボタンを押したままカーソルを移動すると、赤い電圧プローブのカーソルが表示されたままでカーソルを動かすことができ、抵抗の右側のワイヤーの上にカーソルを置いたとき、[図4.48] のように電圧プローブが黒色になります。

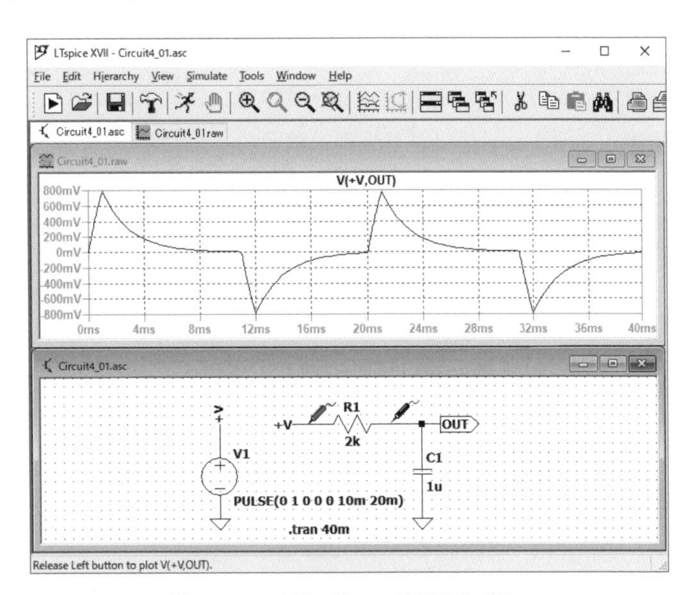

図4.48　二点間の電圧の時間変化グラフ

この状態でマウスの左ボタンから指を離すと、この二点間の電位差がプロットされ、グラフの上には「V(+V,OUT)」と表示されます。これは、抵抗の左側のワイヤーの電圧は+V端子と同じ電圧で、抵抗の右側のワイヤーの電圧はOUT端子と同じ電圧なので、そのように表示されます。グラフは正の値と負の値の両方が繰り返された形になっていますが、表示されるグラフは、黒い電圧プローブの位置の電圧を基準とした、赤い電圧プローブの位置の電圧、すなわち赤い電圧プローブの位置の電圧から黒い電圧プローブの位置の電圧を引いたものです。V(+V,OUT)という記述では、2番目の引数OUTを基準とした1番目の引数+Vの電圧です。

2つ目の方法は以下のとおりです。抵抗の右側のワイヤーの上でマウスカーソルが赤色の電圧プローブになった状態で、マウスの左ボタンをクリックします。すると、この点の電圧がプロットされ、グラフの上には「V(out)」と表示されます。このV(out)を右クリックしてダイアログで「V(out)」を「V(+V,out)」と書き換えて［OK］ボタンをクリックすると、抵抗の両端の電圧（2番目の引数OUTを基準とした1番目の引数+Vの電圧）が表示されます。

## 4.3.14 複数のグラフ表示画面の使用

複数のグラフが1枚のグラフ表示画面に表示されると見にくくなるので、複数のグラフ表示画面を表示する方法を説明します。

グラフ表示画面上で右クリックメニューから［Add Plot Pane］を選択すると、グラフ表示ウィンドウ上にグラフ表示画面が追加されます。新しい空白のグラフ表示画面を左クリックしたうえで、回路表示画面でコンデンサーを電流プローブで左クリックすると、このグラフ表示画面に、コンデンサーに流れる電流のグラフが表示されます。元のグラフ表示画面の上の「I(C1)」を削除すると、**［図4.49］**のように、抵抗に流れる電流とコンデンサーに流れる電流を別のグラフ表示画面に表示することができます。

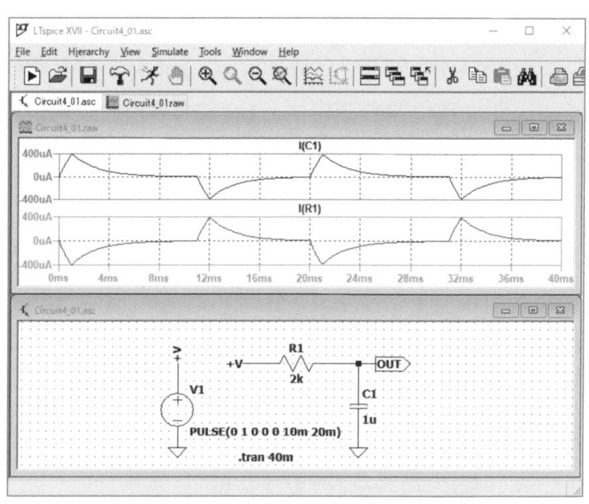


**図4.49**　電流の時間変化グラフ（別画面）

グラフ表示ウィンドウの中に複数のグラフ表示画面が表示されている状態で、個々のグラフ表示画面を削除するには、右クリックメニューから［Edit］→［Delete］を選択し、マウスカーソルがはさみの絵になった状態で削除したいグラフ表示画面を左クリックしてください。この後で右クリックすると削除モードを終了します。

## 4.3.15　グラフ内への図形やテキストの描画

プロットしたグラフにテキストや矢印などを書き込めます。グラフの上にマウスカーソルを置いて右クリックしたメニューから［Draw］のツールを使えば文字や矢印、直線、長方形、楕円形などを描画できます。右クリックで描画を終了します。移動や削除は右クリックメニューから［Edit］でメニューを選択した後に操作したい図形や文字を左クリックしてから行います。操作の終了は右クリックします。

ただし、縦軸や横軸のラベルを書くことはできません。これは、グラフを画面キャプチャしてファイルに保存した後で、他のソフトウェアで書き込む必要があります。

## 4.3.16　グラフ表示設定の保存と復元

回路ファイルに対して各種データをプロットしてきましたが、このままでは回路を読み込むたびに毎回プロットの設定（電圧や電流を計測する場所の設定）をする必要があります。それを避けるため、設定を保存することをお勧めします。

プロット画面をクリックしてアクティブにし、［File］メニューから［Save Plot Settings］（macOS版の場合は［File］→［Save］）を選択すると、回路ファイルDraft.ascに対してDraft.pltという拡張子が替わったファイルにプロットの設定が保存されます。これには、グラフ内に描画した図形やテキストなども含まれます。

これで、次に回路ファイルを読み込んだとき、シミュレーションを実行するだけで前回保存したのと同じグラフがプロットされます。ただし、縦軸や横軸の範囲はリセットされてしまうので、メニューバーから［Plot Settings］→［Reload Plot Settings］メニュー（macOS版の場合はグラフ画面上で右クリックメニューから［Reload Plot Settings］もしくはSPACEキー）の選択で、［Save Plot Settings］で保存した縦軸や横軸の範囲を再設定できます。

# 4.4 SPICEモデルの入手と追加方法

**本節では、LTspiceに含まれていないSPICEモデルの部品を入手および追加する方法を説明します。**

## 4.4.1 SPICEモデルの入手

LTspiceで実際に回路を作成するときは、さまざまな電子部品が必要となります。LTspiceはLinear Technologies社およびAnalog Devices社の半導体部品のモデルは多く含まれていますが、特に日本産の半導体のモデルはほとんど含まれていません。そこで本節では、モデルの入手方法および追加方法について述べます。

半導体メーカーがSPICEモデルを提供している場合があります。LTspiceのモデルは、PSpiceのモデルと多くの部分で互換性があるため、LTspiceのモデルファイルが配布されていない場合でも、PSpiceのモデルを入手して組み込むことができる場合が多いです。また、半導体メーカー以外でSPICEモデルが配布されている部品もあります。例えば、以下の半導体メーカーのWebサイトからSPICEモデルをダウンロードできることがあります。アクセス方法やURLが変わることもあります。基本的には各メーカーのWebサイトにある検索エンジンから検索するか、問い合わせると入手できます。以下で紹介する入手方法が変わっている場合は試してみてください。

- **Analog Devices、Linear Technologies**：Analog DevicesおよびLinear Technologiesから発売されている半導体のSPICEモデルの多くが、すでにLTspiceに含まれています。該当する部品のSPICEモデルが含まれていない場合は、LTspiceをアップデートするとモデルが追加される場合があります。
- **FairChild**：コンプリメンタリトランジスタの2N3904と2N3906、2N4401と2N4403のモデルがLTspiceに入っています。
- **ON Semiconductor**：東芝で生産終了した2SC1815、2SA1015と互換品のKSC1815、KSA1015のSPICEモデルが、ここで入手できます。その他、缶パッケージのコンプリメンタリトランジスタである2N2955、2N3055のPSpiceモデルが入手できます。また、このメーカーの2N4401と2N4403のモデルがLTspiceに入っています。
- **東芝**：現在入手可能なコンプリメンタリなトランジスタのペアとしては、2SC5200と2SA1943のSPICEモデルが入手できます。他に、TTA004B、TTC004B、TTA008B、TTC015BのSPICEモデルも入手可能です。

- **KORG**：https://korgnutube.com/jp/
  真空管KORG Nutube 6P1を販売しています。Webページの［Nutubeに関するお問い合わせ］をクリックして問い合わせることにより、この真空管のSPICEモデルを入手できます。
- **NXP**
- **STマイクロエレクトロニクス**
- **日清紡マイクロデバイス（旧：新日本無線）**
- **Texas Instruments**
- **Vishay**
- **Renesas Electronics**
- **ローム（ROHM）**

以下が、半導体メーカー以外でSPICEモデルを提供しているWebサイトです。

- **CQ出版社**：CQ出版社が運営しているWebサイト「CQ connect」で、過去の雑誌の関連データが配布されています。https://cc.cqpub.co.jpにアクセスし、「ダウンロード」をクリックしてください。フリーワード検索の欄に「東芝　LTspice」と入力すると、東芝製のトランジスタおよび接合型FETのLTspiceデータが見つかります。会員登録（無料です）してダウンロードしてください。
- **Cordell Audio**：http://www.cordellaudio.com/book/spice_models.shtml
  Bob Cordell氏が運営しているWebサイトです。Webページにアクセスすると、ダウンロードできる接合型FETおよびMOS-FETの中に日本製のものが含まれています。特に、2SK1056と2SJ162のSPICEモデルがここから入手できますが、2SK1056/57/58と2SJ160/61/62はそれぞれ耐圧が異なるだけの型番なので、本書では、ここから入手したモデルを2SK1058/2SJ162のSPICEモデルとして使います。なお、ここからは2SK134と2SJ49、2SK1530と2SJ201のSPICEモデルも入手できます。ダウンロードできるものは1つのテキストファイルなので、必要な場所だけテキストエディタで切り貼りして使用してください。

## 4.4.2 .includeディレクティブを用いたSPICEモデルの使用

入手したSPICEモデルは、対応するシンボルファイルが存在する場合には、lib\subフォルダの中にファイルを置けば、回路図ファイルで「.include（ファイル名）」をSPICEディレクティブで読み込むだけで、回路図の中で使用できます。

## 4.4.3 SPICEモデルの追加

以下では、上記のように個別にモデルファイルを読み込まずに、部品ごとのモデルファイルとシンボルファイルを作成して、すでに組み込まれているシンボルのモデルと同様に使用する方法を示します。

SPICEモデルには.subcktデータと.modelデータがあります。追加方法が違うので気をつけてください。また、.modelデータについてはシンボルファイルがある場合とない場合があります。シンボルファイルがない場合は自分で描画して作成できます。

### .modelデータの追加

SPICEのフォルダの中のlib\cmpフォルダの下には[表4.4]のようなファイルがあります。

表4.4　cmpフォルダの中のファイル一覧

| ファイル名 | 内容 |
|---|---|
| standard.bead | フェライトビーズ |
| standard.bjt | バイポーラトランジスタ |
| standard.cap | キャパシタ（コンデンサー） |
| standard.dio | ダイオード |
| standard.ind | インダクタ（コイル） |
| standard.jft | JFET |
| standard.mos | MOS-FET |
| standard.res | 抵抗 |

.modelで書かれているファイルは、各モデルを上記の各種類のファイルに追加することで、部品を配置した後、部品のモデルを選択できます。バージョンアップの際にこれらのファイルは上書きされる可能性があるので、部品をstandard.mosに追加した場合には、追加後のファイルをstandard.mos-addedにコピーし、追加した部分のみをstandard.mos-addに保存しておくとよいでしょう。

実際に追加したモデルを使用するには、該当する部品を配置したあと、部品の上で右クリックすれば、部品リストから選択できます。

### .subcktデータの追加

.subcktデータの場合は、1個の部品にファイル名を付けて保存します（これをモデルファイルと呼びます）。さらに、そのファイルに対応したシンボルファイルを作成する必要があります。

日清紡マイクロデバイス（旧：新日本無線）からファイルをダウンロードして、1回路内蔵のオペアンプNJU7021をライブラリに追加してみましょう。zipファイルNJU7021_v1_NewJRC.zipをダウンロードして解凍すると、フォルダNJU7021_v1_NewJRCの中にファイルnju7021_v1.libがあります。LTspiceで使用するのは、このモデルファイルnju7021_v1.libのみです。ここでは、フォルダlib\subの中にNJR_OPampというフォルダを作成し、モデルファイルnju7021_v1.libをこのフォルダの中にコピーします。

次に、lib\symの中にNJR_OPampというフォルダを作成し、このフォルダの中にシンボルファイルlib\sym\Misc\DIP8.asyをnju7021.asyという名前でコピーします。

このファイルDIP8.asyは一般的なDIP 8ピンIC用のシンボルファイルです。オペアンプ用のシンボルファイルとしては、フォルダlib\sym\OpAmpsに2つのファイルがあります。ファイルopamp.asyが電源端子の描かれていない、IN+、IN−、OUTのみの三端子のオペアンプのシンボル、ファイルopamp2.asyが電源端子の描かれている、IN+、IN−、VCC(V+)、VEE(V−)、OUTの五端子のオペアンプのシンボルです。

次に、シンボルファイルを書き換えます(下記「NJU7021.asy(書き換え前)」と「NJU7021.asy(書き換え後)」を参照)。まず、モデルファイルのnju7021_v1.libをテキストエディタで開いて中身を見ると、行頭が * のコメント行が続いたあと、「`.Subckt NJU7021 NC -IN +IN V- NC2 OUT V+ NC3`」という行があります(下記「NJU7021.asy(書き換え前)」を参照)。この行で、2番目の単語`NJU7021`が部品名、3番目以降の単語が端子名で、端子名をこの順番でシンボルファイルNJU7021.asyの中の「`PINATTR SpiceOrder 1`」から「`PINATTR SpiceOrder 8`」までの端子にそれぞれ対応させます。モデルファイルnju7021_v1.libではピンの順番が8ピンの順に書かれており、シンボルファイルDIP8.asyのピンにはピン番号のみが書かれているので、コピーしたnju7021.asyをテキストエディタで開き、書き換えます。

書き換える場所は、モデルファイルを参照して部品名を定義するところと、ピン番号をモデルファイルに書かれている端子名に変更するところです(「NJU7021.asy(書き換え後)」を参照)。

■ NJU7021.asy(書き換え前)

```
...
TEXT 0 0 Center 2 LT
...
SYMATTR Value opamp2
SYMATTR Prefix X
SYMATTR Description ...
...
PinName 1
...
PinName 2
...
PinName 3
...
PinName 4
...
PinName 5
...
PinName 6
...
PinName 7
...
PinName 8
...
```

■ NJU7021.asy(書き換え後)

```
...
;TEXT 0 0 Center 2 LT
...
SYMATTR Value NJU7021
SYMATTR Prefix X
SYMATTR Description NJR OPamp NJU7021
SYMATTR ModelFile NJR_OPamp\nju7021_v1.lib
...
PinName NC
...
PinName -IN
...
PinName +IN
...
PinName V-
...
PinName NC2
...
PinName OUT
...
PinName V+
...
PinName NC3
......
```

Valueは部品名を書きます。今回は、モデルファイルnju7021_v1.libの中の.Subcktの次に書いてあるNJU7021を記述します。外部のモデルファイルをlib\subフォルダの下に置いて読み込む場合、PrefixはXにします。また、ModelFileはlib\subフォルダからのファイル名の相対パスで、フォルダ名の区切り文字にバックスラッシュ「\」、もしくは円マーク「¥」(テキストエディタで使用しているフォントによって異なります。日本語キーボードでは円マークを使って入力してください) を使ってファイル名を指定します。

LTspiceを再起動すると、部品を選択するとき、lib\symフォルダの中にあるシンボルファイルを参照して、**[図4.50]** のように「NJR_OPamp」の中からNJU7021を選択できるようになっています。このとき上記のDescriptionに書いた説明が表示されるので、上記のDescription行はわかりやすいように書いてください。

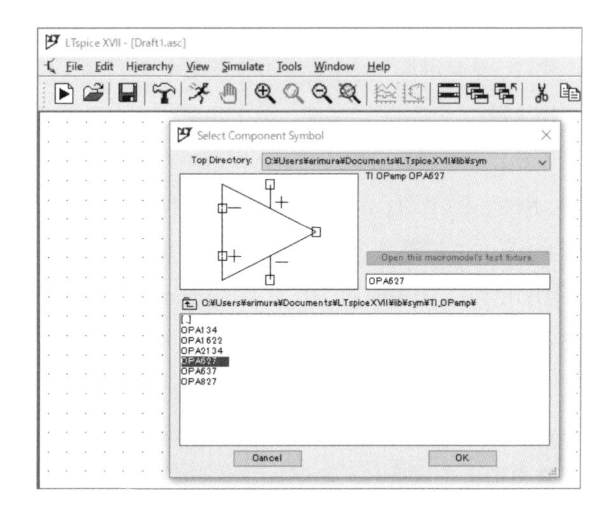


**図4.50** NJU7021の選択

## シンボルファイルを新規に作成する場合のモデル追加

PSpiceのファイルを入手したときなど、モデルファイルはありますが、対応する形のシンボルファイルが存在しない場合があります。例えば、半導体メーカーのWebサイトから入手したオペアンプのモデルファイルは8ピンDIPパッケージ用のピン配置になっており、1番から8番のピンが書かれている場合があります。一方、LTspiceに含まれているオペアンプのシンボルは、正負電源があるかないかの2通りの、三角形のオペアンプのシンボルのみです。

このような場合には自分でシンボルを描画する必要があります。ここでは、そのような場合の対応方法について述べます。[File] メニューから [New Symbol] を選択すると、**[図4.51]** のような、新しいシンボルを描画する画面になります。

これに8ピンオペアンプの絵を描きます。マイナスのルーペボタンをクリックして描画領域を広くしてください。まず、右クリックメニューから [Draw] → [Rect] を選択して、ICの外形を描きます。次に、半円形のマークを描きます。長方形はシングルクリックで左上座標を決めて、ダブルクリックで右下座標を決めます。右クリックするとその図形の描画モードから抜けるので、改めてポップアップメニューから次の操作を選び

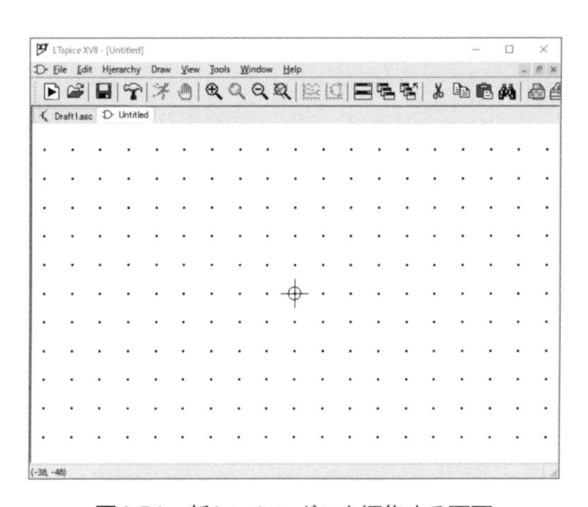


**図4.51** 新しいシンボルを編集する画面

ます。半円（円弧、Arc）は、まず、その円弧を含む円の位置を決めます。1回目のクリックで円弧を含む円に外接する長方形の左上の座標、2回目のクリックで右下の座標が決まります。次に、3回目のクリックで反時計周りに円弧の開始位置、4回目のクリックで円弧の終了位置が決まります。

**［図4.52］**のような図形ができたら、次は接続ピンの追加です。

左上から左下に向かって1番から4番ピン、右下から右上に向かって5番ピンから8番ピンを追加します。右クリックして表示されるポップアップメニューから［Add Pin］を選択すると、**［図4.53］**のようなダイアログが表示されます。

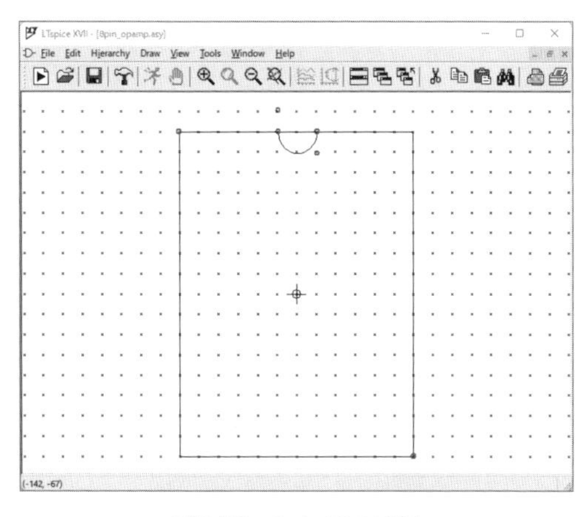

**図4.52**　8pin ICの描画

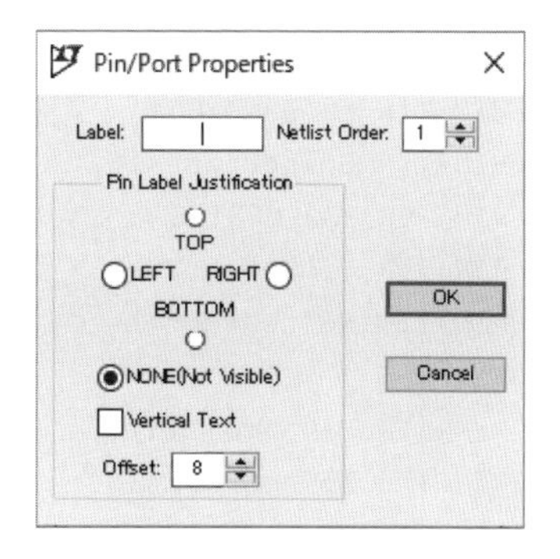


**図4.53**　ピンの追加

まず、左の列にピンを追加します。ピンには左の列を上から順番に「OUT1」「−IN1」「+IN1」「−V」と名前を付けるために、これを［Label］欄に記入します。［Pin Label Justification］は、ピンをラベルの左右どちらに表示するかを指定するものなので、［LEFT］を指定すると部品の内側にピンのラベルが表示されます。このとき、ピンを追加するたびに［Netlist Order］が1ずつ増えていくので、追加する順序をピン番号の順にしてください。［OK］ボタンをクリックして、ピンを追加する場所を左クリックするとピンが追加されます。

次に右の列にピンを追加します。下から順番に「+IN2」「−IN2」「OUT2」「+V」と名前を付けてピンを追加してください。このとき［Pin Label Justification］は［RIGHT］を指定すると部品の内側にピンのラベルが表示されます。

入力を間違えた場合はピンの印の上で右クリックするとダイアログが表示されて修正できます。また、ポップアップメニューで［Delete］を選択し、削除したいピンを左クリックして削除し、右クリックして削除モードから抜けることで、ピンを削除できます。**［図4.54］**のようになったらシンボルデータの作成は終了です。

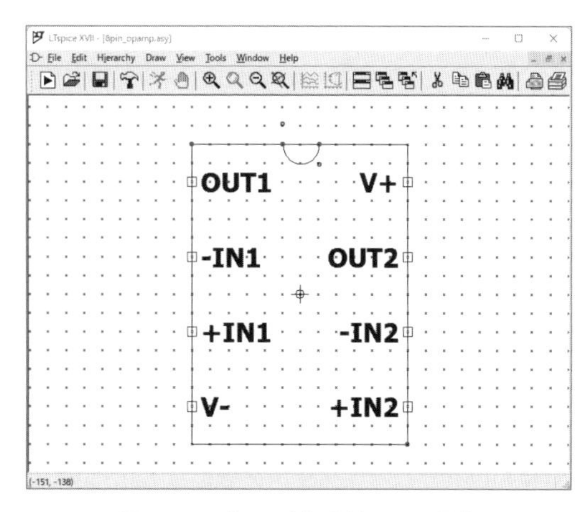


**図4.54**　ピンの追加を終了した状態

右クリックメニューから［File］→［Save As］を選択し、lib\symフォルダの中にMyOpampというフォルダを作成して8pin_opamp.asyというファイル名で保存します。

保存されたファイルの中身は以下のようになっています。

■ 8pin_opamp.asy

```
1  Version 4
2  SymbolType BLOCK
3  RECTANGLE Normal 96 128 -96 -128
4  ARC Normal -15 -145 17 -111 -15 -128 17 -128
5  PIN -96 -96 LEFT 8
6  PINATTR PinName OUT1
7  PINATTR SpiceOrder 1
8  PIN -96 -32 LEFT 8
9  PINATTR PinName -IN1
10 PINATTR SpiceOrder 2
11 PIN -96 32 LEFT 8
12 PINATTR PinName +IN1
13 PINATTR SpiceOrder 3
14 PIN -96 96 LEFT 8
15 PINATTR PinName V-
16 PINATTR SpiceOrder 4
17 PIN 96 96 RIGHT 8
18 PINATTR PinName +IN2
19 PINATTR SpiceOrder 5
20 PIN 96 32 RIGHT 8
21 PINATTR PinName -IN2
22 PINATTR SpiceOrder 6
23 PIN 96 -32 RIGHT 8
24 PINATTR PinName OUT2
25 PINATTR SpiceOrder 7
26 PIN 96 -96 RIGHT 8
27 PINATTR PinName V+
28 PINATTR SpiceOrder 8
```

このファイルを使いたい部品の名前のファイル名にコピーして、5行目と6行目の間に前述の.subcktデータの追加の要領で、「SYMATTR」で始まる4行を追加して対応するモデルファイルを指定すれば、メニューから部品を選択できるようになります。

ここで、日清紡マイクロデバイス（旧：新日本無線）のオペアンプNJM4558のモデルを追加してみましょう。モデルファイルについては日清紡マイクロデバイスのWebサイトからダウンロードしたオペアンプのアーカイブの中からファイルnjm4558_v2.libを取り出し、lib\subフォルダの中にNJR_OPampというフォルダを作成してこのフォルダの中に保存します。

一方、シンボルファイルについては、lib\symフォルダの中にNJR_OPampというフォルダを作成し、このフォルダの中に上で作成したlib\sym\MyOpamp\8pin_opamp.asyをnjm4558.asyというファイル名でコピーします。このファイルをテキストエディタで開き、次のように書き換えます。

■ njm4558.asy（書き換え前）

```
ARC Normal -15 -145 17 -111 -15 -128 17 -128
PIN -96 -96 LEFT 8
```

■ njm4558.asy（書き換え後）

```
ARC Normal -15 -145 17 -111 -15 -128 17 -128
SYMATTR Value NJM4558
SYMATTR Prefix X
SYMATTR Description NJR OPamp NJM4558
SYMATTR ModelFile NJR_OPamp\njm4558_v2.lib
PIN -96 -96 LEFT 8
```

LTspiceを再起動すると、部品を選択するときに［NJR_OPamp］の中から「NJM4558」を選択できるようになります。

## .subcktデータを修正する場合のモデル追加

前節では、入手した.subcktファイルに合わせてシンボルファイルを作成する例を示しましたが、次に、逆にシンボルファイルに合わせて入手した.subcktファイルを書き換える方法を示します。

本節では、日清紡マイクロデバイスから入手した二回路入りオペアンプNJM4558のモデルを一回路入りオペアンプに変更して追加してみます。

日清紡マイクロデバイスから入手したバイポーラー・オペアンプであるNJM4558のモデルnjm4558_v2.libは、8端子のDIPパッケージのモデルが書かれています。これを、正負入力と出力、正負電源の5端子のオペアンプのシンボルと組み合わせて使うには、次のような操作を行います。

まず、シンボルファイルについては、lib\symフォルダの中にNJR_OPampというフォルダを作成して、この中にlib\sym\OPamps\opamp2.asyをNJM4558single.asyというファイル名でコピーします。

次に、ファイルNJM4558single.asyをテキストエディタで開き、以下のように書き換えます。

■ NJM4558single.asy（書き換え前）

```
SYMATTR Value opamp2
SYMATTR Prefix X
SYMATTR Description（省略）
```

■ NJM4558single.asy（書き換え後）

```
SYMATTR Value NJM4558single
SYMATTR Prefix X
SYMATTR Description NJR OPamp NJM4558
```

```
SYMATTR ModelFile NJR_OPamp\njm4558_v2_single.lib
```

次に、モデルファイルについては、lib\subフォルダの中にNJR_OPampというフォルダを作成して、この中に日清紡マイクロデバイスから入手したNJM4558のモデルファイルnjm4558_v2.libをnjm4558_v2_single.libというファイル名でコピーします。

opamp2.asyおよびコピーしたNJM4558single.asyのピン配置の部分は以下のようになっており、モデルファイルのピンの順番はIn+、In−、V+、V−、OUTであることがわかります。

■ **NJM4558single.asy**

```
PIN -32 80 NONE 0
PINATTR PinName In+
PINATTR SpiceOrder 1
PIN -32 48 NONE 0
PINATTR PinName In-
PINATTR SpiceOrder 2
PIN 0 32 NONE 0
PINATTR PinName V+
PINATTR SpiceOrder 3
PIN 0 96 NONE 0
PINATTR PinName V-
PINATTR SpiceOrder 4
PIN 32 64 NONE 0
PINATTR PinName OUT
PINATTR SpiceOrder 5
```

次に、コピーしたnjm4558_v2_single.libをテキストエディタで開き、以下の行に書いてある端子の順序を書き換えます。書き換え後の3行目の行頭にある*（アスタリスク）はコメントアウトを示します。

■ **njm4558_v2_single.lib（書き換え前）**

```
.SUBCKT NJM14558 OUT1 -IN1 +IN1 V- +IN2 -IN2 OUT2 V+
X1 +IN1 -IN1 V+ V- OUT1 njm14558_s
X2 +IN2 -IN2 V+ V- OUT2 njm14558_s
```

■ **njm4558_v2_single.lib（書き換え後）**

```
.SUBCKT NJM14558single +IN1 -IN1 V+ V- OUT1
X1 +IN1 -IN1 V+ V- OUT1 njm14558_s
* X2 +IN2 -IN2 V+ V- OUT2 njm14558_s
```

LTspiceを再起動すると、部品を選択するとき、［NJR］の中からNJM4558singleを選択できるようになっています。

## シンボルファイルの簡単な追加方法

上で述べたように描画しなくても、簡単にシンボルファイルを作成する方法があります。

以下ではオペアンプNJM4558を例に、シンボルデータを自動生成してみます。

まず、lib\subフォルダにサブフォルダNJR_OPampを作成し、この中に日清紡マイクロデバイスのWebサイトから入手したファイルnjm4558_v2.libをコピーします。

次に、[File] メニューの [Open...] を選択します。ファイル選択ダイアログが表示されるので、[図4.55] のように右下のファイルの種類で「All Files(*.*)」を選択し、モデルファイルを選択して開きます。

ファイルを開くと、[図4.56] のように、ウィンドウにファイルの中身がテキスト形式で表示されます。

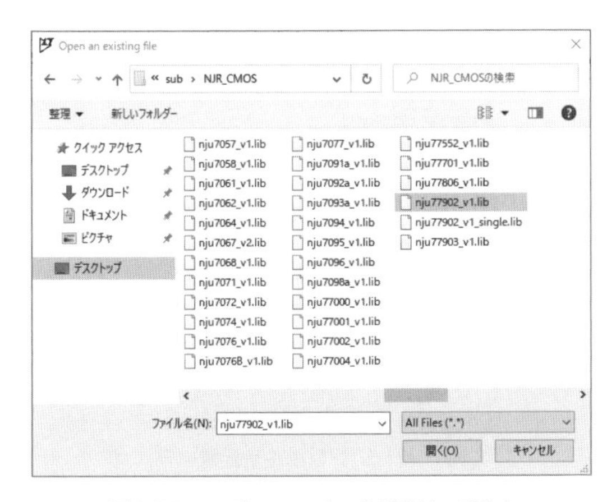


図4.55　モデルファイルを選択して開く

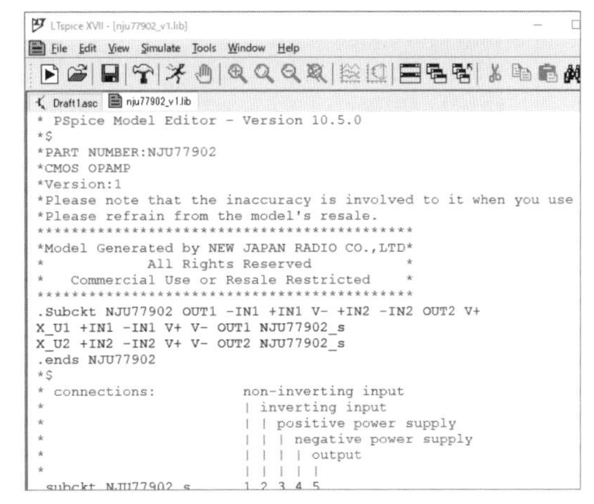


図4.56　モデルファイルを開いた状態

次に、行頭に「.Subckt」と書かれている行の上にマウスカーソルを持っていって右クリックし、表示されたメニューから[Create Symbol] を選択します [図4.57]。

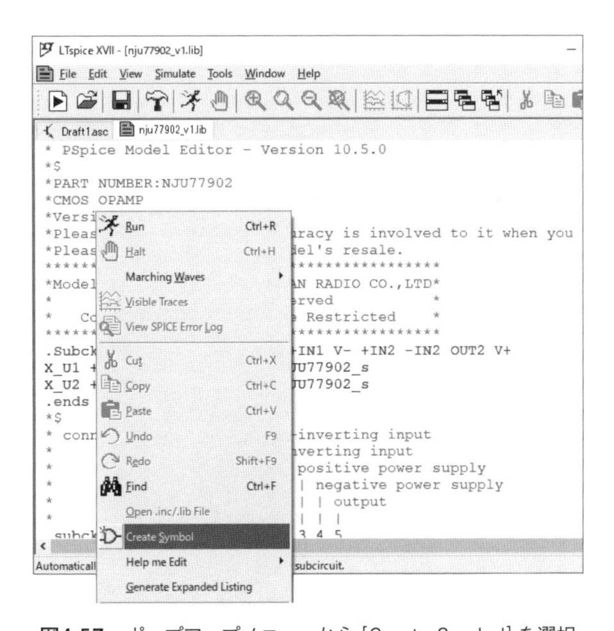


図4.57　ポップアップメニューから [Create Symbol] を選択

表示されたダイアログで[はい]をクリックすると、[図4.58]のように新しいタブが開いてシンボルが作成されます。つくられたシンボルはlib\sym\AutoGeneratedフォルダに保存されます。

この状態で部品を選択すると、[図4.59]のように「AutoGenerated」の中からNJM4558を選択して、[図4.60]のように回路の中に配置できます。

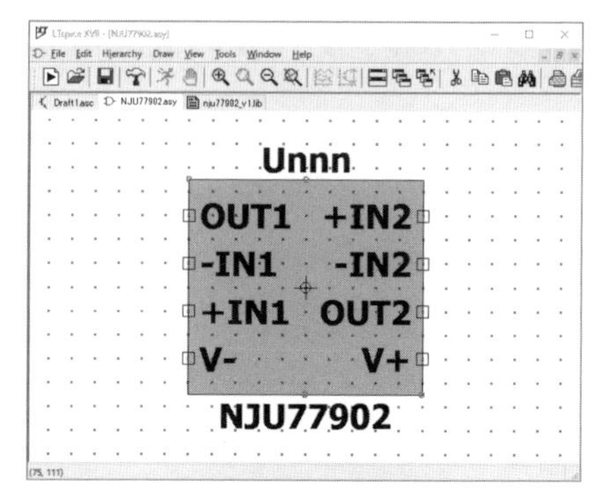

図4.58　新しいシンボルが自動的につくられた状態

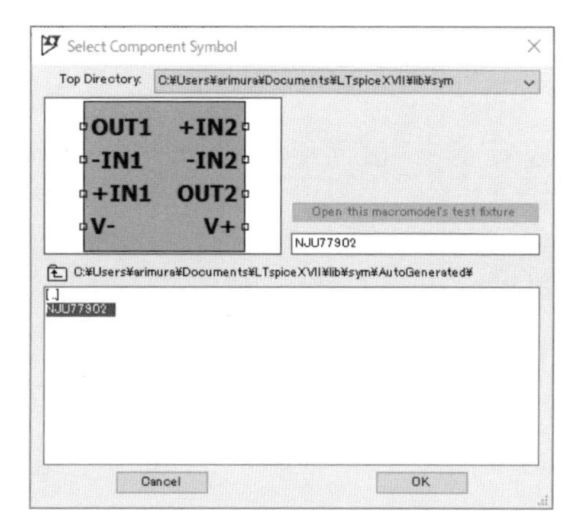

図4.59　新しいシンボルを選択する

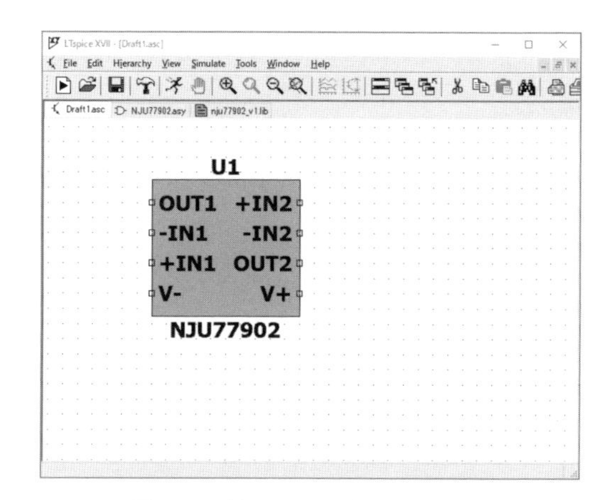

図4.60　新しいシンボルを配置する

自動的にピン配置が行われるため実際の部品とはピン配置が異なりますが、これでシンボルファイルのない.subckt形式のモデルファイルを入手したときにシンボルファイルを作成できます。

# 第 5 章

# 低電圧における真空管のモデル作成

本章では、真空管のデータシートには掲載されていない、低電圧での特性を実際に計測し、これをもとにSPICEモデルを作成します。さらに、作成したSPICEモデルをLTspiceに組み込んで、低電圧時の電圧－電流特性をプロットします。

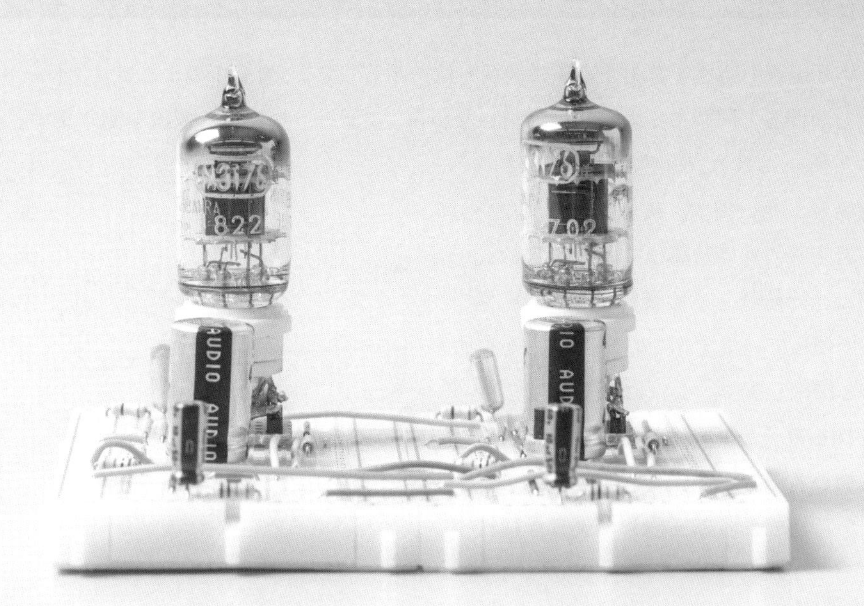

# 5.1 低電圧の場合の真空管の $E_p$-$I_p$ 特性の実測

本節では、B電源の電圧が低電圧の場合の、各真空管の$E_p$-$I_p$特性を実測します。ここでは低電圧アンプを製作するため、プレート電圧$E_p$を最大20Vとして計測します。

## 5.1.1 三極管の$E_p$-$I_p$特性の計測方法

まず三極管の特性を計測する際の接続方法を示します。[図5.1]のように、プレートとグリッドに電源で電圧をかけると同時にその電圧を計測しながら、プレートに流れる電流を測ります。

グリッド電圧$E_g$は、図の記号の上側の端子が下側の端子より電圧が高い場合に正であるとします。実際には、ここでは負の値になるので、図の下側の端子を電源の正の端子とし、読み取った（正の）電圧の符号を反転させて負の電圧として表示しています。

また、次項以降で計測する6DJ8や12AU7、12AX7などは双三極管と呼ばれる、1つの真空管の中に三極管が2つ封入されたものなので、このうち片方だけを計測しています。

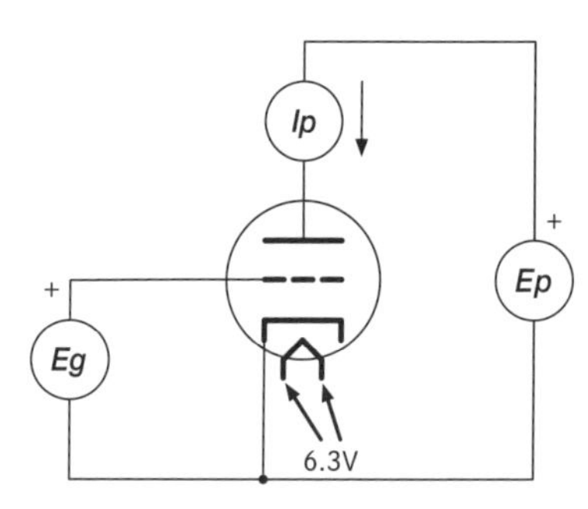


図5.1　三極管の$E_p$-$I_p$特性の計測

## 5.1.2 五極管（三極管結合）の$E_p$-$I_p$特性の計測方法

次に、五極管の特性を計測する際の接続方法を示します。[図5.2]のように、プレートとグリッドに電圧をかけると同時にその電圧を計測しながら、プレートに流れる電流を測ります。

このとき、G3はカソードに内部接続されている場合が多いです。接続されていない場合は真空管の外で結線しています。また、本書では、五極管を三極管結合して、三極管として使っています。このとき、G2をプレートと接続します。これにより、G2に吸いこまれる電子がプレートに吸いこまれる電子に加わるので、プレートとG2、G1、カソードから構成される三極管のような特性

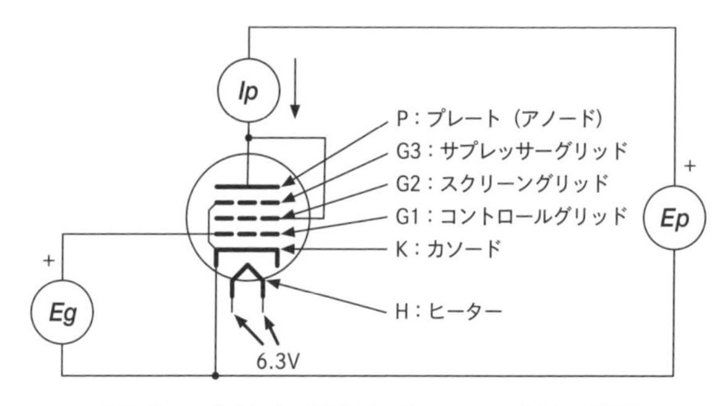


図5.2　五極管（三極管結合）の$Ep$-$Ip$特性の計測

を示します。

## 5.1.3 6DJ8

双三極管6DJ8（東芝製）の$E_p$-$I_p$特性を計測します。グリッド電圧を変化させて得たプレート電流の特性は［図5.3］のようなグラフになります。横軸が変化させるプレート電圧、縦軸がプレート電圧を上げるときに上がっていくプレート電流です。これを、グリッド電圧をいろいろ変化させながらプロットしています。グラフの点は実測した値、線はこれを単純に接続して折れ線グラフにしたものです。

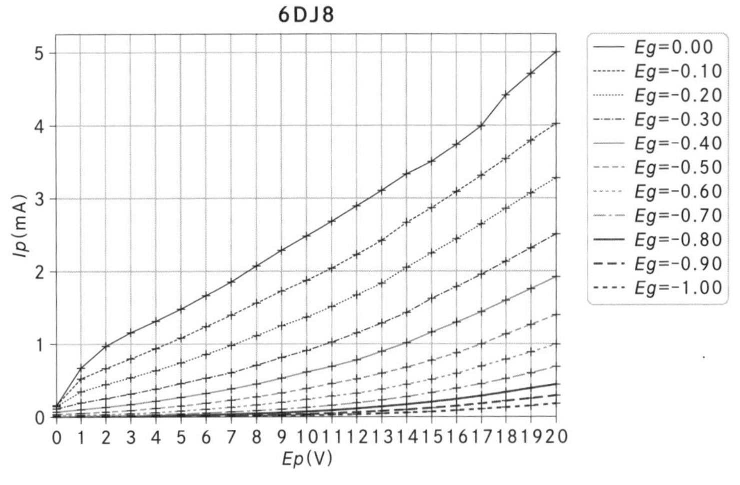


**図5.3**　6DJ8の$E_p$-$I_p$特性

ただし、これはグリッド電圧を変化させてそれぞれ描画した折れ線グラフなので、グリッド電圧$E_g$とプレート電圧$E_p$の両方を変化させてプレート電流$I_p$を計測したグラフは、［図5.4］のような三次元のグラフになります。

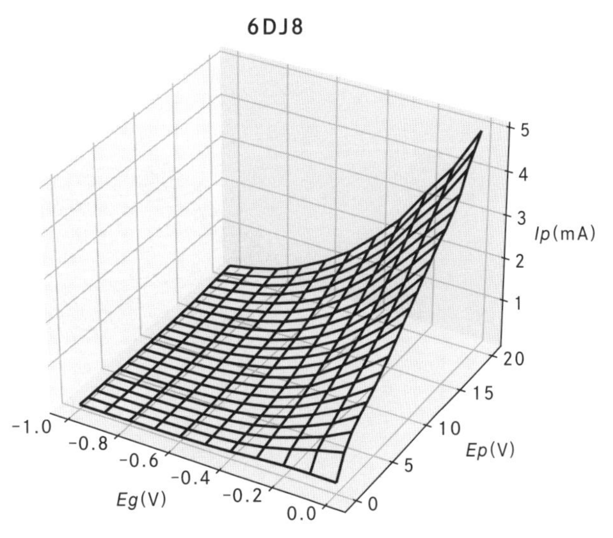


**図5.4**　6DJ8の$E_p$-$E_g$-$I_p$特性

## 5.1.4 12AU7

双三極管12AU7（東芝製）の$E_p$-$I_p$特性を計測します。グリッド電圧を変化させて得られたプレート電流の特性は［図5.5］のようなグラフになります。

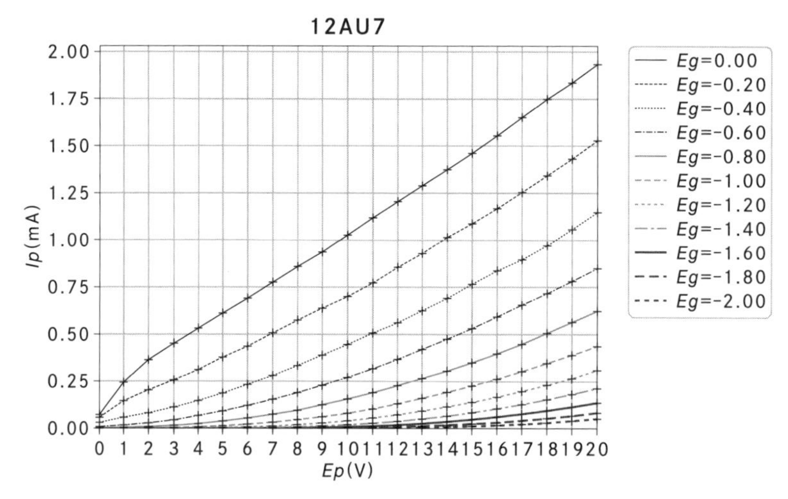


**図5.5**　12AU7の$E_p$-$I_p$特性

グリッド電圧$E_g$とプレート電圧$E_p$の両方を変化させてプレート電流$I_p$を計測したグラフは、［図5.6］のような三次元のグラフになります。

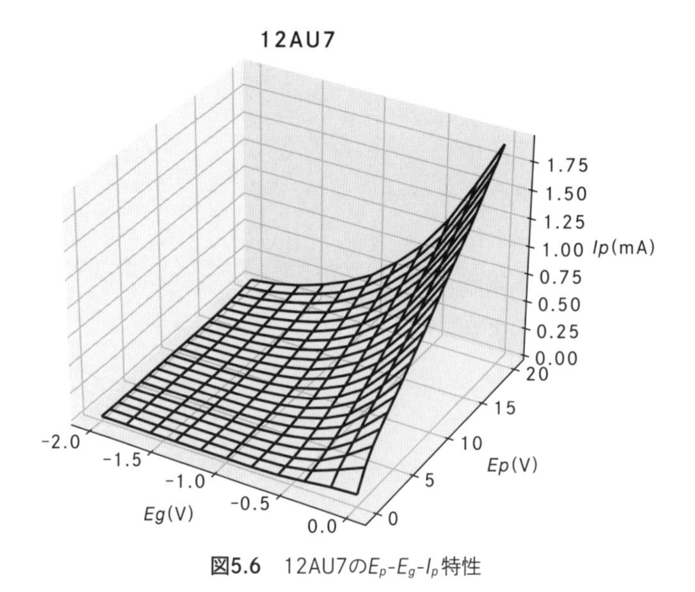


**図5.6**　12AU7の$E_p$-$E_g$-$I_p$特性

## 5.1.5 6J1/6AK5

五極管6AK5（東芝製）の$E_p$-$I_p$特性を計測します。6AK5は五極管なのですが、三極管結合して、三極管としての特性を測っています。

さまざまなグリッド電圧に対してプレート電圧を変化させて得られたプレート電流の特性は［図5.7］のようなグラフになります。

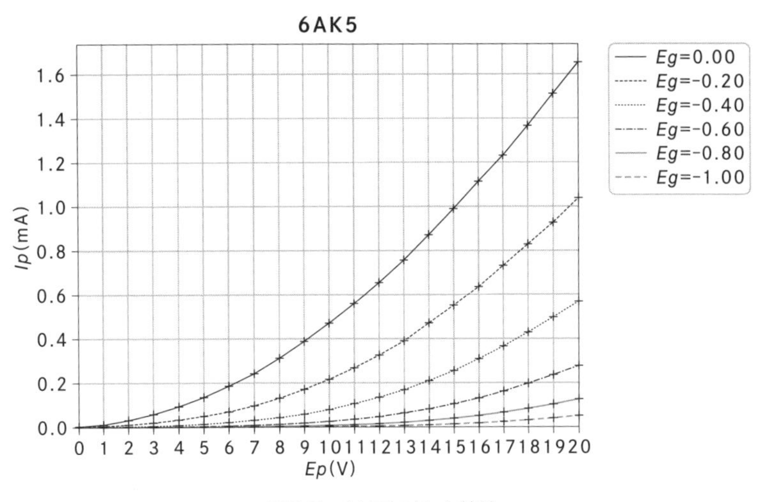


**図5.7**　6AK5の$E_p$-$I_p$特性

グリッド電圧$E_g$とプレート電圧$E_p$の両方を変化させてプレート電流$I_p$を計測したグラフは、［図5.8］のような三次元のグラフになります。

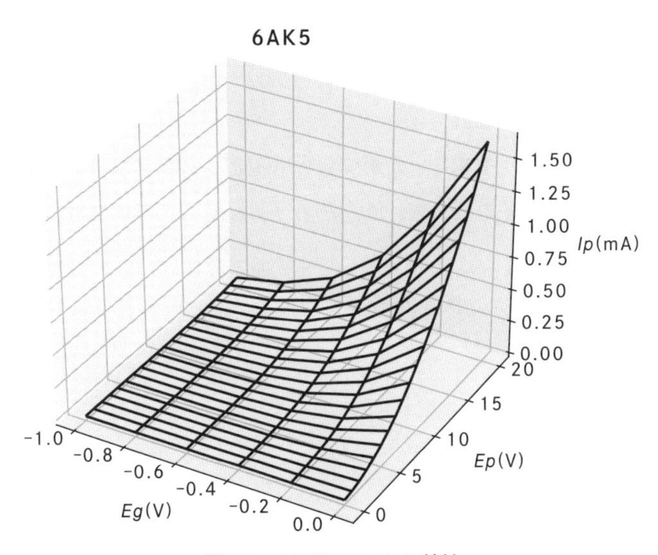


**図5.8**　6AK5の$E_p$-$E_g$-$I_p$特性

# 5.2 低電圧の場合の真空管モデルの作成

本節では、前節で実測したデータを用いて、低電圧における真空管のSPICEモデルを作成します。

## 5.2.1 低電圧用の真空管モデル

真空管のモデルはさまざまなものが提案されています。日本で最も使われているものは中村歩氏によって作成されたモデルで、各種の真空管のSPICEデータが直接入手できることから利用者も多いようです。

本節では、低電圧のとき比較的実測データに近いモデルである、Cohen氏とHélie氏が提案したモデル（Cohen-Hélieモデルと呼ぶことにします）に実測データをフィッティングさせ、各種のパラメータを推定します。

三極管に対するCohen-Hélieモデルは以下の式で表されます。

$$I_p = \frac{2\max\{E_1,\ 0\}^{K_x}}{K_g}$$

$$E_1 = \frac{E_p}{K_p}\log\left[1+\exp\left\{K_p\left(\frac{1}{\mu}+\frac{E_g+E_{ct}}{f(E_p)}\right)\right\}\right]$$

$$f(E_p) = \sqrt{K_{vb}+{E_p}^2+K_{vb2}\cdot E_p}$$

$$I_g = \log(1+\exp(a(E_g+E_\phi)))^\gamma \times \left(\frac{1}{b\cdot E_p+1}+\frac{1}{c}\right)$$

$E_p$がプレート電圧、$E_g$がグリッド電圧、$I_p$がプレート電流、$I_g$がグリッド電流です。$I_p$の式の中で真空管に依存するパラメータは$K_g$、$K_x$、$\mu$、$K_p$、$E_{ct}$、$E_{vb}$、$K_{vb2}$の7個です。対数関数logおよび指数関数expの底は$e$です。

関数 $F(x,\ a) = \frac{1}{a}\log(1+\exp(ax))$ をグラフに描くと **[図5.9]** のようになります。

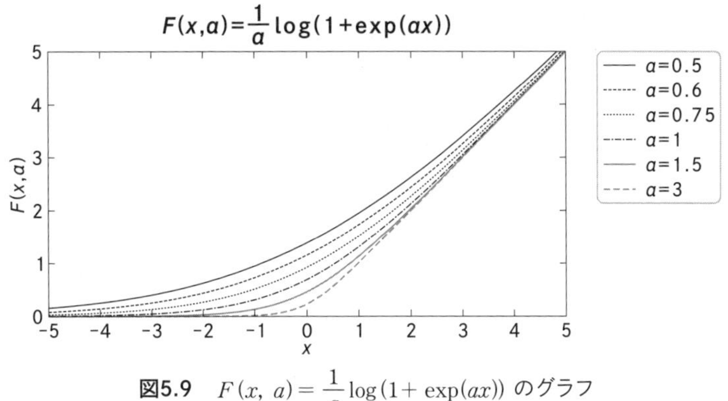


**図5.9**　$F(x,\ a) = \dfrac{1}{a}\log(1 + \exp(ax))$ のグラフ

この関数は、$x \to \infty$ のとき $F(x) = x$ に、$x \to -\infty$ のとき $F(x) = 0$ に漸近します。よって、関数 $F(x) = \max\{x, 0\}$ が$x$=0において折れ線になっているのを、この近くで曲線に直したものになります。$y = \max\{x, 0\}$ のグラフを **[図5.10]** に示します。

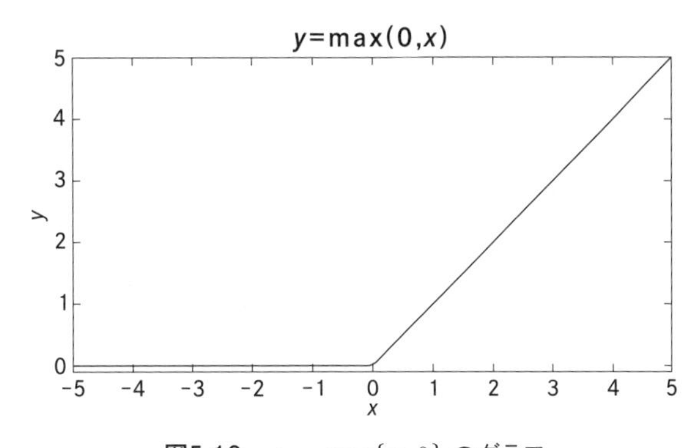


**図5.10**　$y = \max\{x, 0\}$ のグラフ

また、関数 $F(x,\ a)$ の$x$=0のときの値は $(\log_e 2)/a$ となり、パラメータ$a$によって$x$=0の近くでの曲線の曲がり具合が調整されています。**[図5.9]** では、$a$の値を0.5、0.6、0.75、1、1.5、3と変化させて $F(x,\ a)$ のグラフをプロットしています。$a$の値が大きくなるにつれて、$y = \max\{x, 0\}$ のグラフに近づいているのがわかります。

関数 $F(x,\ 1)$ はソフトプラス関数と呼ばれています。また、関数 $F(x,\ 1)$ を$x$で微分した $F'(x,\ 1) = 1/(1 + \exp(-x))$ はシグモイド関数と呼ばれ、いろいろな場所で使われています。

$\max\{x, 0\}$は、LTspiceに組み込まれているuramp()関数

$$\mathrm{uramp}(x) = \begin{cases} x & \text{if } x > 0, \\ 0 & \text{if } x \le 0, \end{cases}$$

に置き換えることができます。

関数 $F(x,\ a)$ と $\mathrm{uramp}(x)$ を使ってCohen-Hélieモデルを書き直すと以下のようになります。

$$I_p = \frac{2}{K_g}\mathrm{uramp}(E_1)^{K_x}$$

$$E_1 = E_p \cdot F\left(\frac{1}{\mu} + \frac{E_g + E_{ct}}{f(E_p)},\ K_p\right)$$

$$f(E_p) = \sqrt{E_{vb} + {E_p}^2 + E_{vb2} \cdot E_p}$$

$$I_g = F(a(E_g + E_\phi),\ 1)^\gamma \times \left(\frac{1}{b \cdot E_p + 1} + \frac{1}{c}\right)$$

$$F(x,\ a) = \frac{1}{a}\log(1 + \exp(ax))$$

上の式はインゼル効果（insel effect、island effect）をカバーしています。なお、インゼル効果は、プレート電流が小さくて負のグリッド電圧が大きいときの「リモート・カットオフ」に近い振る舞いのことです。

## 5.2.2 モデルへのフィッティングとSPICEモデルファイル作成

本項では、前項の数式モデルを使って計測した数値データに合うようにパラメータを調整してフィッティングを行います。得られたパラメータを数式とともに記述すると、LTspiceのモデルファイルを作成できます。

以下に示す真空管以外に、さまざまな真空管で計測したデータおよびSPICEモデルファイルを、ピン配置とともに、付録に示します。

### 6DJ8

Cohen-Hélieモデルを使って［図5.4］の数値データに合うようにパラメータを調整すると、［図5.11］のような結果が得られます。横軸が変化させるプレート電圧、縦軸がプレート電圧を上げるときに上がっていくプレート電流です。これを、グリッド電圧をいろいろ変化させながらプロットしています。グラフの点は実測した値、曲線はこのデータにCohen-Hélieモデルを使ってフィッティングして得られたグラフです。

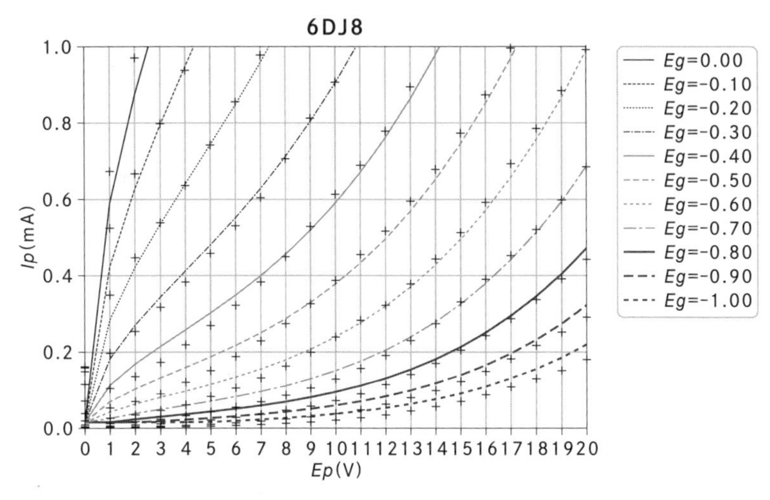


**図5.11**　6DJ8にモデルをフィットさせたもの

生成されたSPICEモデルに、規格表からCGA（グリッドとアノード〔プレート〕の間の静電容量）、CGK（グリッドとカソード間）、CAK（アノード〔プレート〕とカソード間）を持ってきて記入するとモデルファイルが完成します。今回、東芝製の6DJ8のデータシートを見つけることができなかったので、他社製の6DJ8のデータシートを見比べてCGA、CGK、CAKを決めました。このモデルを使って描画した特性は付録A.1.1に示しています。

真空管によっては、規格表にin、out、transの静電容量が書かれている場合がありますので、その場合はCGK=in、CAK=out、CGA=transとしています。

## 12AU7

Cohen-Hélieモデルを使って［図5.6］の数値データに合うようにパラメータを調整すると、［図5.12］のような結果が得られます。

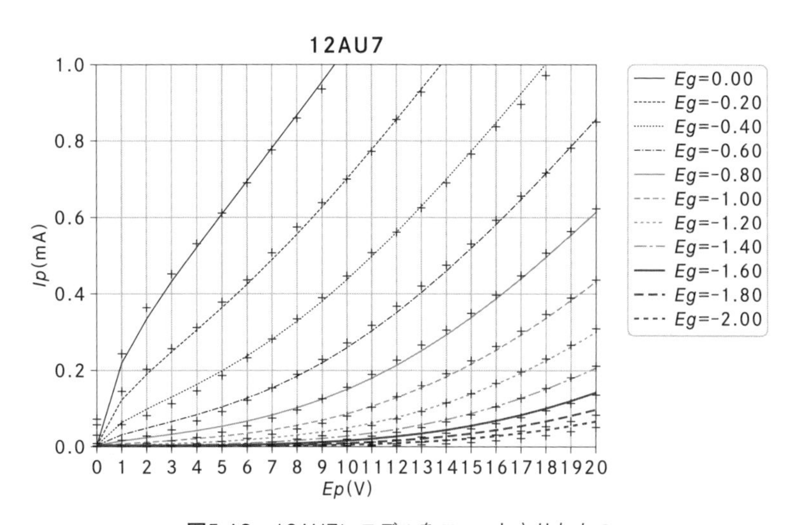


**図5.12**　12AU7にモデルをフィットさせたもの

生成されたSPICEモデルに、規格表からCGA、CGK、CAKを持ってきて記入するとモデルファイルが完成します。今回、東芝製の12AU7のデータシートを見つけることができなかったので、他社製の12AU7のデータシートを見比べてCGA、CGK、CAKを決めました。このモデルを使って描画した特性を付録A.1.4に示します。

### 6J1/6AK5

Cohen-Hélieモデルを使って[図5.8]の数値データに合うようにパラメータを調整すると、[図5.13]のような結果が得られます。

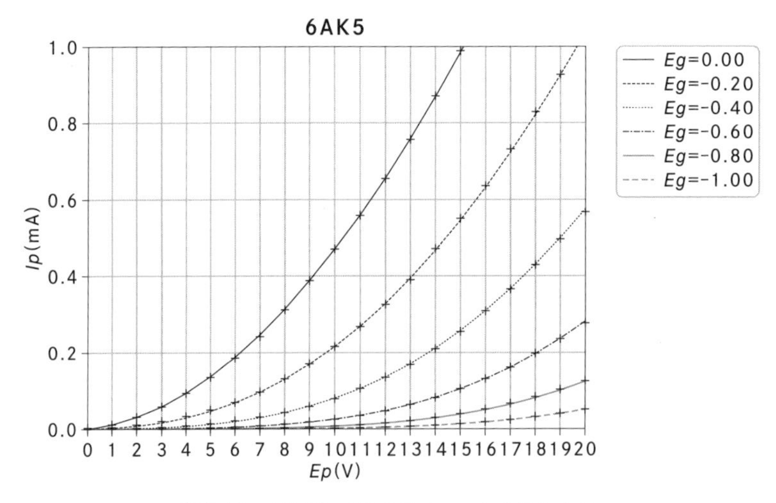


**図5.13** 6AK5にモデルをフィットさせたもの

生成されたSPICEモデルに、規格表からCGA、CGK、CAKを持ってきて記入することで、LTspiceで使用できる真空管のモデルが作成できます。今回は、東芝製の6AK5のデータシートを見つけることができなかったので、さまざまなメーカーで作られている6AK5のデータシートを見比べてCGA、CGK、CAKを決めました。このモデルを使って描画した特性を付録A.2.5に示しています。

## 5.2.3 LTspiceへのSPICEモデルの追加

でき上がったSPICEモデルをLTspiceに追加するには次のようにします。まず、LTspiceのライブラリのlib\subフォルダの中にMyTubeModelというフォルダを作成し、でき上がったファイルにCGA、CGK、CAKをデータシートから転記したものを、テキストファイルとしてここに置きます。例えば、6DJ8の場合はファイル名を「6DJ8.sub」とします。

次に、lib\symフォルダの中にMyTubeModelというフォルダを作成し、シンボルファイルを作成します。各シンボルファイルは、三極真空管のシンボルファイルをコピーし、参照するモデルファイルを書き換えます。例えば6DJ8の場合は、lib\sym\Misc\triode.asyをlib\sym\MyTubeModel\6DJ8.asyという名前でコピーします。次に、このファイルをテキストエディタで開き、次のように書き換えます。

■ 6DJ8.asy(書き換え前)

```
SYMATTR Value Triode12
SYMATTR Prefix X
SYMATTR Description(省略)
```

■ 6DJ8.asy(書き換え後)

```
SYMATTR Value 6DJ8
SYMATTR Prefix X
SYMATTR Description TOSHIBA 6DJ8
SYMATTR ModelFile MyTubeModel\6DJ8.sub
```

これでLTspiceを再起動すると、部品を選択するときに、**[図5.14]** のように［MyTubeModel］の中から6DJ8を選択することができるようになっています。

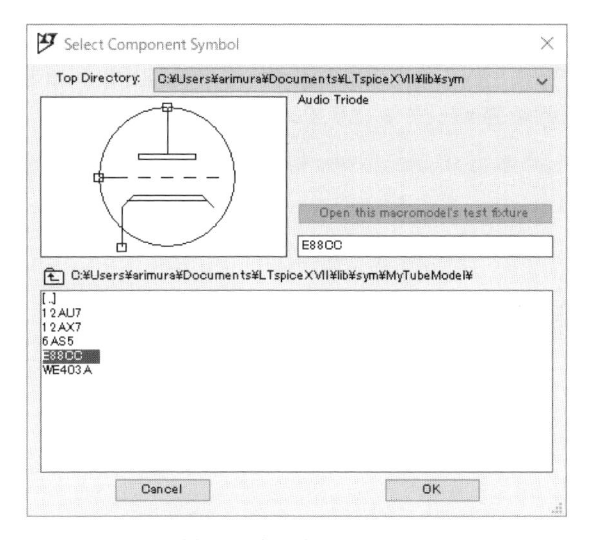


**図5.14** 追加した真空管の選択(6DJ8の場合)

## 最小二乗法

ここで$E_p$-$I_p$特性の実測値へのモデルのフィッティングには、Pythonのlmfitというパッケージを使っています。このパッケージは、非線形最小二乗法を用いて曲線のフィッティングを行うものです。

まず、(線形の)最小二乗法とは以下のようなものです。測定値は$x$、$y$の二次元の平面に分布するものとし、想定される分布が$y=f(x)$の形である場合について考えます。想定している関数$f$は、既知の関数$g_k(x), k=1,\cdots,m$の線形結合(ある実数$a_k, k=1,\cdots,m$に対する$a_k g_k(x)$の和)で表されていると仮定します。

いま、測定値として$\{(x_1,\ y_1),\cdots,(x_n,\ y_n)\}$が得られたとします。これら$(x,\ y)$の分布が、$y=f(x)$というモデル関数に従うと仮定したとき、想定される理論値は$\{(x_1,\ f(x_1)),\cdots,(x_n,\ f(x_n))\}$となります。よって、理論値に対する測定値の誤差は各$i$に対して$|y_i-f(x_i)|$となります。誤差が正規分布に従うと仮定すると、誤差の分散の推定値は誤差の二乗$(y_i-f(x_i))^2$のすべての$i$に対する和から求められるので、この値を最小にするように$f$を決めます。これは各$a_k$の値を求めることに相当し、偏微分で計算できます。二乗和を最小にすることから、最小二乗法と呼ばれます。

ただし、今回のようなモデルの場合には、モデル関数$f$が既知の関数$g(x)$の線形結合で表されていないので、このような場合のモデルへのフィッティングは非線形最小二乗法と呼ばれます。このような場合には、パラメータをある値で初期化して、誤差が小さくなるようにパラメータを変化させるという反復操作を行う必要があります。今回使用したlmfitというパッケージは、Levenberg-Marquardt法と呼ばれるアルゴリズムを実装したものです。

# 5.3 作成したモデルを用いた真空管の$E_p$-$I_p$特性の描画

本節からは、前節で追加した各真空管のモデルを使って、LTspiceで$E_p$-$I_p$特性を描画します。



## 5.3.1 6DJ8の$E_p$-$I_p$特性

真空管6DJ8で、プレート電圧とバイアスを変化させて$E_p$-$I_p$特性を計測するための回路図を［図5.15］に示します。この回路においては、プレート電圧を0Vから30Vまで0.1V単位で変化させ、バイアスを−1.2Vから0Vまで0.1V単位で変化させています。この30を書き換えることで、横軸の範囲を変更できます。

このような解析を.dc解析と呼びます。この呼び名は、DC電圧$V_1$を0Vから20Vまで連続的に変化させて（sweep）グラフを描くことからきています。以下のシミュレーションでは、さらにグリッド電圧$E_g$もステップで変化させながらグラフをプロットしています。

回路図を作成したら、右クリックメニューから［Run］を選択してシミュレーションを実行します。LTspiceウィンドウ内の子ウィンドウが回路図のウィンドウとプロットのウィンドウに二分割されるので、回路図ウィンドウのタイトルバー右端にある全画面ボタンをクリックして、回路図のウィンドウとプロットのウィンドウを全画面表示にします。この状態で、それぞれの子ウィンドウのタブをクリックして選択して表示できるようになります。

そのあと、［図5.15］のように、真空管のプレートから出ている線にカーソルを合わせ、カーソルの形が電流プローブになったらマウスを左クリックします。そうすると、プロットのウィンドウに、［図5.16］のように$E_p$-$I_p$特性のグラフが表示されます。

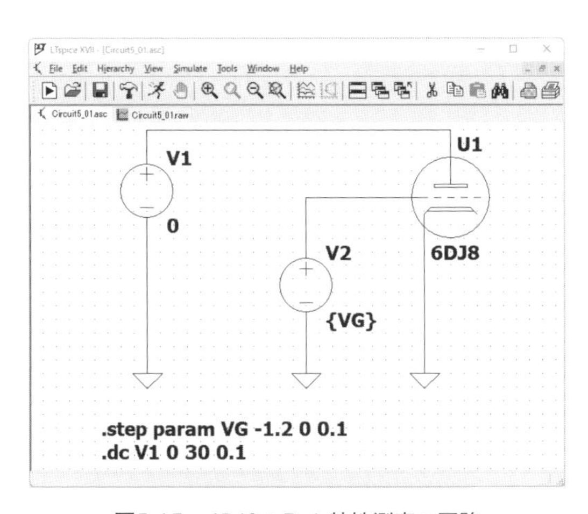


図5.15　6DJ8の$E_p$-$I_p$特性測定の回路

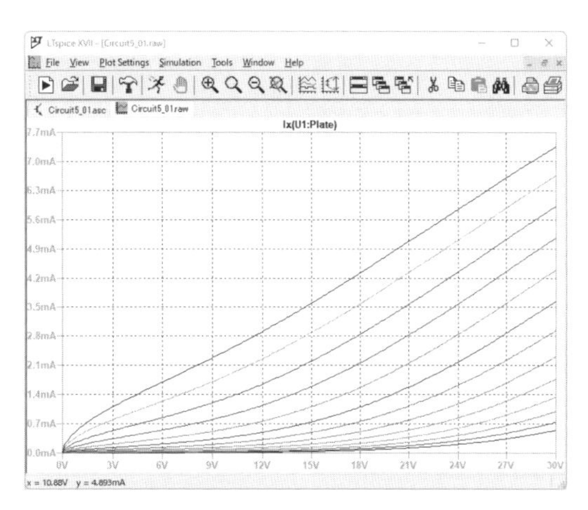


図5.16　6DJ8の$E_p$-$I_p$特性

横軸がプレート電圧$E_p$、縦軸がプレート電流$I_p$、グラフは上から順にバイアス$E_g$が0V、−0.1V、……のものです。

ここで縦軸と縦軸の表示を調整します。**[図5.16]** の縦軸にマウスカーソルを合わせるとカーソルが定規の形になります。ここでマウスを右クリックすると［Vertical Axis］というダイアログが表示されるので、［Top］を1mA、［Tick］を100uA、［Bottom］を0Aに書き換えて［OK］ボタンをクリックします。次に、横軸にマウスカーソルを合わせて［Left］を0mA、［tick］を2V、［Right］を30Vに書き換えて［OK］ボタンをクリックします。すると、グラフの表示が **[図5.17]** のようになります。

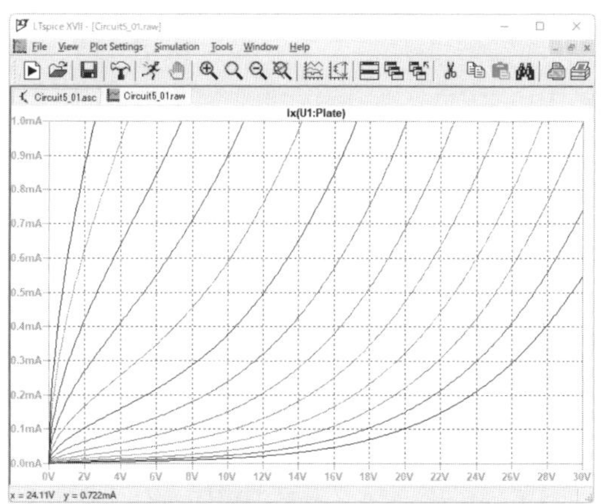


**図5.17**　6DJ8の$E_p$-$I_p$特性
（縦軸と横軸のスケールを変更したもの）

## 5.3.2　12AU7の$E_p$-$I_p$特性

真空管12AU7で、プレート電圧とバイアスを変化させて$E_p$-$I_p$特性を計測するための回路図とパラメータを **[図5.18]** に示します。この回路においては、プレート電圧$E_p$を0Vから30Vまで0.1V単位で変化させ、バイアス$E_g$を−2Vから0Vまで0.2V単位で変化させています。

LTspiceでシミュレートした12AU7の$E_p$-$I_p$特性のグラフを **[図5.19]** に示します。一番左にある曲線が、バイアスが0Vのときのもので、右にいくにつれて順に0.2Vずつ−3Vまで小さくしたものです。縦軸の最大値は1mAに設定してあります。

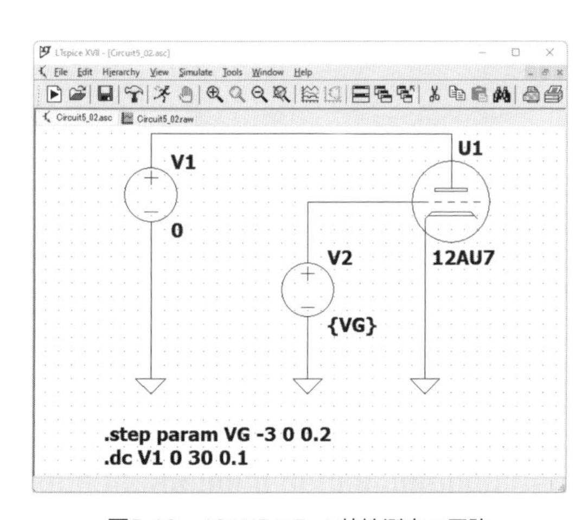


**図5.18**　12AU7の$E_p$-$I_p$特性測定の回路

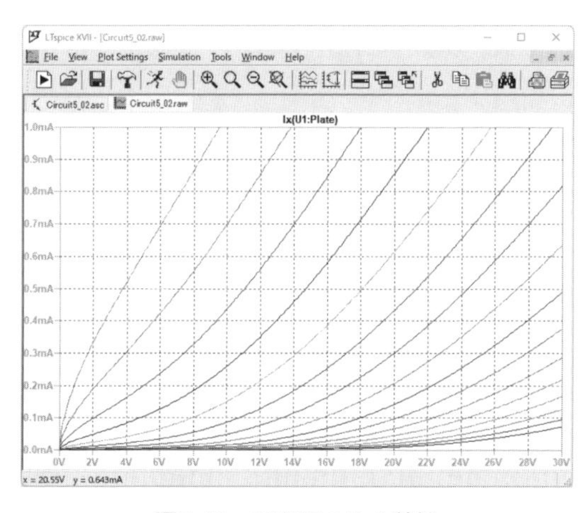


**図5.19**　12AU7の$E_p$-$I_p$特性

## 5.3.3　6J1/6AK5の$E_p$-$I_p$特性

真空管6AK5の三結で、プレート電圧とバイアスを変化させて$E_p$-$I_p$特性を計測するための回路図とパラメータを［図5.20］に示します。この回路においては、プレート電圧$E_p$を0Vから30Vまで0.1V単位で変化させ、バイアス$E_g$を−2Vから0Vまで0.2V単位で変化させています。

LTspiceでシミュレートした6AK5の$E_p$-$I_p$特性のグラフを［図5.21］に示します。一番左にある曲線がバイアスが0Vのときのもので、右にいくにつれて0.2Vずつ小さくしたものです。

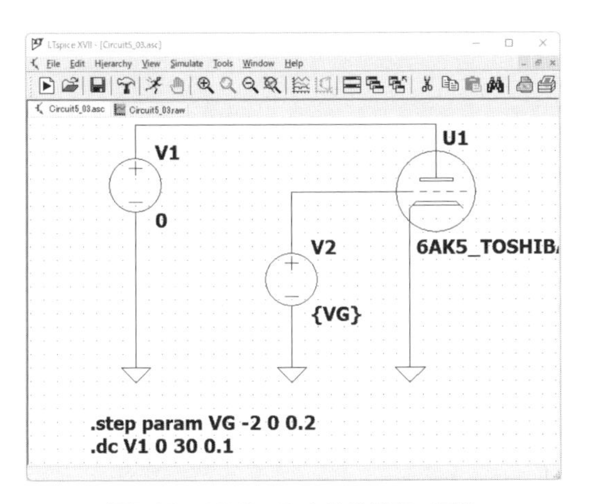


図5.20　6AK5の$E_p$-$I_p$特性測定の回路

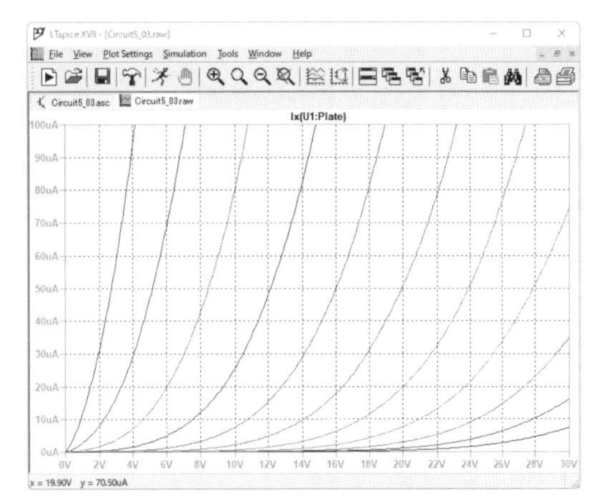


図5.21　6AK5の$E_p$-$I_p$特性

## 5.3.4　五極管の三極管結合と三極管の違い

これまで、実測したデータを、作成した数理モデルに当てはめて各真空管の特性のモデルを作成しました。ここでは、三極管と五極管の三極管結合の違いについて説明します。

通常の三極管においては、プレート電圧が低い領域において、プレート電圧が高い領域とは特性曲線が異なる挙動を示しています。これによって、プレート電圧が低い領域において、実測データのモデルへの当てはめも悪くなっており、数理モデルの作成が難しくなっていることがわかります。

一方、五極管の三極管結合においては、プレート電圧が0Vの箇所から、$E_p$-$I_p$特性曲線の挙動が変わらず、1つの式でモデル化できています。これにより、数理モデルの作成も簡単であり、実測データへの当てはめも良好です。

これは、低い電圧で真空管を使用する場合に、三極管よりも五極管の三極管結合のほうが使いやすいことを意味しています。特に電力増幅管の五極管を三極管結合で用いることにより、低い電圧においても流れる電流が比較的多く、低電圧の真空管アンプが設計しやすいことを示唆しています。

一般に真空管アンプの製作においては、五極管は負帰還が必要なため、負帰還がなくてもそこそこの特性で動作する三極管を使うか、もしくは五極管の三極管結合を用いることがあります。一方、本書のような低電圧での真空管アンプを作成するような場合には、単なる五極管を三極管結合したときの三極管的な特性だけでなく、フィッティングしたモデルの低電圧における正確さを優先するために使用することもできます。

いずれにしても、20Vという低いプレート電圧で、1mA程度のプレート電流が流れ、その特性も悪くないことが実験よりわかりました。ただし、プレート電圧が低いときは、管ごとの特性のばらつきが大きいことが知られています。これにより、実際に真空管アンプを組んだとき、その増幅率などが若干変化することが想定され、限界まで出力を得ようとすると、管ごとの測定と調整が必要になるかもしれません。

# 第6章

# 低電圧ハイブリッド真空管増幅回路のシミュレーション

本章では、前章で作成した、低電圧における真空管のSPICEモデルを用いて、ハイブリッドアンプを構成するための真空管増幅回路の動作をシミュレーションし、回路を設計します。

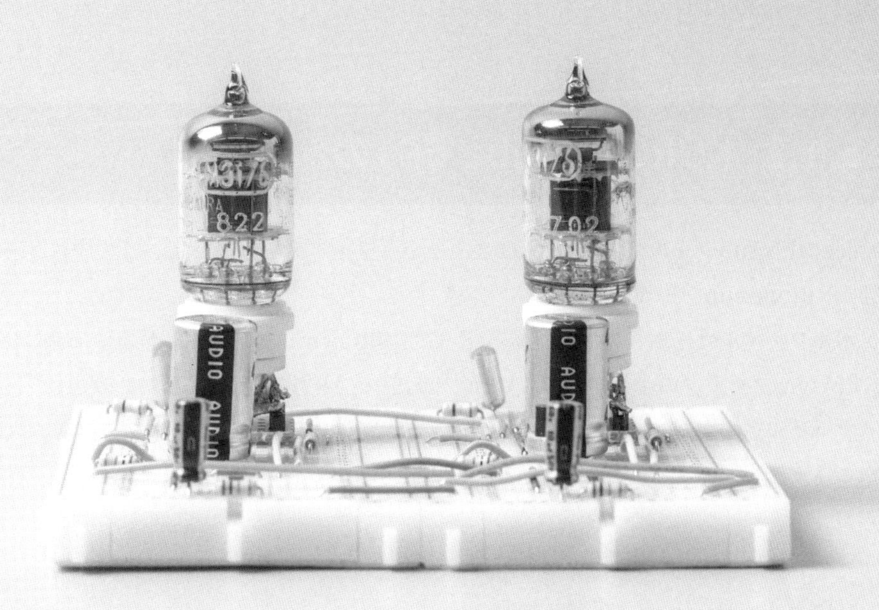

# 6.1 KORG Nutube 6P1を用いた増幅回路

**本節では、KORG社から発売されているNutube 6P1を用いた増幅回路のシミュレーションを行い、回路の動作を確認します。**

## 6.1.1 KORG Nutube 6P1とは

Nutube 6P1は、KORG社から2016年に一般販売が開始された真空管です。この真空管の特徴は、プレート電圧5Vという低い電圧でも動作し、これまでの真空管と異なり蛍光表示管をもとにしてつくられており寿命が長いこと、バイアスとして正の電圧をかけること、直熱三極管であり、300Bのような音がするとメーカーから説明があることなどです。また、SPICEデータがメーカーから提供されているため、低プレート電圧の部分も含めて、モデルを作成する必要がありません。なお、KORGの情報によると、使用中に蛍光表示管のように青緑色に光っているのはプレートですが、光らせたほうが特性が良いとのことです。この理由としては、プレートを光らせることで、プレートに衝突した電子が光エネルギーに変換されるため、三極管の特性を悪化させる原因である、プレートから反射する電子を減少させる作用があることが考えられます。

KORG NutubeのWebサイトから4.4.1項の方法でNutube 6P1のSPICEデータを取り寄せることができます。ここではまず、KORGのWebサイトに掲載されている増幅回路のシミュレーションを行います。

- **Nutube ～蛍光表示管技術を応用した新真空管～**
  https://korgnutube.com

## 6.1.2 KORG Nutube 6P1の部品追加

LTspiceのlib\subフォルダの下に「KORG」というフォルダを作成して、この中にメーカーから取り寄せたNutube.subを追加します。

シンボルファイルは三極管のものを流用します。lib\sym\Miscフォルダの中にtriode.asyがあるので、lib\symフォルダの中に「KORG」という名前でフォルダを作成し、この中に「Nutube.asy」というファイル名でコピーします。次に、このファイルをテキストエディタで開き、以下のように書き換えます。

■ Nutube.asy（書き換え前）

```
SYMATTR Value Triode12
SYMATTR Prefix X
SYMATTR Description（省略）
```

■ Nutube.asy（書き換え後）

```
SYMATTR Value Nutube12
SYMATTR Prefix X
SYMATTR Description KORG Nutube 6P1
SYMATTR ModelFile KORG\Nutube.sub
```

LTspiceを再起動すると、部品を選択するとき、［図6.1］のようにKORGフォルダの中からNutubeを選択できるようになっています。

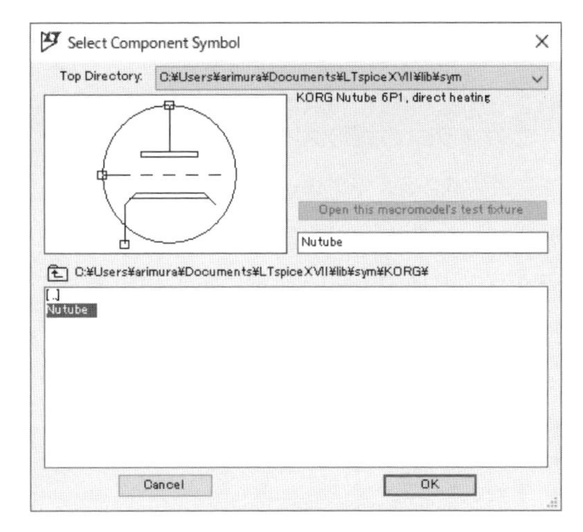


図6.1　Nutubeの選択

## 6.1.3 追加したKORG Nutube 6P1のモデルを用いた$E_p$-$I_p$特性の描画

ここでは、入手したNutube 6P1のSPICEモデルを用いて作成した$E_p$-$I_p$特性を、低電圧の場合と高電圧の場合についてそれぞれプロットしたものを示します。

まず、プレート電圧とバイアスを変化させて$E_p$-$I_p$特性を計測するための回路図を［図6.2］に示します。この回路においては、プレート電圧を0Vから100Vまで変化させ、バイアス$E_g$を5Vから−3Vまで1V単位で変化させています。

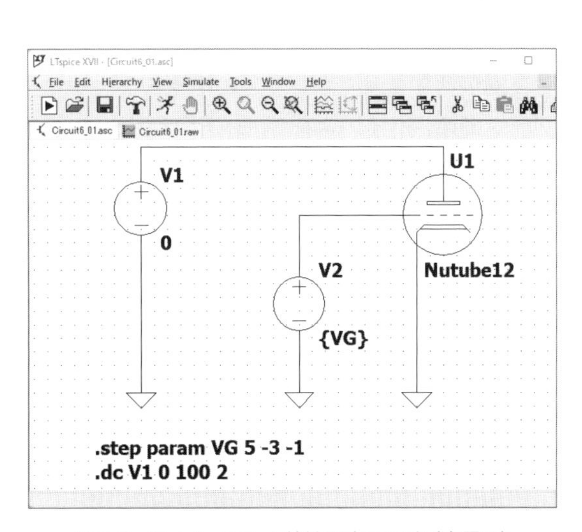


図6.2　Nutubeの$E_p$-$I_p$特性測定の回路（高電圧）

このときの$E_p$-$I_p$特性を［図6.3］に示します。グラフで一番上にある曲線がバイアス電圧5V、一番下にある曲線がバイアス電圧－3Vで、1V単位で変化させています。

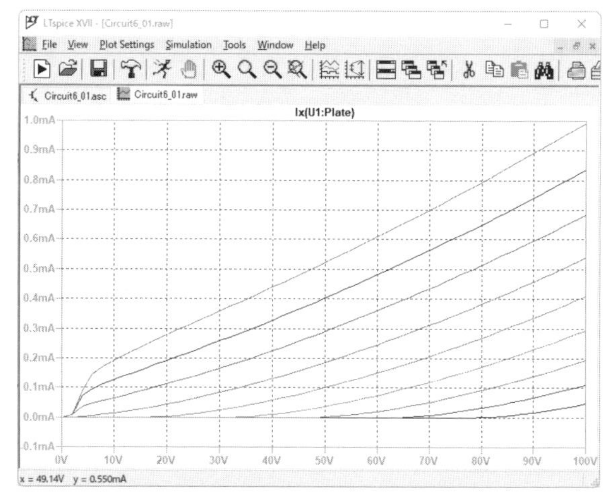


図6.3　Nutubeの$E_p$-$I_p$特性（高電圧）

このグラフの縦のスケールを変化させて、最大0.2mAでプロットしたものを［図6.4］に示します。バイアス電圧は［図6.3］のグラフと同じく、一番左にある曲線がバイアス電圧5V、一番右にあるものがバイアス電圧－3Vで、1V間隔で変化させています。

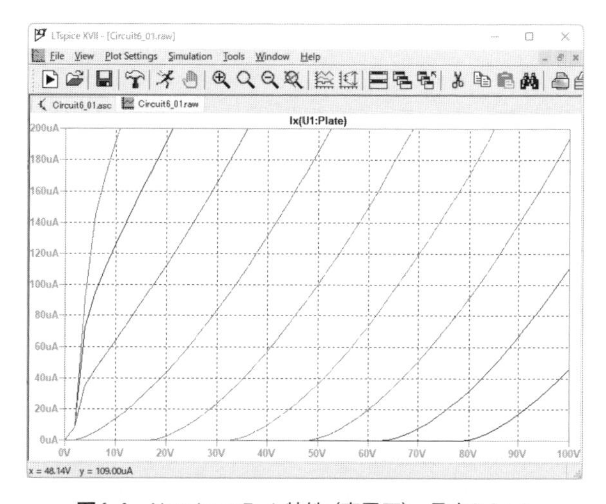


図6.4　Nutubeの$E_p$-$I_p$特性（高電圧）、最大0.2mA

次に、低電圧時の特性を見るために、プレート電圧を0Vから30Vまで変化させたときの特性をプロットします。［図6.3］のグラフでは、バイアスを2Vまで下げたときにプレート電流がかなり小さくなっています。そこで、次の回路では、バイアスを4Vから1Vまで0.5V単位で変化させています。このときの$E_p$-$I_p$特性を計測するための回路図を［図6.5］に示します。

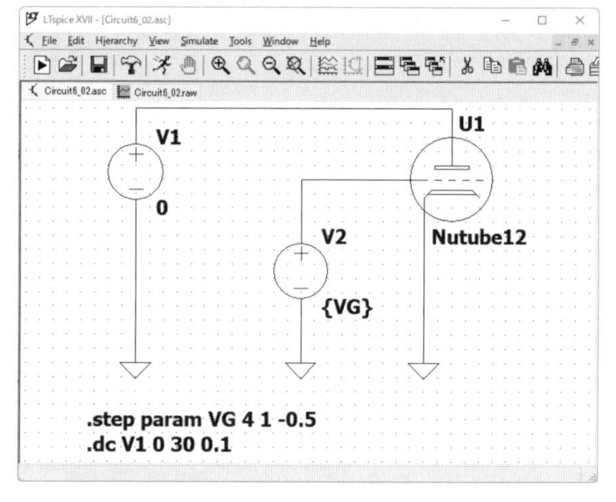


図6.5　Nutubeの$E_p$-$I_p$特性測定の回路（低電圧）

このときの$E_p$-$I_p$特性を［図6.6］に示します。グラフの各曲線は、バイアスを4Vから1Vまで0.5V単位で変化させたものです。上にある曲線が、バイアス電圧が大きいときのもの（最も上が4V）で、下にある曲線が、バイアス電圧が小さいときのもの（最も下が1V）です。

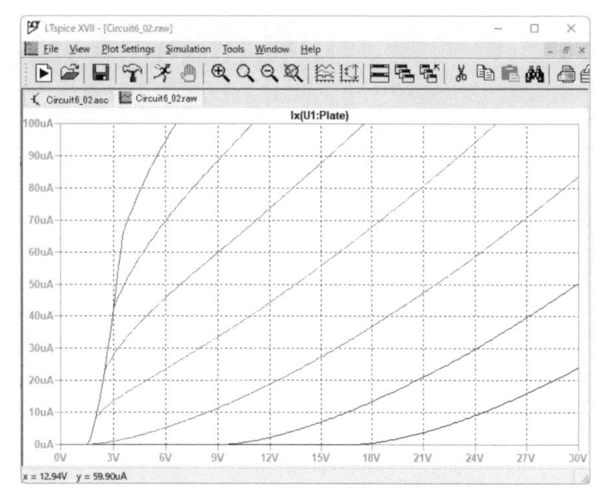


**図6.6**　Nutubeの$E_p$-$I_p$特性（低電圧）

KORG Nutubeの使用ガイドのWebページに、Nutube 6P1を用いた増幅回路の例が掲載されています。これを［図6.7］に示します。

- **使用ガイド｜Nutube – Japanese**
  https://korgnutube.com/jp/guide/

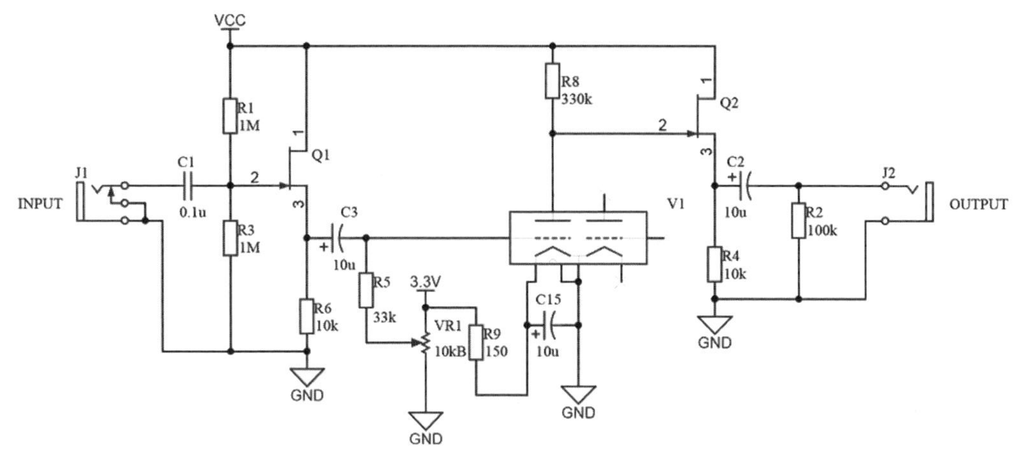


**図6.7**　Nutubeの基本回路（KORG Nutubeページより）

以下では、電源電圧を18V、30V、60Vに変化させて、この回路の挙動を確認します。

## 6.1.4 KORG Nutube 6P1を用いた増幅回路の確認（プレート電圧18V）

まず、電源電圧18Vでの回路の動作を確認します。[図6.7] の回路図にはフィラメントを点火するための回路も含まれています。[図6.8] にLTspice用にフィラメント用の回路を除いた増幅回路を示します。

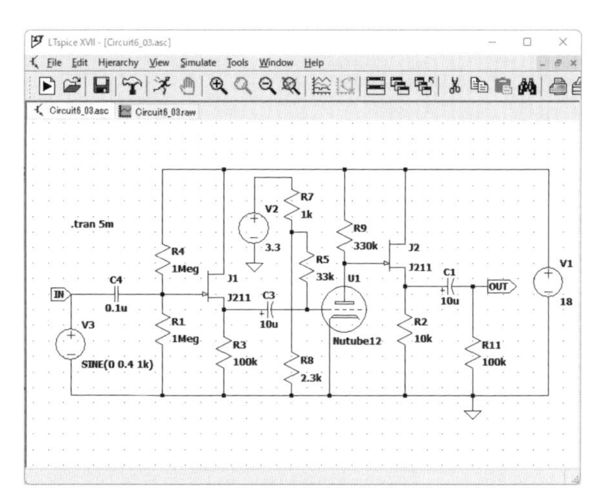


**図6.8** Nutubeの基本回路をLTspiceで記述したもの（電源電圧18V、バイアス2.3V）

[図6.6] のグラフを使うと、バイアス電圧は2Vと2.5Vの間ぐらいがよさそうです。一方、メーカー推奨のバイアス電圧は2V程度です。ここでは2.3Vとします。

[図6.7] ではバイアスの電圧を制御するのに可変抵抗VR1を使いますが、LTspiceでは部品として可変抵抗が準備されていないので、この回路では1kΩと2.3kΩを使って、バイアス用の電源3.3Vを分圧して、バイアス電圧2.3Vを作成します。さらに、このバイアス2.3Vを信号電圧のオフセットとするために、33kΩの抵抗を信号線との間に挟みます。

また、この回路では、入力と出力にFETを使ったバッファ回路を挿入してあります。この理由は以下のとおりです。まず、この真空管は出力インピーダンスが高いので、回路全体の出力インピーダンスを下げるために、回路の出力側にバッファ回路を入れています。また、バイアス生成回路で入力インピーダンスが下がってしまうので、入力インピーダンスを高くするために、回路の入力側にもバッファ回路を入れています。バッファ回路用のFETには、LTspiceにモデルが含まれていて日本で入手可能なJ211を使っています。

この回路の入力信号と出力信号を [図6.9] に示します。このグラフから、上記の増幅回路で7.5倍程度に増幅できていることがわかります。また、入力信号と出力信号の位相が反転している（180度ずれている）こともわかります。

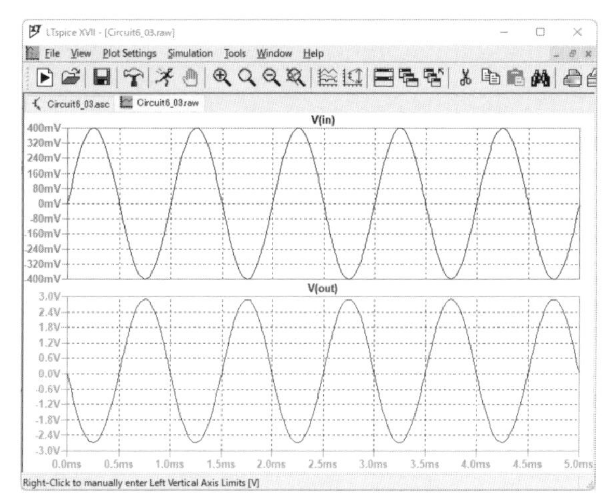


**図6.9** [図6.8] の回路の入出力信号

この回路において、入力のFETは入力インピーダンスを大きくするためのものですが、バイアスをかけるための回路の抵抗が十分高く、前段の回路の出力インピーダンスが十分低い場合には、これを省略できます。このときの回路図を［図6.10］に示します。

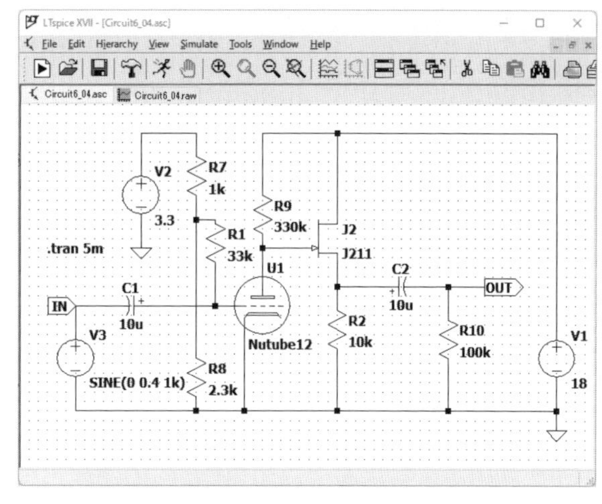


図6.10　入力のFETを省略したNutube増幅回路（電源電圧18V、バイアス2.3V）

この回路の入力信号と出力信号の波形を［図6.11］に示します。

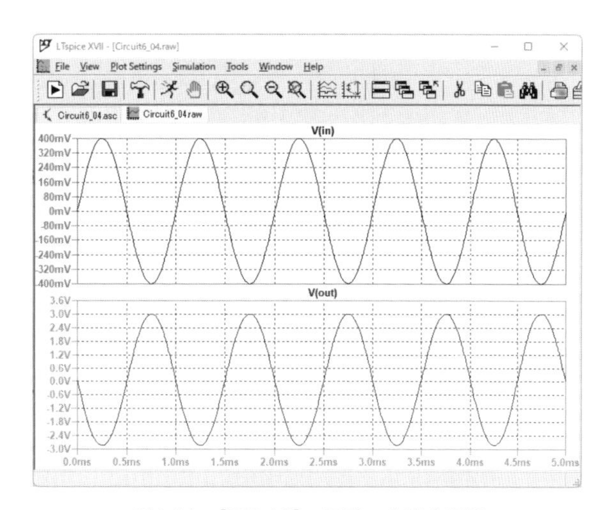


図6.11　［図6.10］の回路の入出力信号

このときの負荷直線を［図6.6］に描き込んだものを［図6.12］に示します。

電源電圧が18V、負荷抵抗が330 kΩであることから、負荷直線と縦軸の交点となる電流は18V/330 kΩ=54.54 μAと求められ、だいたい55 μAとなります。一方、負荷直線と横軸との交点となる電圧は、電源電圧から18Vとなります。この直線上で、バイアスが2.3Vの点を中心として、±0.5Vの範囲を示しています。

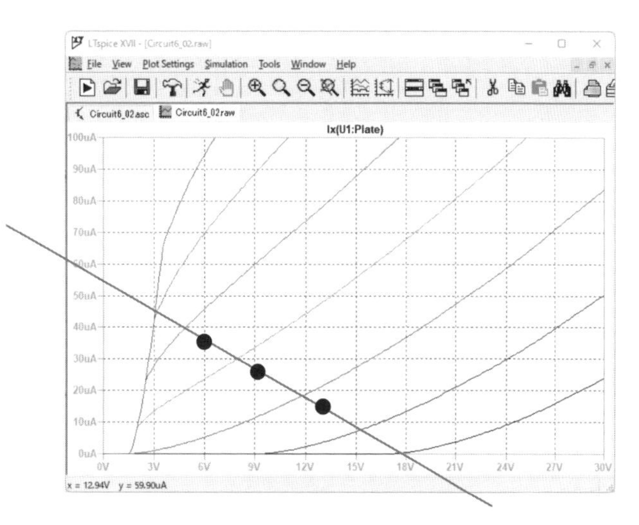


図6.12　［図6.10］の回路の負荷直線

$E_p$-$I_p$特性の曲線は、一番上がバイアス4V、一番下がバイアス1Vで、各曲線ごとにバイアスを0.5Vずつ変化させたものです。

## 6.1.5 KORG Nutube 6P1を用いた増幅回路の設計（プレート電圧30V）

同じ回路で電源電圧を30Vに上げてみます。このときの回路図を［図6.13］に示します。回路の定数は電源電圧が18Vのときと同じで、バイアス電圧は2.3Vのまま、負荷抵抗の値は330kΩのままにしてあります。

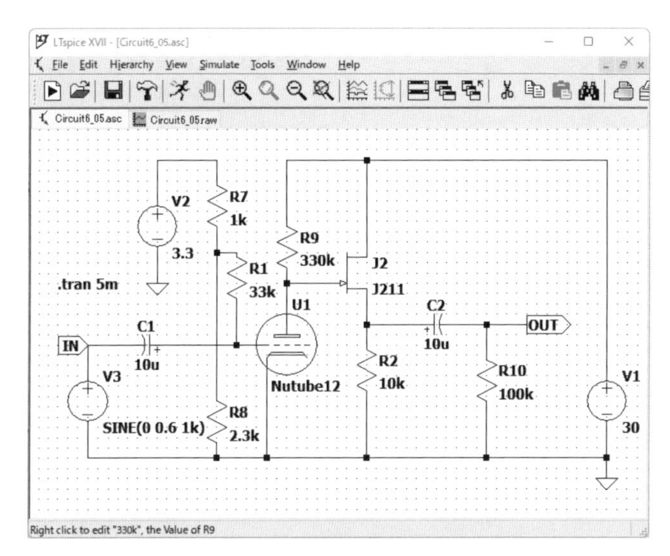


図6.13 Nutube増幅回路（電源電圧30V）

この回路の入力信号と出力信号の波形を［図6.14］に示します。

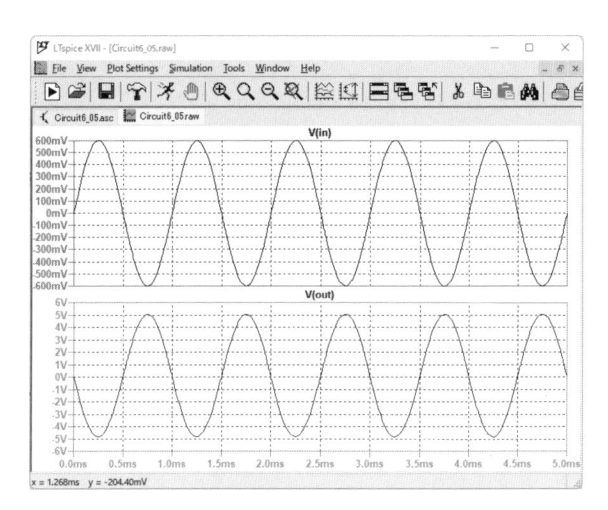


図6.14 ［図6.13］の回路の入出力信号

このときの負荷直線を［図6.6］に描き込んだものを［図6.15］に示します。

電源電圧が30V、負荷抵抗が330 kΩであることから、負荷直線と縦軸の交点となる電流は60V/330 kΩ =90.909 μAと求められ、だいたい90 μAとなります。一方、負荷直線と横軸との交点となる電圧は、電源電圧から30Vとなります。この直線上で、バイアスが2.3Vの点を中心として、±0.5Vの範囲を示しています。

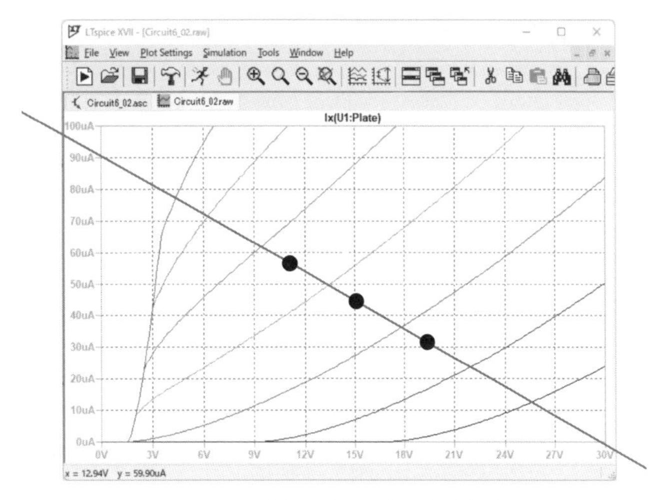


図6.15 ［図6.13］の回路の負荷直線

## 6.1.6 KORG Nutube 6P1を用いた増幅回路の設計（プレート電圧60V）

最後に、電源電圧が60Vの場合の回路図を［図6.16］に示します。この真空管は、電源電圧が低いときは正のバイアスをかけて使用しますが、ある程度電源電圧を上げると、この回路図のようにゼロバイアスで使用できます。

この回路では、バイアス電圧のみを変更しており、負荷抵抗の値は前の回路のままです。

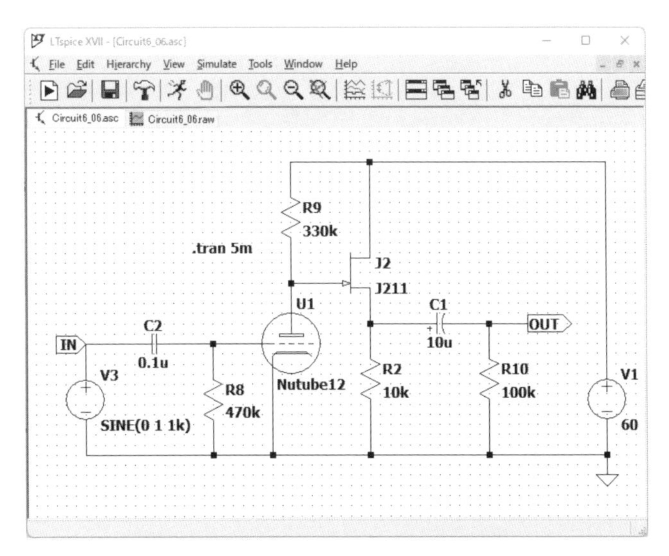


図6.16 ゼロバイアスのNutube増幅回路

この回路の入力信号と出力信号の波形を [図6.17] に示します。

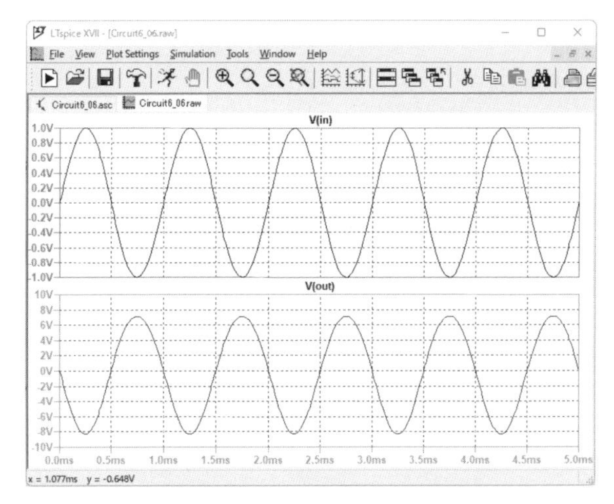


図6.17 [図6.16] の回路の入出力信号

このときの負荷直線を [図6.4] に描き込んだものを [図6.18] に示します。

電源電圧が60V、負荷抵抗が330kΩであることから、負荷直線と縦軸の交点となる電流は60V/330kΩ = 181.8μAと求められ、だいたい180μAとなります。一方、負荷直線と横軸との交点となる電圧は、電源電圧から60Vとなります。この直線上で、バイアスが0Vの点を中心として、±1Vの範囲を示しています。

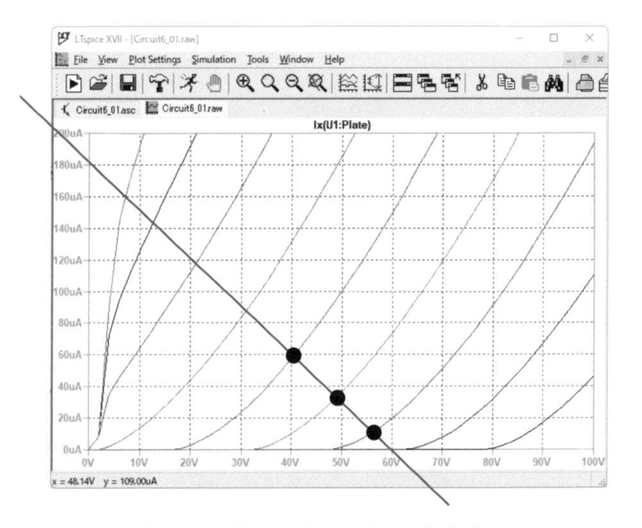


図6.18 [図6.16] の回路の負荷直線

# 6.2 6DJ8を用いた増幅回路

本節では、前章で作成した真空管6DJ8（東芝製）のSPICEモデルを用いて増幅回路を設計し、動作をシミュレーションで確認します。

## 6.2.1 6DJ8を用いた増幅回路の設計



まず、[図5.17] に負荷直線を引きます。

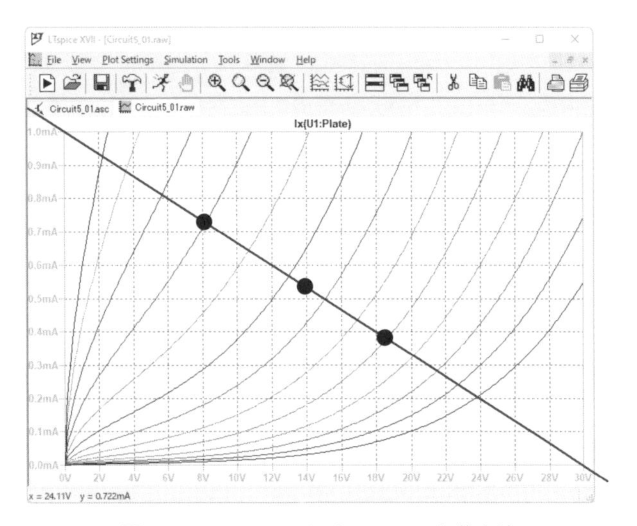


**図6.19** *Ep*=30Vにおける6DJ8の負荷直線

B電源の電圧を30Vとし、プレート電圧の軸（横軸）上30Vの点とプレート電流の軸（縦軸）上1.0 mAとの間に直線を引きます。このときの負荷抵抗は$R_p$=30V/1.0 mA=30 kΩとなります。ここでは、プレート電圧13Vをバイアス点とします。そうすると、負荷直線が交わる$E_p$-$I_p$曲線のバイアスは−0.55Vで（図に描かれている$E_p$-$I_p$特性の曲線は、左から順に、バイアスが0Vから−1.2Vまでのものです）、このときのプレート電流は0.55 mAです。したがって、カソード抵抗で−0.55Vのバイアスをグリッドにかけるには、流れる電流0.55 mAで0.55Vを割って0.55V/0.55 mA=1 kΩになります。このバイアスの計算は直流に対するものですが、交流信号をグリッドに入力すると、カソードに対するグリッドのバイアス電圧が変化し、プレート電流が変化してしまいます。これがバイアス電圧に影響してしまうのを防ぐため、カソード抵抗に並列に640 μFのコンデンサーを入れて、交流の電流はこちらを通るようにしています。

また、負荷直線とバイアス−0.55Vの交点を中心として、負荷直線と曲線の交わり具合を見てみると、カソード電圧が±0.25V程度の-0.3Vから-0.8Vあたりまでは$E_p$-$I_p$曲線と負荷直線の交点がほぼ等間隔になっているので、0.5$V_{pp}$を入力信号の振幅とします。このとき負荷直線上の信号はバイアス電圧が-0.3Vから-0.8Vの位置まで0.5$V_{pp}$だけ動き、横軸のプレート電圧でみると8Vから18V強まで10$V_{pp}$だけ動きます。これより、理想的な増幅率は10$V_{pp}$/0.5$V_{pp}$=20倍となります。

入出力の信号を0V中心にするためのハイパスフィルターは、それぞれ0.1µFと470kΩ、10µFと100kΩにしました。さらに、出力のフィルターの抵抗と負荷抵抗が合成されて小さくならないように、JFET J211のカソードフォロワー回路を入れました。

これで[図6.20]のような回路図ができ上がります。

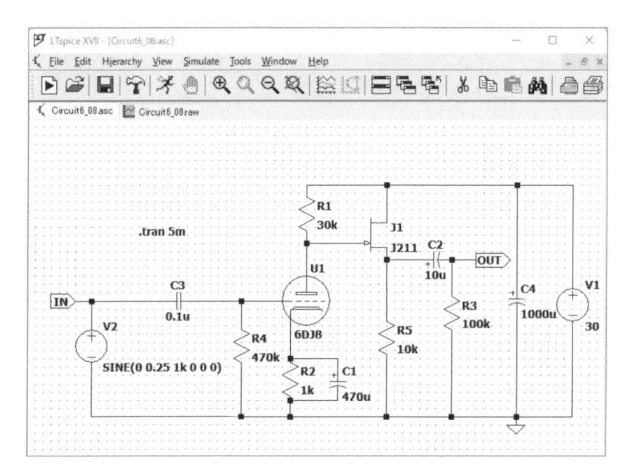


図6.20　6DJ8を用いた電圧増幅回路

## 6.2.2　6DJ8を用いた増幅回路の入出力信号

この回路に±0.25V（0.5$V_{pp}$）の正弦波を入力したときの入出力波形を[図6.21]に示します。上のグラフが入力波形（単位：V）で、下のグラフが出力波形（単位：V）です。

入力0.5$V_{pp}$に対して出力が10$V_{pp}$程度出ており、ほぼ設計どおりの動作をしていることがわかります。

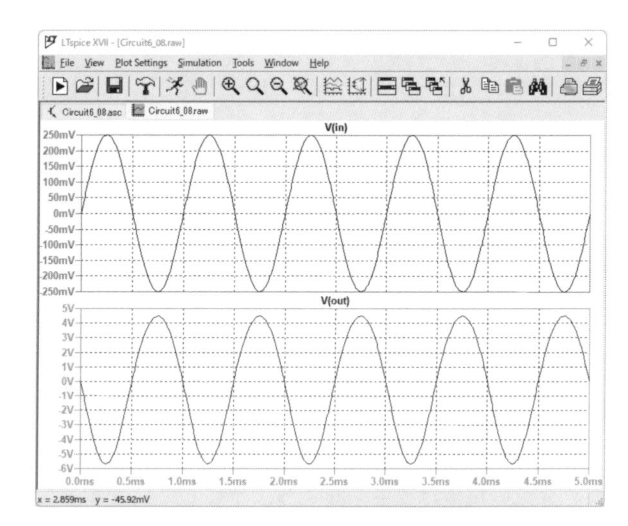


図6.21　6DJ8を用いた電圧増幅回路の入出力信号

## 6.2.3 6DJ8を用いた増幅回路のFFT解析による高調波の表示

ここで、出力波形のFFT解析を行います。まず、[図6.22]のようにSPICE directiveを書き換えます。

最初の変更点は、「.options plotwinsize=0 numdgt=15」の行の追加です。これは、解析結果出力の圧縮を禁止し、データの桁数を15桁（デフォルトは6桁）に変更するオプション設定です。また、「.tran 5m」を「.tran 0 5m 0 0.01u」に書き換えます。引数は順に0、終了時刻、データ保存開始時刻、最大ステップ時間です。これは、LTspiceのFFTの計算がグラフのデータを使っているため、グラフを細かい時間間隔で描画するための設定です。

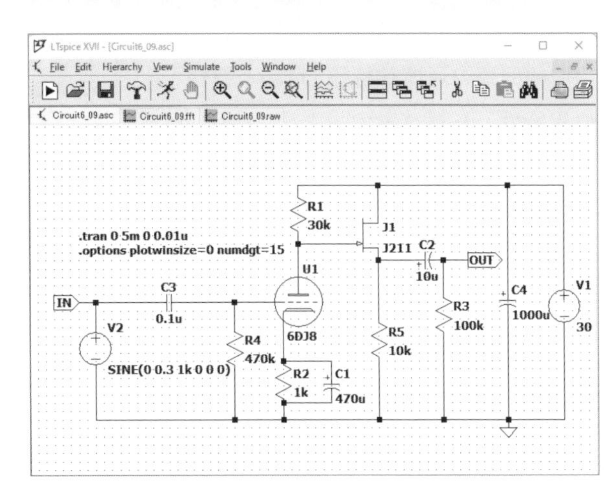


図6.22　6DJ8を用いたFFT解析（1）

次に、シミュレーションを実行して出力波形を表示し、グラフの上でマウスを右クリックし、メニューから[View]→[FFT]を選択します。[図6.23]のようにダイアログが表示されたら、「V(out)」を選択し、[OK]ボタンをクリックします。

出力信号のFFT解析の結果を[図6.24]に示します。入力信号に含まれる周波数成分は1kHzのみですが、出力信号には2kHz、3kHz、……といった高調波（入力信号1kHzの倍音）成分が含まれていることがわかります。これを高調波歪みと呼びます。真空管の出力信号には、このような倍音が多く含まれているのが特徴で、真空管アンプの音の特徴になっています。

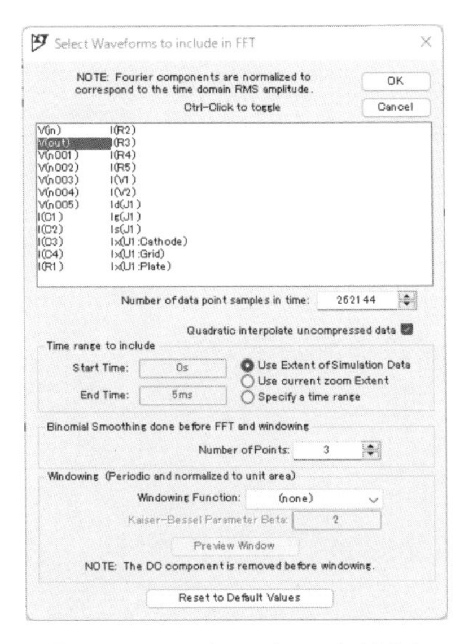


図6.23　6DJ8を用いたFFT解析（2）

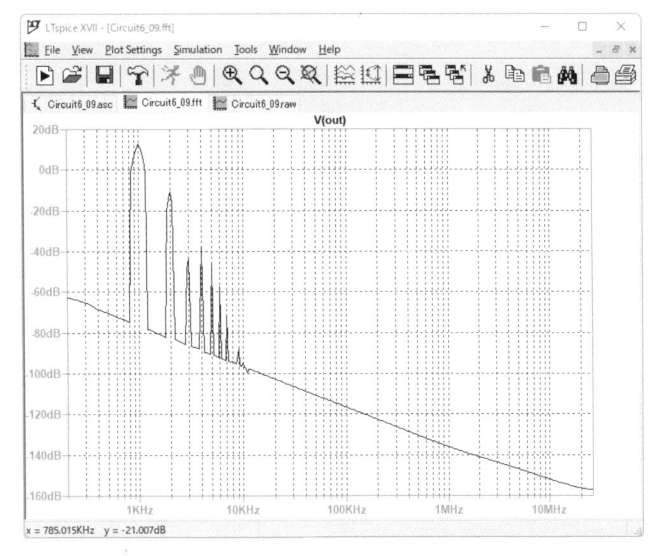


図6.24　6DJ8を用いた電圧増幅回路の出力信号のFFT結果

## 6.2.4 6DJ8を用いた増幅回路の周波数特性

次に、LTspiceのAC解析を用いて、この増幅回路の周波数特性（増幅率特性と位相特性）を調べます。まず、**[図6.25]**のようにSPICE directiveを書き換えます。1行目「; .tran 5m」の先頭のセミコロン（;）はコメントアウトです。2行目の「.ac dec 10 1 10meg」がAC解析用のSPICE directiveです。

また、**[図6.25]**の入力電圧源の上にカーソルを乗せて右クリックすると、**[図6.26]**のダイアログが表示されます。

ダイアログ内にある4つのボックスにある[Make this information visible on schematic]チェックボックスのうち[Small signal AC analysis(.AC)]ボックスのもののみチェックを入れて、他のものはチェックを外します。また、[Small signal AC analysis(.AC)]ボックスの中で[AC amplitude]のテキストボックスに1を、[AC Phase]のテキストボックスに0を入力して［OK］ボタンをクリックしてください。

回路図の画面でシミュレーションを実行し、OUT端子をクリックして出力信号をプロットすると、**[図6.27]**のように、入力信号の周波数を変化させたときの増幅率特性（実線、縦軸は左）と位相特性（点線、縦軸は右）が表示されます。

増幅率特性を見ると、10Hzから1MHzが最大増幅率から−1dB以内に収まっています。人間の可聴周波数はだいたい20Hzから20kHzなので、この範囲内では増幅率がほぼ一定であると考えられます。

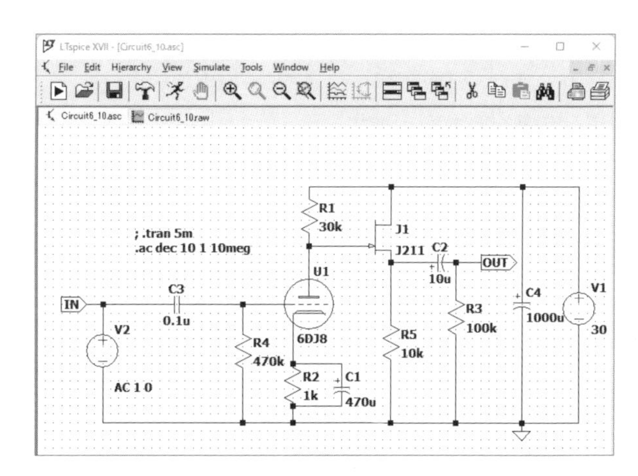


**図6.25** 6DJ8を用いた電圧増幅回路のAC解析の設定（1）

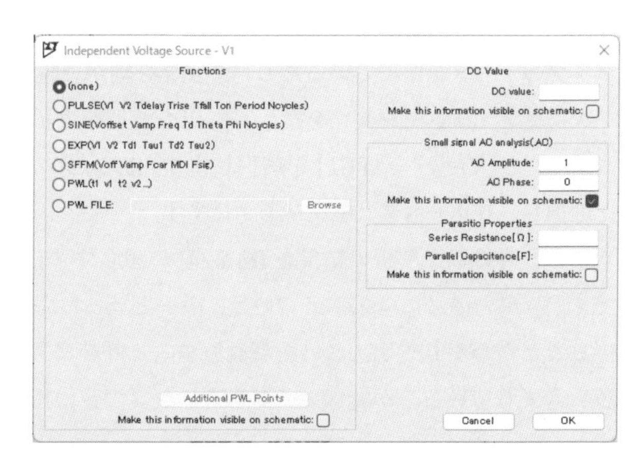


**図6.26** 6DJ8を用いた電圧増幅回路のAC解析の設定（2）

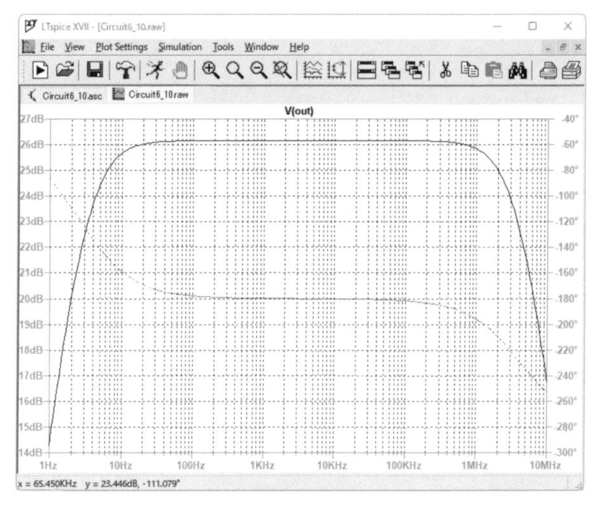


**図6.27** 6DJ8を用いた電圧増幅回路のAC解析結果

位相特性とは、出力信号の入力信号に対する進みや遅れを示したものです。入力と出力の波形は上下が反転しているので、角度としては180度のずれになります。周波数が20Hzから20kHzの範囲で見ると、位相のずれが180度を中心として10度以内に収まっているので、問題ない範囲だと言えます。

## 6.2.5 6DJ8を並列で接続した増幅回路

6DJ8は1本の真空管の中に三極管が2回路入った、双三極管と呼ばれるもので、真空管1本でステレオ信号の左右チャンネルを増幅できます。ところが、ヒーター電圧が6.3Vなので、12VのACアダプターを使用することを考えると、12Vから6.3Vへの変換回路をつくる必要があります。

ここでは回路が複雑になることを避けるため、左右それぞれ1本の6DJ8を使うことにします。最も簡単な回路として、1本の真空管の中の2つの回路を並列（パラレル）に接続して使います。これにより、2本の真空管のヒーターを直列接続することで、12VのACアダプターの電圧を直接ヒーターの電源として使うことができます。厳密にはヒーターの電源電圧として12.6Vが必要なのですが、ここでは−5%より少し大きい12Vをヒーターの電源電圧として使うことにします。

回路の設計をするために、6DJ8を並列接続した際の$E_p$-$I_p$曲線を考えます。プレート電圧とバイアス電圧が等しければ、並列接続した真空管には合計で2回路分の電流が流れるので、単純に［図5.17］の縦軸の値を倍にして読めばよいと考えられます。

実際に6DJ8を並列で接続した場合の$E_p$-$I_p$曲線を描画してみます。［図6.28］の回路図で描画します。

2つの真空管のプレート電流の合計をプロットするには、次のような操作を行います。まず、シミュレーションを実行した後、左の真空管のプレートを電流カーソルでクリックして、左の真空管の電流をプロットします。その後で、グラフの上の「Ix(U1:Plate)」の文字を右クリックし、ダイアログで「Ix(U1:Plate)」を「Ix(U1:Plate)+Ix(U2:Plate)」と書き換えて［OK］ボタンをクリックします。

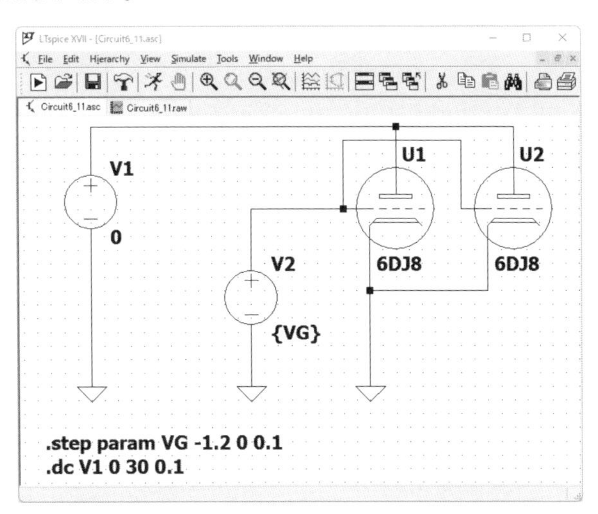


図6.28 6DJ8を並列で接続したときの$E_p$-$I_p$曲線を描く回路

それによって、[図6.29] のような$E_p$-$I_p$曲線が描画され、[図6.19] の2倍の電流が流れていることがわかります。このとき、横軸のプレート電圧と、プロットしているバイアス電圧は同じままです。

真空管の各ユニットには、前の設計と同じ電流を流します。そうすると、[図6.19] の負荷直線の縦軸の1.0mAは、並列回路では2倍の2.0mAとなるので、出力電圧を1本のときと等しくするには、負荷抵抗は半分の$R_p$=15kΩとなります。また、プレートからカソードに流れる電流が倍になるので、バイアスを同じにするためにはカソード抵抗の値は半分の500Ωになりますが、ここでは実際に販売されている値である510Ωにします。このとき入力電圧（バイアス）とプレート電圧はグラフ上で同じままなので、入出力電圧に変化はありません。

以上の結果を反映した回路を [図6.30] に示します。この回路に±0.25V（0.5 $V_{pp}$）の正弦波を入力したときの入出力波形を [図6.31] に示します。

グラフを見ると入出力電圧は6DJ8を1本用いたときと同じ信号が出力されているのがわかります。

一般には、出力段でパワーを稼ぐためにこの方法を使うことがあります。ここでは、ヒーター電圧を12VのACアダプターでまかなうため、片チャンネルで2ユニットを使う回路として一番簡単な回路として考えました。他にも2本の真空管を片チャンネルで使用する方法はいくつかあるので、調べてもよいでしょう。例えば、1段目で電圧増幅を行い、2段目では位相反転を行うという方法もあります。

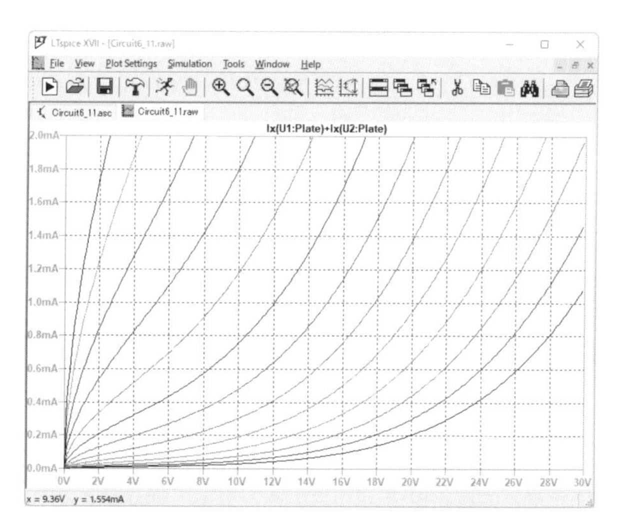


**図6.29**　6DJ8を並列で接続したときの$E_p$-$I_p$曲線

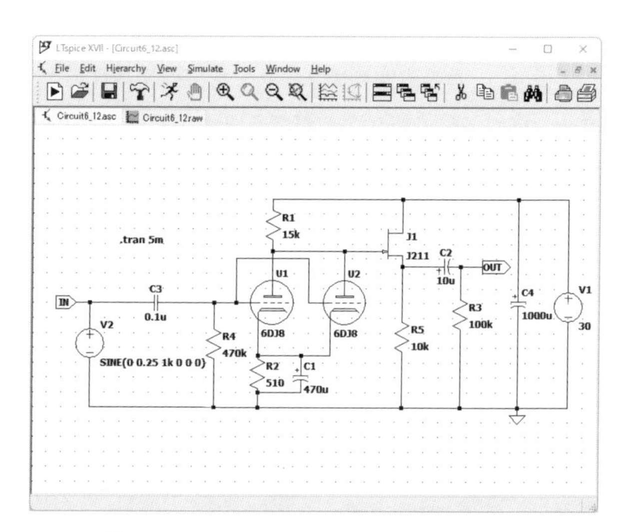


**図6.30**　6DJ8を並列で接続した電圧増幅回路

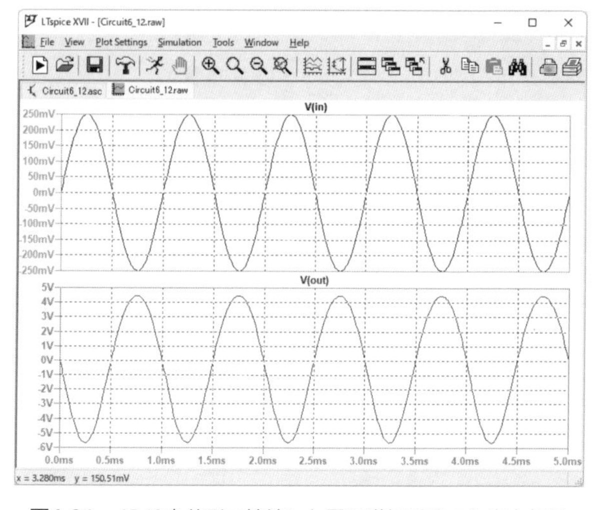


**図6.31**　6DJ8を並列で接続した電圧増幅回路の入出力信号

# 6.3 12AU7を用いた増幅回路

本節では、12AU7を用いて増幅回路を設計します。特に、負荷直線を2通り引いてみて、それぞれの負荷直線を用いて回路定数を計算してみます。

## 6.3.1 12AU7を用いた増幅回路の設計

まず、[図5.19]に負荷直線を引いたものを[図6.32]に示します。

B電源の電圧を30Vとし、プレート電圧の軸上30Vの点と、プレート電流の軸上1mAとの間に直線を引きます。横軸の30Vは電源電圧から決まります。縦軸上の1mAの点は、負荷直線と、$E_p$-$I_p$曲線の交わる間隔がだいたい等しくなるように決めることにします。

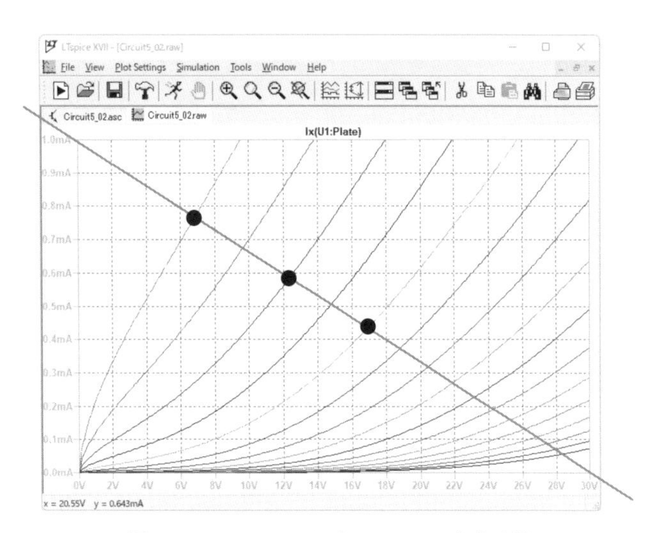


**図6.32** *Ep*=30Vにおける12AU7の負荷直線

このときの負荷抵抗の値は$R_p$= 30V/1mA=30kΩとなりますが、ここでは実際に販売されている33kΩを使うことにします。ここで、$E_p$-$I_p$曲線の間隔がだいたい等間隔となるような範囲を取ると、プレート電圧が7Vから17Vの範囲となり、12Vあたりが真ん中になります。バイアスの曲線は、一番左が0Vで、右にいくにつれて0.2V単位で減少しているので、プレート電圧が13Vとなるような負荷直線上の点のバイアスはだいたい−0.4Vとなり、このときのプレート電流は0.58mAです。よって、カソード抵抗を使って−0.4Vのバイアスをグリッドにかけるためのカソード抵抗の抵抗値は、0.4Vを0.58μAで割って0.4V/0.58mA≒689Ωとなります。ここでは実際に販売されている750Ωを使うことにします。

入力信号の範囲は、負荷直線上でバイアス−0.4Vの点を中心として、0Vから−0.8Vまで0.8$V_{pp}$の範囲となります。このときプレート電圧は、横軸のプレート電圧でみると8Vから18Vまで10$V_{pp}$だけ動きます。これより、理想的な増幅率は10$V_{pp}$/0.8$V_{pp}$≒12倍となります。

入出力の信号を0V中心にするためのハイパスフィルターの値は、それぞれ0.1μFと470kΩ、10μFと100kΩにします。6DJ8と同様に、真空管の出力にJFETのカソードフォロワ回路を入れています。JFETには電流が流れこまないので、真空管の負荷抵抗の値がこの後の回路によって変化しないというメリットがあります。

以上で回路図が完成しました。[図6.33] のようになります。

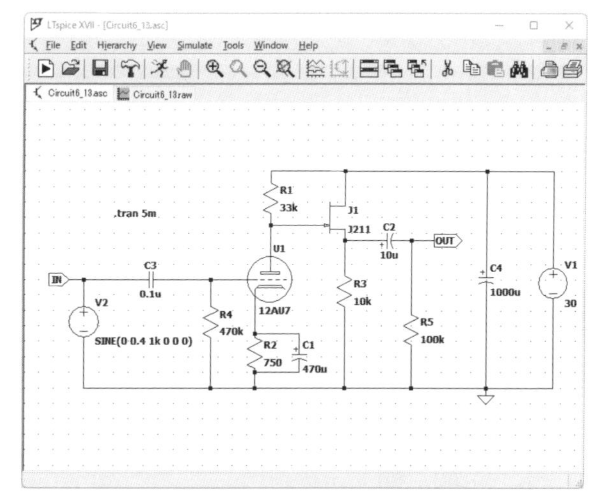


図6.33　12AU7を用いた増幅回路

## 6.3.2　12AU7を用いた増幅回路の入出力信号

この回路に最大値$0.4\,V_{\max}$ $(0.8\,V_{pp})$の正弦波を入力したときの入出力波形を [図6.34] に示します。

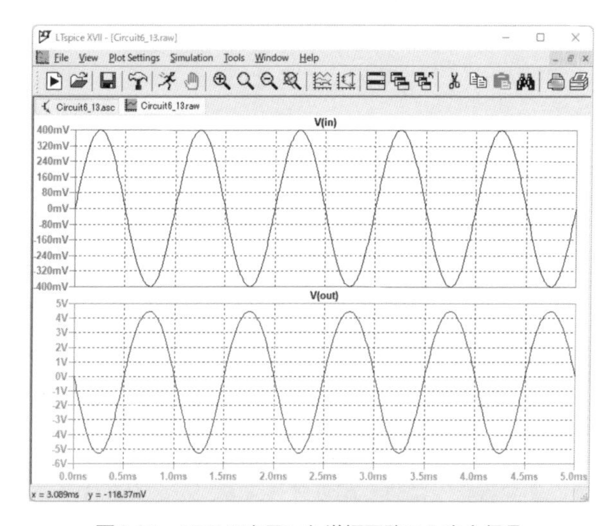


図6.34　12AU7を用いた増幅回路の入出力信号

上のグラフが入力信号の電圧、下のグラフが出力信号の電圧です。$0.8\,V_{pp}$の入力信号が$10\,V_{pp}$程度まで増幅されており、だいたい設計どおりに増幅できていることがわかります。

# 6.4 6AK5を用いた増幅回路

**本節では、6AK5を用いて増幅回路を設計し、動作をシミュレーションで確認します。**

## 6.4.1 6AK5を用いた増幅回路の設計



まず、[図5.21] に負荷直線を引いたものを [図6.35] に示します。バイアスは、一番左の曲線が0V、一番右の曲線が−2Vで、0.2Vずつ変化させています。

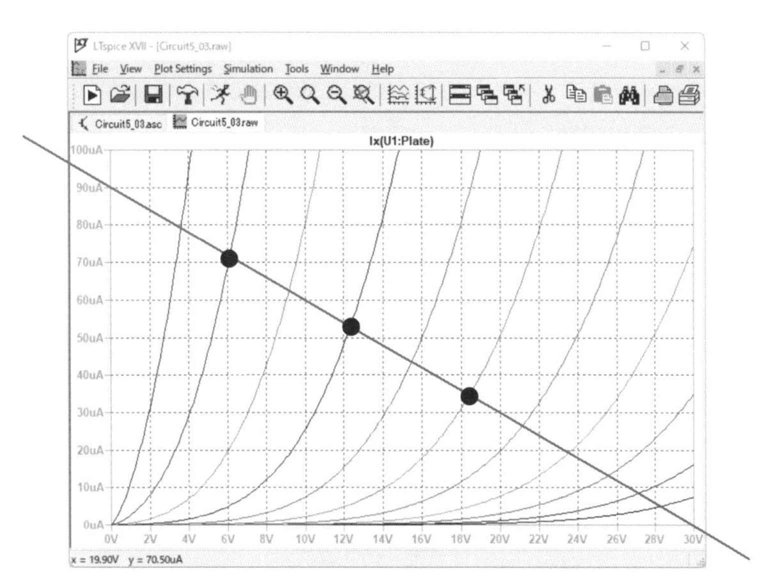


**図6.35** $E_p$=30Vにおける6AK5の負荷直線

電源を電圧30Vとし、プレート電圧の軸上30Vの点と、プレート電流の軸上90µAとの間に直線を引きます。ここで、横軸上の30Vの点は電源電圧から決まります。縦軸上の90µAの点は、一般には真空管の内部抵抗の2倍から3倍の負荷抵抗で決まる電流の値を使います。ここでは、実際に真空管の内部抵抗を計算して負荷抵抗の値を決めます。

この図の$E_p$-$I_p$曲線では、バイアスが0Vのとき（一番左の曲線）は、プレート電圧が2Vから4Vまで2Vだけ変化する間、プレート電流は30µAから90µAまで60µAだけ変化するので、内部抵抗は2V/60µA=33kΩになります。バイアスが−1.0Vのとき（左側から6本目の曲線）は、プレート電圧が16Vから18Vまで2Vだけ変化する間、プレート電流は20µAから30µAまで10µAだけ変化するので、内部抵抗は2V/10µA=200kΩになります。これらの値より、負荷抵抗は内部抵抗の3倍として100kΩ程度から600kΩ程度でよいことになります。

ここでは、負荷直線と$E_p$-$I_p$曲線の交わる間隔が等間隔になり、負荷抵抗が大きくなりすぎないように負荷抵抗を330kΩとします。これで、負荷直線と縦軸との交点は30V/330kΩ≒90μAとなります。

次にバイアス点を決めます。$E_p$-$I_p$曲線の間隔がだいたい等間隔になるような範囲を取ると、プレート電圧が6Vから18Vの範囲となり、12Vあたりが真ん中になります。ここをバイアス点とします。$E_p$-$I_p$曲線はグリッド電圧を0Vから0.2Vずつ小さくして引いたものが左から並んでいるので、バイアス点における$E_p$-$I_p$曲線のバイアスは−0.6Vとなり、このときのプレート電流は55μAです。よって、カソード抵抗で−0.6Vのバイアスをグリッドにかけるには、0.6Vを55μAで割って、約10.9kΩとなります。ここでは実際に販売されている12kΩを使います。

また、負荷直線上でバイアス−0.6Vの点を中心として、−0.2Vから−1.0Vまで0.8$V_{pp}$の範囲を入力信号の振幅とします。このとき負荷直線上の信号はバイアス電圧が−0.2Vから−1.0Vの位置まで0.8$V_{pp}$だけ動き、横軸のプレート電圧でみると6Vから18Vまで12$V_{pp}$だけ動きます。これにより、理想的な増幅率は12$V_{pp}$/0.8$V_{pp}$=約15倍となります。

さらに、入力信号を0V中心にするためのハイパスフィルターは0.1μFと470kΩ、出力信号を0V中心にするためのハイパスフィルターは10μFと100kΩにしました。また、真空管の出力に直結でJFETを入れて、後段の抵抗100kΩがこの真空管の負荷抵抗330kΩに影響を及ぼさないようにします。

これで回路図ができ上がります。完成図は**[図6.36]**のようになります。

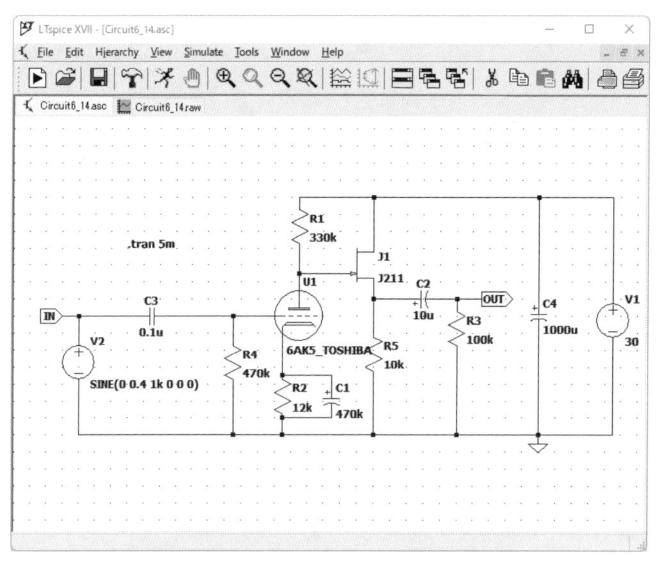


**図6.36**　6AK5を用いた電圧増幅回路

## 6.4.2 6AK5を用いた増幅回路の入出力信号

この回路の入出力信号をプロットしたものを[図6.37]に示します。ここでは、上から順に、入力信号、真空管のカソードを基準としたグリッドの電圧、真空管のプレートの電圧、出力信号それぞれの電圧変化をプロットしています。

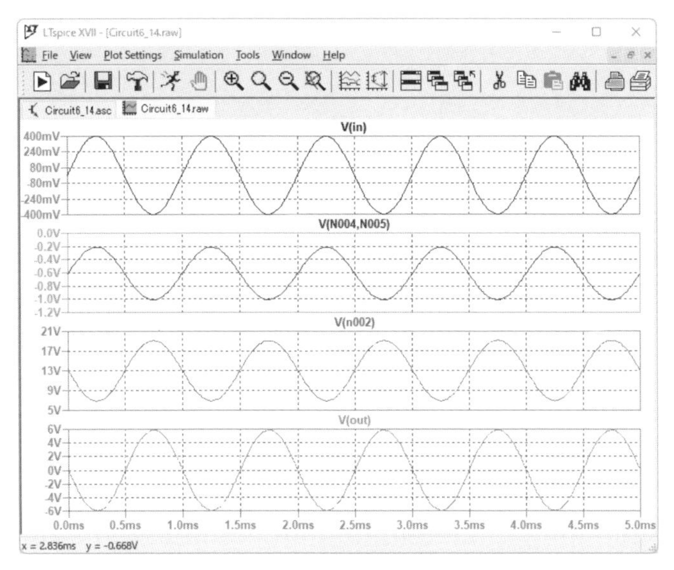


図6.37　6AK5を用いた増幅回路の入出力信号

上から2番目と3番目のグラフを見ればわかるように、カソードを基準としたグリッドの電圧（バイアス）が−0.2Vから−1.0Vまで0.8$V_{pp}$変化しているときに、プレートの電圧は7Vから19Vまで12$V_{pp}$動いており、おおよそ設計どおりの動作をしていることがわかります。

# 第7章

# 半導体素子を用いたバッファ回路のシミュレーション

本書ではスピーカーやヘッドフォン、イヤフォンなどから実際に音を出すために、バッファ回路を使います。本章では、各種の半導体素子を用いてバッファ回路と呼ばれる回路を設計します。

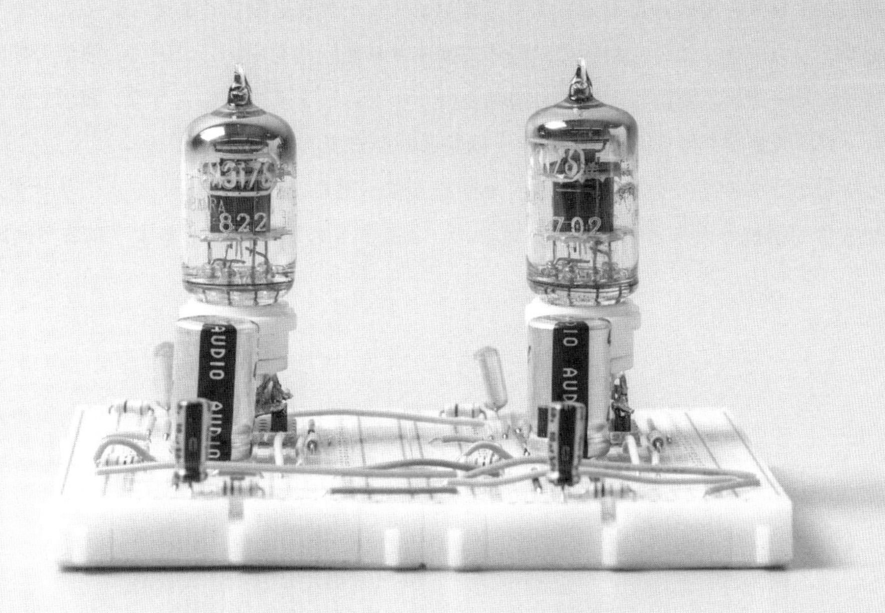

# 7.1 バッファ回路

**ここでは、ヘッドフォンアンプ用にオペアンプを用いたバッファ回路、パワーアンプ用にトランジスタやFETを用いたバッファ回路を設計し、その動作をシミュレーションし、確認していきます。次項以降では、半導体を用いたバッファ回路と呼ばれる回路を設計します。**

## 7.1.1 バッファ回路とは

前章では真空管増幅回路の動作をシミュレーションで確認しましたが、真空管増幅回路の出力インピーダンスは高いため、インピーダンスの低いイヤフォン、ヘッドフォンやスピーカーなどを直接駆動するには出力電流が足りません。スピーカーの場合には4Ωもしくは8Ωのインピーダンスを持つものが多いです。イヤフォン、ヘッドフォンの場合には8Ω程度から数百Ω程度で、特に16Ωから32Ω程度のものが多いようです。一方、真空管増幅回路の出力インピーダンスは、本書で用いているような電圧増幅管の場合は、数十kΩから数百kΩあります。

通常の設計の真空管アンプでは、電圧増幅管の後に出力インピーダンスが低めの電力増幅管を置き、電力増幅管の数kΩの出力インピーダンスを、出力トランスを用いて4Ωや8Ωに変換しています。しかし、この際インピーダンスが下がると同時に波形の振幅も大幅に小さくなってしまいます。そのため、大きい（だいたい200Vから400Vの）電圧のB電源を用いて、十分に波形の振幅を大きくしているという理由で、高い電源電圧が必要となるのです。

本書では低いB電源の電圧を用いており、真空管（電圧増幅管）の出力電圧の波形の振幅も小さいため、トランスを用いると十分にイヤフォンやスピーカーを鳴らせません。そこで本書では、電力増幅管と出力トランスの代わりに半導体で構成された回路を用いることで、波形の振幅を小さくせずにインピーダンス変換および電力増幅を行うことにします。このような、波形を変化させずにインピーダンス変換を行う回路をバッファ回路と呼びます。

もう少しわかりやすくいうと、バッファ回路とは、出力の波形（電圧）を変化させずに、出力に接続する負荷抵抗の大きさの変化に対応して、より多くの電流を流せるようにする回路のことです。

## 7.1.2 出力電圧と出力パワー、出力音量の関係

ここでは、十分な出力パワー（音量）を得るには、どの程度の電圧を出力できればよいかを、スピーカーとヘッドフォンのそれぞれに対して確認します。

### 出力電圧と出力パワーの関係（スピーカーに出力する場合）

まず、8Ωのスピーカーに正弦波で1Wの電力（パワー）を入力するには、何Vの電圧をかければよいかを確認します。電流$I$〔A〕、電圧$V$〔V〕と電力$P$〔W〕の関係式

$$電力P〔W〕= 電流I〔A〕\times 電圧V〔V〕$$

とオームの法則

$$電圧V〔V〕= 電流I〔A〕\times 抵抗(インピーダンス)R〔\Omega〕$$

より、

$$電力P〔W〕= \frac{(電圧V〔V〕)^2}{抵抗(インピーダンス)R〔\Omega〕}$$

が導かれるので、この式に$P=1$、$R=8$を代入すると、$V=\sqrt{8}=2\sqrt{2}$ Vとなります。さらに、交流において通常述べている電圧は実効値と呼ばれるものであり、最大値はその$\sqrt{2}$倍であることを考慮すると、8Ωのスピーカーに1Wの電力を入力する（ロスがないとして、1Wの電力を消費する）ために入力する交流電圧の最大値は$2\sqrt{2}\times\sqrt{2}=4$Vとなります。振幅に換算すると、振幅は最大値の倍なので8$V_{pp}$となります。

最大出力電流も確認します。8Ωの負荷に対して最大電圧が4V出せれば1Wの出力が得られ、このときの最大電流はオームの法則より$I=4/8=0.5$Aとなります。

以上で、最大4V、500mAの電圧と電流がバッファ回路から出力できれば、8Ωのスピーカーに1Wの電力を入力できることになります。

### 出力電圧と出力パワーの関係（ヘッドフォンやイヤフォンに出力する場合）

次に、32Ωのヘッドフォンに正弦波で10mW（0.01W）の電力を入力するには、何Vの電圧をかければよいかを計算します。上記の電力$P$〔W〕の式

$$電力P〔W〕= \frac{(電圧V〔V〕)^2}{抵抗(インピーダンス)R〔\Omega〕}$$

に$P=0.01$、$R=32$を代入すると、$V=\sqrt{0.32}=\sqrt{\frac{32}{100}}=\frac{4\sqrt{2}}{10}$ Vとなります。これが実効値なので、32Ωのヘッドフォンに10mWの音を入力する（ロスがないとして、10mWの電力を消費す

る）ために入力する交流電圧の最大値は $\frac{4\sqrt{2}}{10} \times \sqrt{2} = \frac{8}{10} = 0.8\text{V}$ となります。振幅に換算すると1.6 $V_{pp}$となります。

最大出力電流を確認すると、32Ωの負荷に対して最大電圧が0.8V入力できれば10mWの入力が得られ、このときの最大電流はオームの法則より $I = 0.8/32 = 0.025\text{A}\,(2.5\text{mA})$ となります。

以上で、最大0.8V、2.5mAの電圧と電流がバッファ回路から出力できれば、32Ωのヘッドフォンに10mWの電力を入力できることになります。

### 出力パワーと出力音圧レベル（出力音量）の関係

世の中で販売されているスピーカーのインピーダンス（交流に対する抵抗値）は一般に8Ωか4Ωで、出力音圧レベルは比較的能率の良いもので90dB/W/mを越える程度です。例えば、机の上に8cmから10cm程度のスピーカーを置いて、スピーカーの目の前で音楽を聴く場合などは、90dB/W/mの出力の場合、1Wの出力のときスピーカーから1mの距離で90dBの音量（音圧）で音楽を聴けます。一方、イヤフォンやヘッドフォンのインピーダンスはだいたい16Ωから100Ω程度で、出力音圧レベルは90dB/mWから100dB/mW程度です。90dB/mWの出力であれば、0.01W（10mW）程度の出力のとき100dBの音量で音楽を聴けます。ピアノの音が85dBから95dB程度なので、90dB程度の音量が出ていれば、十分大きな音といってよいでしょう。これらが最大音量の目安で、もう少し静かに聴く（80dB）には、スピーカーの場合は0.1W、イヤフォンやヘッドフォンの場合は0.1mWから1mW出力できていれば十分と考えられます。

## 7.1.3 バッファ回路の必要性

前章では、入力信号がきちんと真空管を用いた増幅回路で増幅されていることを確認しました。本節では、この回路の出力に、実際にスピーカーやヘッドフォンをつないだとき、必要なパワーが出力可能かシミュレートします。

ここでは、簡単のためにヘッドフォンやスピーカーの代わりに抵抗を出力に接続します。実際には、ヘッドフォンやスピーカーは純粋な抵抗だけではなく、コンデンサーやコイルの特性も併せ持つので、交流電圧をかけた場合には単純な抵抗としてみることはできません。しかし、シミュレーションではなく実機で特性を計測する場合には、実際にスピーカーを接続すると大きな音が出てうるさく、スピーカーが許容する入力パワーの限界もあるため、真空管アンプの実機のテストでは、スピーカーの代わりに単純な抵抗を接続して計測することが多いです。

一方シミュレーションでは、コンデンサーやコイルの特性を併せ持ったスピーカーのモデルを作成、使用することも可能ですが、ここでは単純な抵抗をシミュレーションに使います。

## スピーカーに対する出力確認

まず、[図6.13] の回路の出力に、8Ωのスピーカーをつないで、[図6.13] と同じ最大値0.6Vの正弦波の信号を入力する回路を [図7.1] に示します。この回路の入力信号と出力信号を [図7.2] に示します。

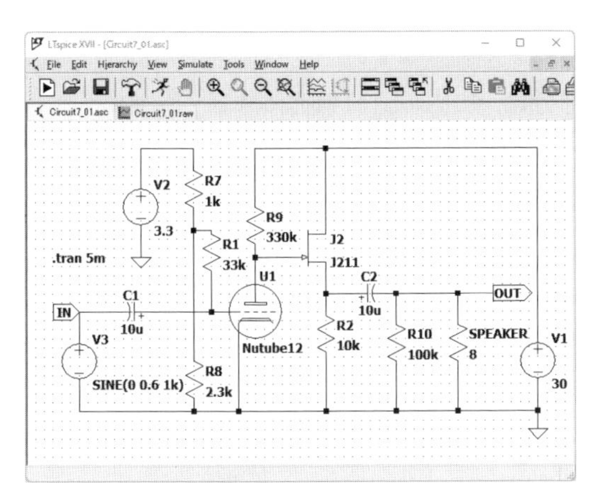


図7.1　Nutubeの増幅回路の出力に8Ωのスピーカーを接続した回路

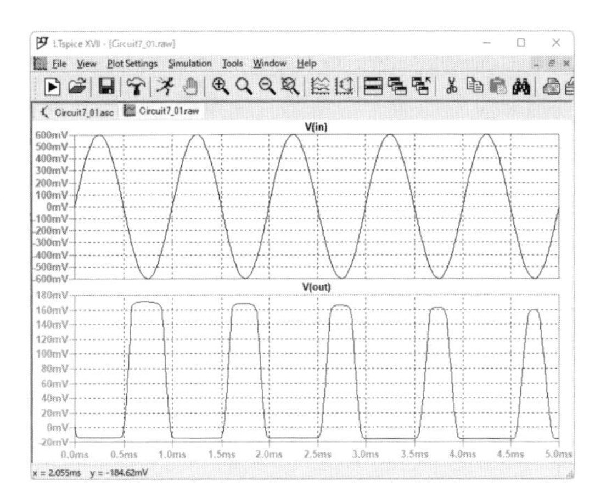


図7.2　Nutubeの増幅回路の出力に8Ωのスピーカーを接続した場合の入出力信号

出力のグラフをみればわかるように、[図6.13] の回路とは異なり、入力信号が [図6.14] のようにきれいに増幅されて出力できていません。

## ヘッドフォンに対する出力確認

次に、[図6.10] の回路の出力に、32Ωのヘッドフォンをつないで最大値0.4Vの正弦波の信号を入力する回路を [図7.3] に示します。この回路の入力信号と出力信号を [図7.4] に示します。

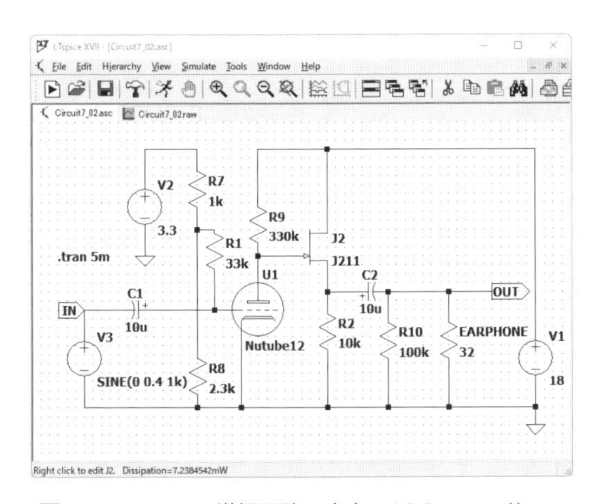


図7.3　Nutubeの増幅回路の出力に32Ωのヘッドフォンを接続した回路

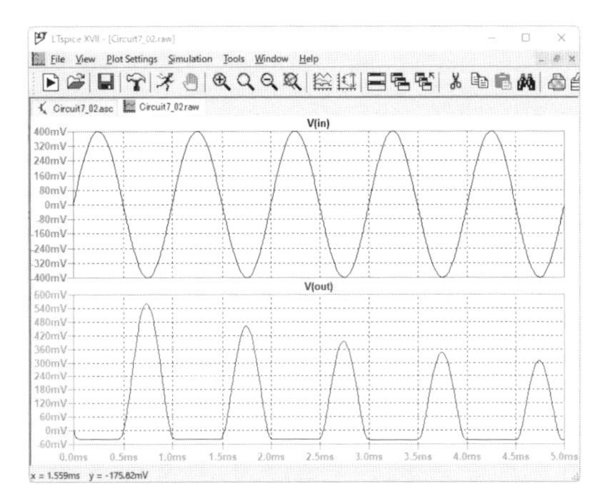


図7.4　Nutubeの増幅回路の出力に32Ωのヘッドフォンを接続した場合の入出力信号

この場合でも、入力信号がきれいに増幅できておらず、入力信号の波形が［図6.11］のようにはなっていません。

## ■■ スピーカーやヘッドフォンに出力するための対策

これまで実施したシミュレーションにより、真空管増幅回路にスピーカーやヘッドフォンを接続して音を出すには、何らかの対策をする必要があることがわかります。

これらの回路がオリジナルの増幅回路と異なる部分は、出力の負荷抵抗にスピーカーやヘッドフォンなどが並列に挿入されているところです。これらにより、出力の負荷抵抗が、100kΩから、100kΩと8Ωもしくは100kΩと32Ωの並列の合成抵抗の値まで小さくなっています。これらの値を実際に計算すると、それぞれ8Ω、32Ωより小さくなることがわかります（2つの抵抗の並列の合成抵抗の値は、それぞれの抵抗の値よりも小さい）。この値と増幅回路の出力の電圧より、流れる電流の値がオームの法則で計算されるはずなのですが、回路からの出力がこの電流を供給できない場合には、逆に供給できる電流の量と抵抗の値によって、これらの負荷抵抗にかかる電圧の大きさが決まります。よって、回路の出力部分を変更し、電圧に見合った十分な電流が供給できるようになれば、スピーカーやヘッドフォンのような負荷抵抗の値が小さい出力に対しても、想定された電圧が出力できます。

このとき、バッファ回路というものを使います。バッファ回路は、入力された電圧を出力にコピーしながら、出力に対して十分な電流を供給するために使われます。次節以降で、各種の半導体を用いたバッファ回路を設計し、次章で、それらを真空管増幅回路の出力につなげたハイブリッドアンプを設計します。

# 7.2 オペアンプを用いるバッファ回路

オペアンプを用いた回路には、いくつか種類があります。ここでは、オペアンプを用いた基本的な増幅回路である、入力と出力の波形が上下反転する反転増幅回路と、反転しない非反転増幅回路を示します。その後で、非反転増幅回路の増幅率を1倍にしたとみることのできるボルテージフォロワ回路を示します。これらのうち、ボルテージフォロワ回路がバッファ回路として用いられます。

## 7.2.1 反転増幅回路

オペアンプを用いた反転増幅回路の回路図を［図7.5］に示します。入力電圧 $V_{\mathrm{in}}$〔V〕を入力したときの出力電圧 $V_{\mathrm{out}}$〔V〕は、抵抗値 $R_1$〔Ω〕と $R_2$〔Ω〕を用いて、

$$V_{\mathrm{out}}〔\mathrm{V}〕= -\frac{R_1〔\Omega〕}{R_2〔\Omega〕}V_{\mathrm{in}}〔\mathrm{V}〕$$

と書けます。マイナスの符号がついていることからわかるように、出力電圧の値は、入力電圧の値に対して符号の正負が反転します。

例えば、［図7.5］のように $R_1 = 10\,\mathrm{k\Omega}$、$R_2 = 1\,\mathrm{k\Omega}$ とし、入力信号の電圧を0.1Vから0.3Vまで0.1V単位で変化させたときの入出力波形は［図7.6］のようになります。

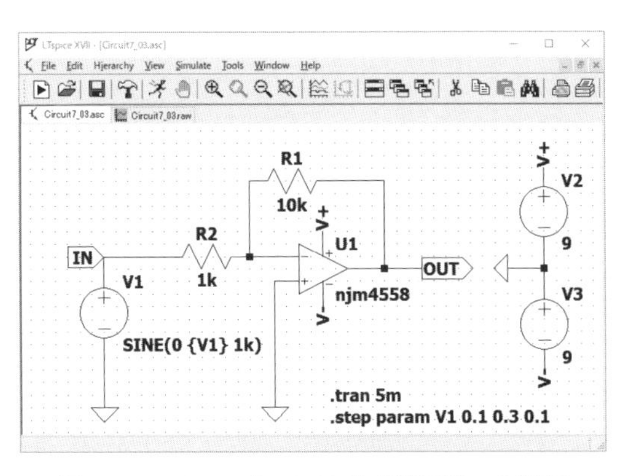


図7.5　オペアンプによる反転増幅回路の回路図

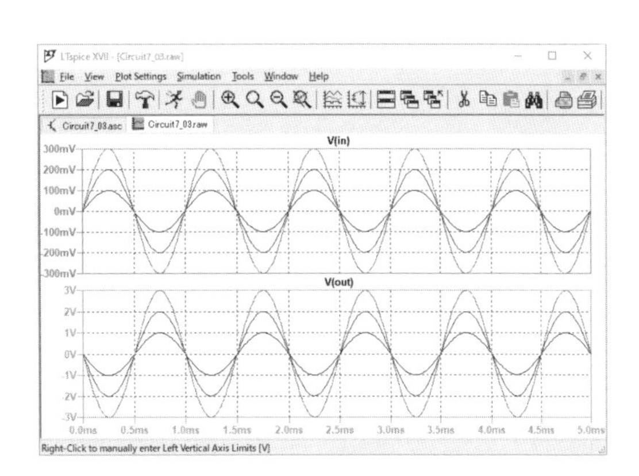


図7.6　オペアンプによる反転増幅回路の入出力波形

計算式どおり、入力信号の振幅を10倍に増幅してから上下を反転させて出力しています。このように出力波形が入力波形と上下に反転していることから、この回路は反転増幅回路と呼ばれます。

## 7.2.2 非反転増幅回路

次に、オペアンプを用いた非反転増幅回路の回路図を [図7.7] に示します。入力電圧 $V_{in}$〔V〕を入力したときの出力電圧 $V_{out}$〔V〕は、抵抗値 $R_1$〔Ω〕と $R_2$〔Ω〕を用いて次のように求められます。

$$V_{out}〔V〕= \left(1+\frac{R_1〔\Omega〕}{R_2〔\Omega〕}\right)V_{in}〔V〕$$

例えば、[図7.7] のように $R_1 = 10\,\mathrm{k}\Omega$、$R_2 = 1\,\mathrm{k}\Omega$ とし、入力信号の電圧を0.1Vから0.3Vまで0.1V単位で変化させたときの入出力波形は [図7.8] のようになります。

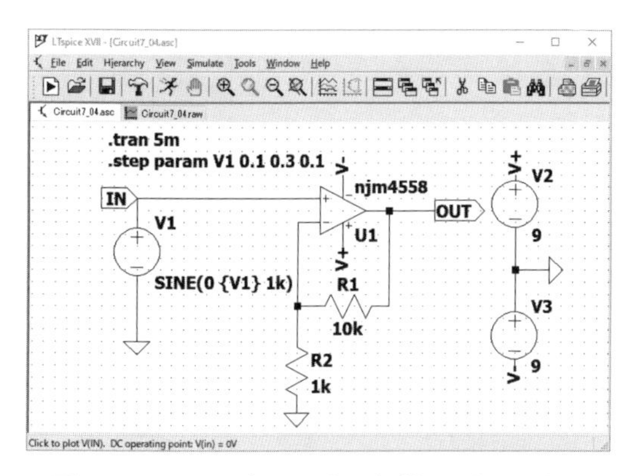


図7.7　オペアンプによる非反転増幅回路の回路図

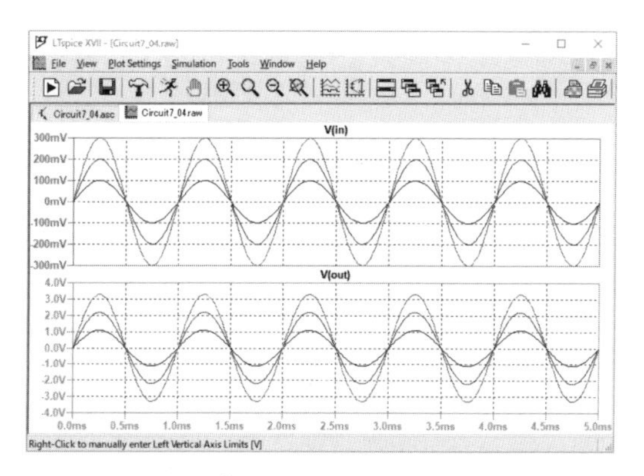


図7.8　オペアンプによる非反転増幅回路の入出力波形

計算式どおり、入力信号の振幅が11倍に増幅されていますが、反転出力回路と違い、出力波形が入力波形に対して上下に反転していません。このことから、この回路は非反転増幅回路と呼ばれます。

## 7.2.3 ボルテージフォロワ回路

オペアンプを用いた非反転増幅回路において $R_1 = 0\,\Omega$、$R_2 = \infty\,\Omega$ とすると、[図7.9] のような回路になります。このとき、入力電圧 $V_{in}$〔V〕を入力したときの出力電圧 $V_{out}$〔V〕は、抵抗 $R_1$=0Ω と $R_2$=∞Ω を用いて、

$$V_{out}〔V〕= \left(1+\frac{0}{\infty}\right)V_{in}〔V〕= V_{in}〔V〕$$

と書くことができ、入力電圧が出力電圧にそのままコピーされることがわかります。そのため、出力電圧が入力電圧に追従（フォロー）する回路（voltage follower）であることから、ボルテージフォロワ回路と呼ばれます。

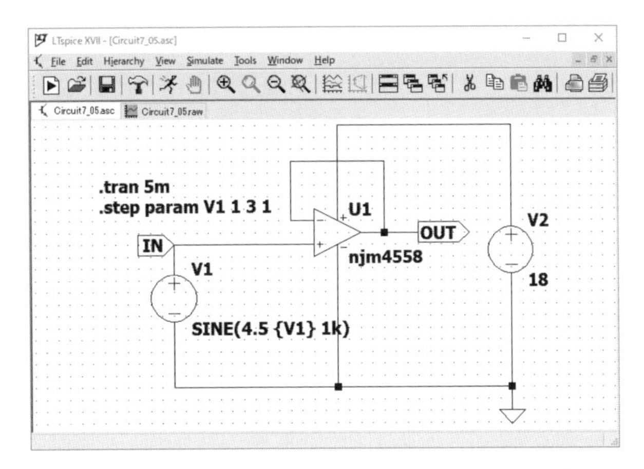


**図7.9**　オペアンプによるボルテージフォロワ回路の回路図

この回路は前の2つの回路と異なり、抵抗による拡大縮小の操作がないため、入力信号が出力信号にそのままコピーされます。そのため、入力される信号が0Vを中心としていない、バイアスのかかった信号であってもよいという特徴があります。また、入出力信号のグラウンドが正負電源のグラウンドと関係ないため、正負電源を用いる必要がない（正の電源のみでよい）という回路のシンプルさも備えています。

この回路において、入力信号の電圧を、4.5Vを中心として振幅を1V、2V、3Vと変化させた場合の入出力波形は［図7.10］のようになります。

入力信号が出力信号に、中心のオフセット（バイアス）を含めてそのままコピーされていることがわかります。また、ボルテージフォロワ回路には、入力インピーダンスが非常に大きく、出力インピーダンスが小さいという特徴があります。これらの特徴はバッファ回路の設計に生かされています。

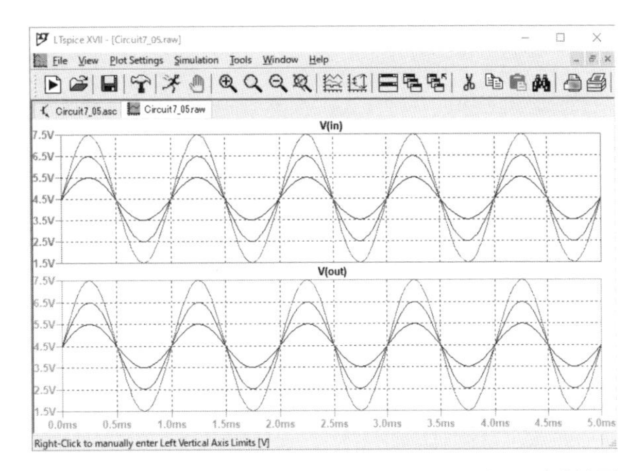


**図7.10**　オペアンプによるボルテージフォロワ回路の入出力波形

## 7.2.4 ボルテージフォロワ回路のヘッドフォン用バッファ回路としての能力

さて、これまで設計してきたボルテージフォロワ回路の出力に32Ωのヘッドフォンをつないで、ちゃんと入力信号と同じ信号が出力されるかを確認してみます。この能力は、オペアンプの型番に依存し、オペアンプによって出力電流が何アンペアまで出せるかが異なりますが、前述の計算より、出力に32Ωの抵抗をつないで最大値0.8Vの電圧を入力したとき、出力波形と入力波形が同じであれば、ヘッドフォンに対して10mWの音を出せます。

これをシミュレーションで確認します。[図7.11] のように、出力に32Ωの抵抗を接続し、最大値0.8Vの正弦波を入力します。

この回路の入出力の波形は [図7.12] のようになります。

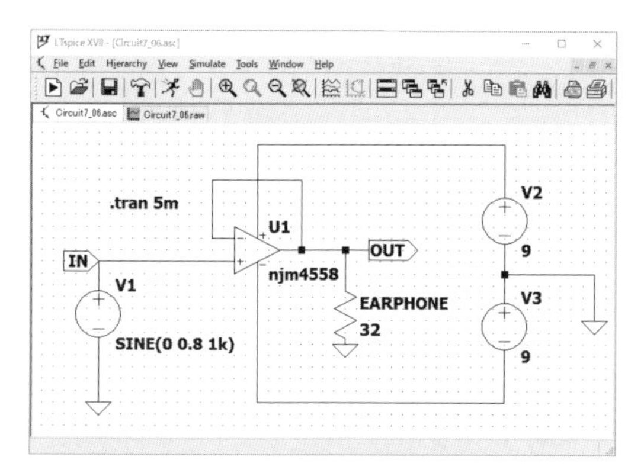


図7.11　出力に32Ωの抵抗を接続し最大値0.8Vの正弦波を入力したボルテージフォロワ回路

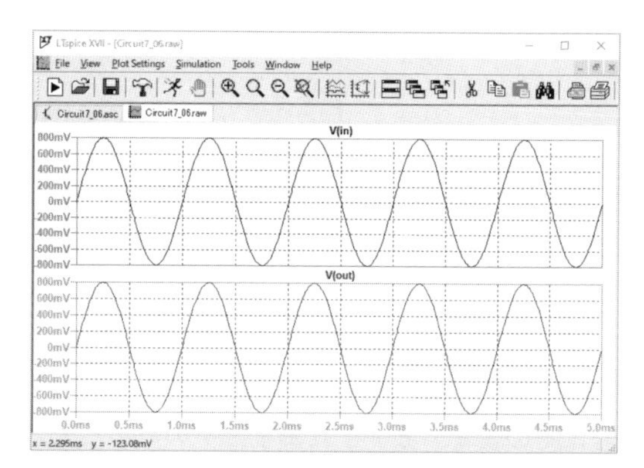


図7.12　出力に32Ωの抵抗を接続し最大値0.8Vの正弦波を入力したボルテージフォロワ回路の入出力波形

このグラフから、32Ωのヘッドフォンに対して10mWの正弦波を出力できていることがわかります。

# 7.3 トランジスタを用いるバッファ回路

本節ではトランジスタを用いたバッファ回路として、エミッタフォロワ回路、プッシュプル型エミッタフォロワ回路、ダイヤモンドバッファ回路を説明します。特にダイヤモンドバッファ回路は、部品点数が少ないこと、電力消費量が少ないこと、調整があまりシビアでないことなどの理由から、よく使われています。

## 7.3.1 トランジスタを1個用いるエミッタフォロワ回路

まず、エミッタフォロワ回路の回路図を［図7.13］に示します。トランジスタには2SC5200を用いました。

トランジスタのベースに入力する信号は、抵抗R2とR3でバイアスをかけています。また、入力信号をこの電圧にシフトさせるために、コンデンサーC2を通しています。出力信号はトランジスタのエミッタから取り出しています。この信号も0Vを中心とした信号になっていないので、これを0V中心の信号にするために、コンデンサーC3を通しています。

この回路の入力信号と出力信号の電圧をプロットしたグラフを［図7.14］に示します。

入力信号の電圧が出力信号にそのままコピーされていることがわかります。

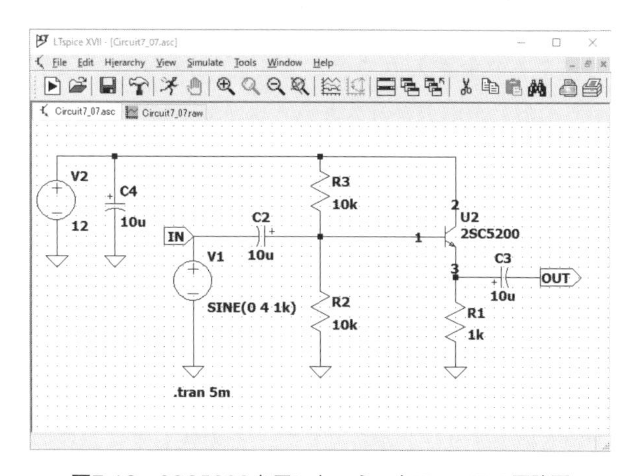


図7.13　2SC5200を用いたエミッタフォロワの回路図

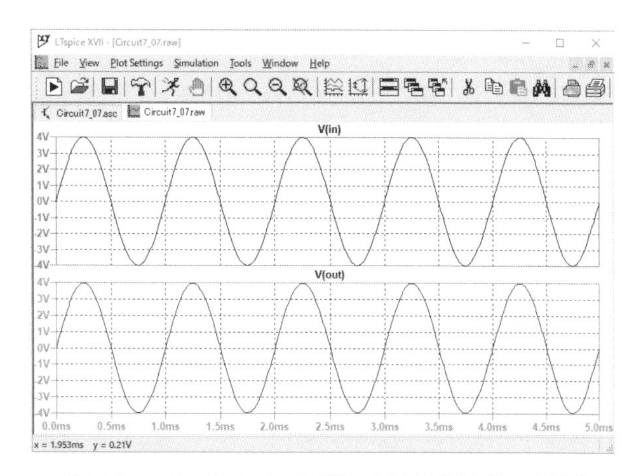


図7.14　エミッタフォロワ回路の入出力波形と流れる電流

## 7.3.2 トランジスタを2個用いるプッシュプル型エミッタフォロワ回路

本節では、NPNトランジスタとPNPトランジスタ両方を用いるプッシュプル型エミッタフォロワ回路を見ていきます。トランジスタとしてはコンプリメンタリ・ペアの2SA1943と2SC5200を使っています。この回路の回路図を［図7.15］に示します。

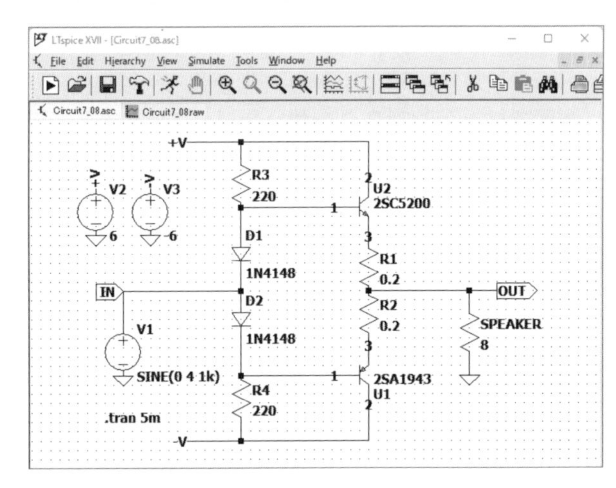


**図7.15** 2SA1943と2SC5200を用いたプッシュプル型エミッタフォロワの回路図

トランジスタにはダイオードでバイアス電圧をかけています。この回路では、前のエミッタフォロワ回路と異なり、正負の電源を用いているため、0V中心の信号をそのまま入力できることと、0V中心の信号が出力されるというメリットがあります。エミッタフォロワ回路で用いているように、入出力にコンデンサーを用いて電圧をシフトさせると、コンデンサーがハイパスフィルター（ローカットフィルター）として働くため、純粋な直流成分だけでなく、ある程度低い周波数もカットしてしまい、信号の低音成分が低下してしまうというデメリットがあります。さらに、十分低域まで通すように設計したとしても、信号がコンデンサーを通るため、音質が影響を受けるというデメリットがあります。その点、プッシュプル型エミッタフォロワ回路では信号がコンデンサーを通らないため、音質がコンデンサーの影響を受けないというメリットがあります。その代わりに正負の電源を準備する必要があり、後で述べるようなレールスプリッタを用いて仮想的に正負電源を構成するなど、追加の回路が必要となります。

この回路のトランジスタU1、U2のコレクタ電流、ダイオードD1に流れる電流、入力信号の電圧、出力信号の電圧をプロットしたグラフを［図7.16］に示します。

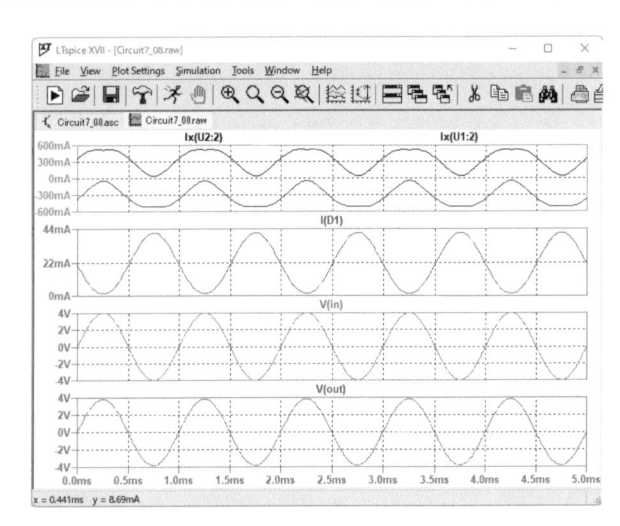


**図7.16** プッシュプル型エミッタフォロワ回路の入出力波形と流れる電流

出力には8Ωの負荷をかけています。これでスピーカーを接続した状態を仮想的にシミュレートしています。回路に流れる電流を確認してみると、トランジスタに流れる電流が500mA程度で、定格の15Aと比べてだいぶ余裕があることが確認できます。また、ダイオードには最大44 mA程度の電流が流れていることがわかります。また、入力信号が出力信号にコピーされていることがわかります。

## 7.3.3 ダイヤモンドバッファ回路

[図7.17] に示すバッファ回路をダイヤモンドバッファ回路と呼びます。この回路は、2段目のトランジスタのバイアス電圧を、前項で使ったダイオードの代わりに初段のトランジスタでつくっているとみることができます。また、初段も2段目もエミッタフォロワ回路であることから、エミッタフォロワを2段に重ねたものとしてみることもできます。

トランジスタは、LTspiceに最初から組み込まれているもののうち、日本で入手可能な2K3904と2K3906を使用しました。

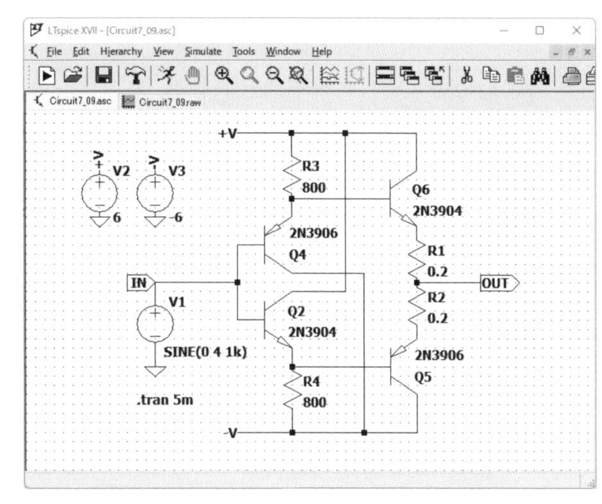


図7.17　ダイヤモンドバッファの回路図

この回路の入力信号と出力信号の電圧をプロットしたグラフを [図7.18] に示します。

入力信号の電圧が、出力信号の電圧にそのままコピーされていることがわかります。

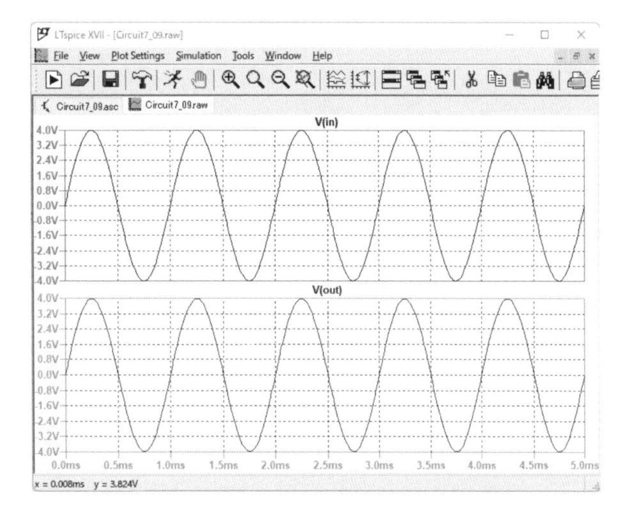


図7.18　ダイヤモンドバッファの入出力波形

## 7.3.4 ダイヤモンドバッファ回路のヘッドフォン用バッファ回路としての能力

次に、[図7.17] の回路が、ヘッドフォンアンプ用のバッファ回路として使用できるかどうかシミュレーションで確認します。

[図7.17] の回路の出力端子とグラウンドの間に負荷抵抗として32Ωを追加します。この場合の回路図は [図7.19] のようになります。追加した負荷抵抗はヘッドフォンの代わりのダミーロード（仮想的な負荷）です。このとき最大値0.8Vの正弦波の信号を入力したとき同じ信号が出力できれば、この回路がヘッドフォン用の0.1Wのバッファ回路として使用できることになります。

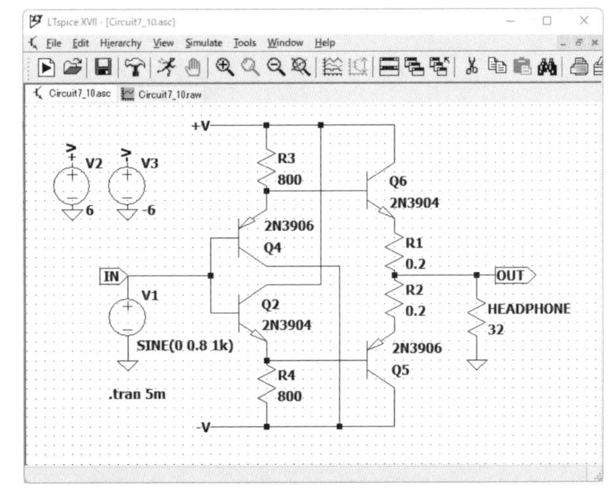


図7.19　ダイヤモンドバッファでヘッドフォンに波形を出力する回路

この回路の入力電圧と出力電圧、トランジスタQ5とQ6に流れる電流をプロットしたグラフを [図7.20] に示します。グラフの上から順に入力電圧、出力電圧、トランジスタQ6のコレクタ電流、Q5のコレクタ電流です。

このグラフを見てみると、入力波形が出力にきちんとコピーされており、この回路は32Ωのヘッドフォンに10mW（0.01W）の信号を出力するヘッドフォンアンプ用のバッファ回路として使用できることが確認できました。また、入力電圧が正のときは上にあるトランジスタQ6に、入力電圧が負のときは下にあるトランジスタQ5に電流が流れ、片方のトランジスタだけが使われていることがわかります。

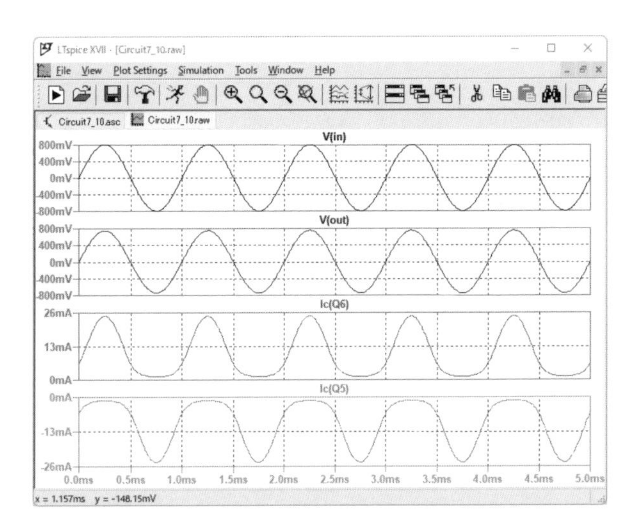


図7.20　ダイヤモンドバッファでヘッドフォンに波形を出力したときの入出力波形

## 7.3.5 ダイヤモンドバッファ回路のスピーカー用バッファ回路としての能力

次に、[図7.17] に示したダイヤモンドバッファの回路図が、スピーカーに音を出力するパワーアンプ用のバッファ回路として使用できるかどうかシミュレーションで確認します。

[図7.17] の回路の出力端子とグラウンドの間に負荷抵抗として8Ωを追加します。このときの回路図を [図7.21] に示します。この負荷抵抗はスピーカーの代わりのダミーロードです。このとき最大値4Vの正弦波の信号を入力したとき同じ信号が出力できれば、この回路がスピーカー用の1Wのバッファ回路として使用できることになります。

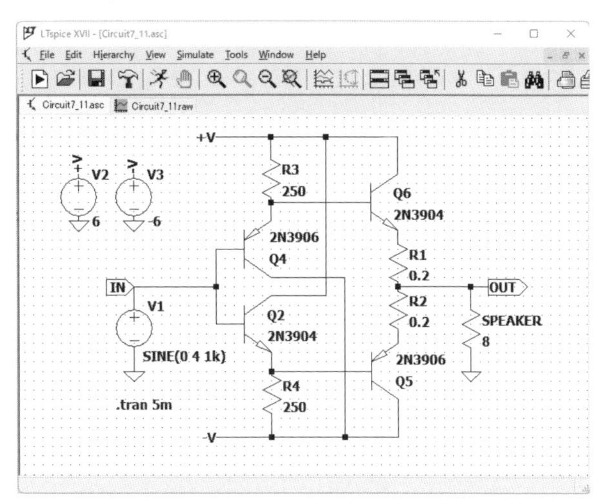


図7.21　ダイヤモンドバッファでスピーカーに4Vの波形を出力する回路

この回路の入力電圧と出力電圧、トランジスタQ5とQ6に流れる電流をプロットしたグラフを [図7.22] に示します。グラフの上から順に入力電圧、出力電圧、トランジスタQ6のコレクタ電流、Q5のコレクタ電流です。

この結果を見ると、入力信号をきちんとコピーして出力できています。

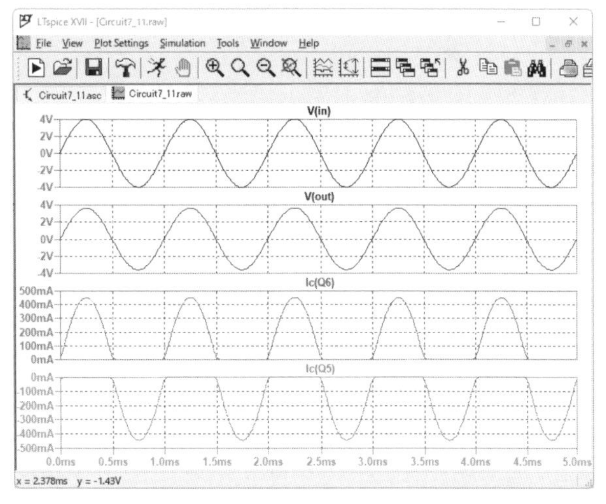


図7.22　ダイヤモンドバッファでスピーカーに4Vの波形を出力したときの入出力波形

## 7.3.6 LTspiceによるシミュレーションの問題点

前項までのシミュレーションで、入力信号の電圧を出力信号の電圧にコピーできていることが確認できました。しかし実は、SPICEを用いたシミュレーションでは以下のような問題があります。

LTspiceにおけるトランジスタのモデルのパラメータの中に、最大コレクタ-エミッタ電圧$V_{ceo}$、最大コレクタ電流$I_{crating}$、製造会社名mfgという3つのパラメータがあります。**[図7.21]** のトランジスタQ6（2N3904）の上にマウスカーソルを置き、カーソルが指差しの形になった時点でマウスを右クリックすると、**[図7.23]** のようにパラメータが表示されます。

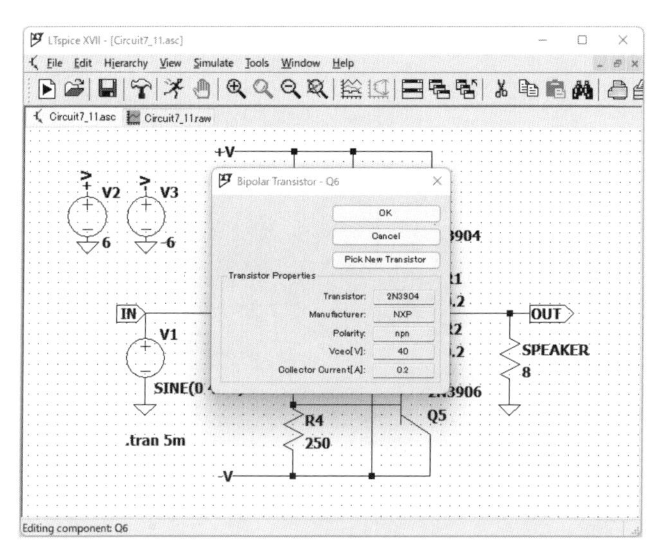


**図7.23**　ダイヤモンドバッファに使われている2N3904の特性

2N3904の場合は$V_{ceo}$ = 40V、$I_{crating}$ = 0.2A、mfg = NXPです。これらはLTspiceがオリジナルで追加したパラメータですが、モデルを選択する際に表示させるためだけのもので、LTspiceを作成する元となったオリジナルのSPICEのモデルには含まれていないという問題があります。なぜなら、回路シミュレーションでは実際の部品の定格と異なり、いくらでも電流を流せるからです。そのため、モデルのパラメータでは最大コレクタ電流が$I_{crating}$ = 0.2Aであるにもかかわらず、シミュレーションでは最大で0.4A以上の電流が流れています。これでは実際の回路を作成したときに、部品が過熱するか壊れてしまいます。

このような流せる最大電流に関係する部分のシミュレーションはできないので、SPICEで回路のシミュレーションを行う場合には、部品を選択する際に上記のような定格に気をつける必要があります。

次項では、回路を変更してこれに対応する方法を2つ示します。

# 7.3.7 ダイヤモンドバッファでスピーカー用バッファアンプを実現する方法

## 方法1：後段の並列化

まず最初の解決方法が、トランジスタQ5とQ6を並列に複数個用意するもので、回路図は［図7.24］のようになります。この回路の入出力電圧と、トランジスタQ7、Q8のコレクタ電流をプロットしたグラフを［図7.25］に示します。

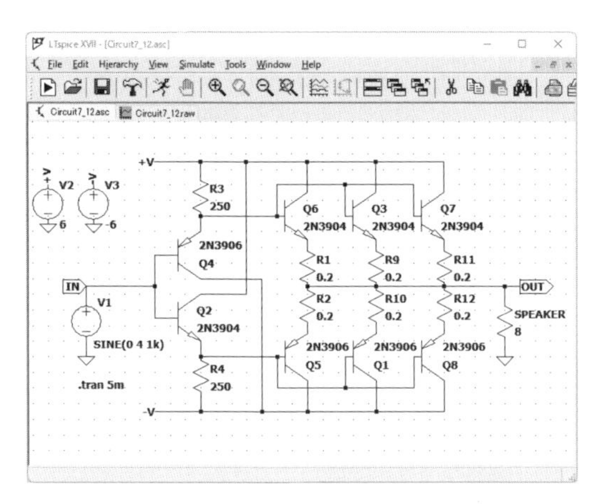


図7.24　並列ダイヤモンドバッファの回路図

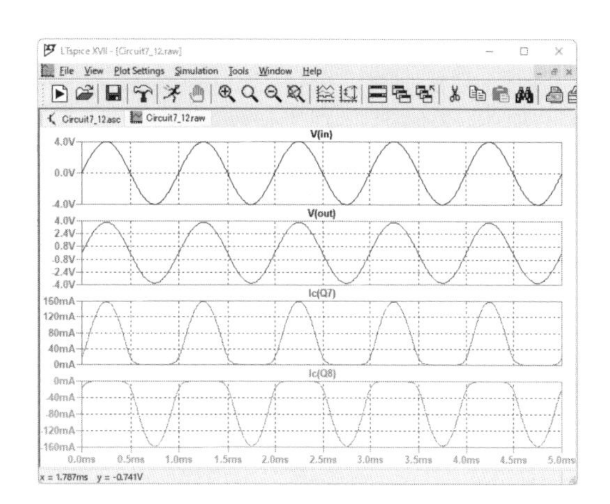


図7.25　並列ダイヤモンドバッファの入出力波形とコレクタ電流

前の回路と異なり、ダイヤモンドバッファの後段のコレクタ電流が最大160 mAに減少しており、定格の0.2 Aより小さくなっていることが確認できます。

## 方法2：後段の部品交換

もう1つの解決方法が、ダイヤモンドバッファの後段を最大コレクタ電流の大きいトランジスタに交換する方法です。ここでは、東芝のWebから入手した2SC5200と2SA1943のLTspice用のモデル2SC5200.asyと2SC5200.mod、2SA1943.asyと2SA1943.modを使用します。もしくは、PSpice用のモデル2SA1943.lib、2SC5200.libを用いて、これ用にシンボルファイル2SA1943.asy、2SA5200.asyを作成できます。

これらのトランジスタの最大コレクター-エミッタ電圧は230V、最大コレクタ電流は15Aです。これらの値はモデルのパラメータには書かれていませんが、メーカーから提供されている規格表や販売店のそれぞれの部品のWebページで確認できます。この場合の回路図を［図7.26］に示します。

この回路のトランジスタU1、U2のコレクタ電流をプロットしたグラフを［図7.27］に示します。グラフに描画されているのは上から順に、入力信号の電圧、出力信号の電圧、トランジスタU2のコレクタ電流、トランジスタU1のコレクタ電流です。

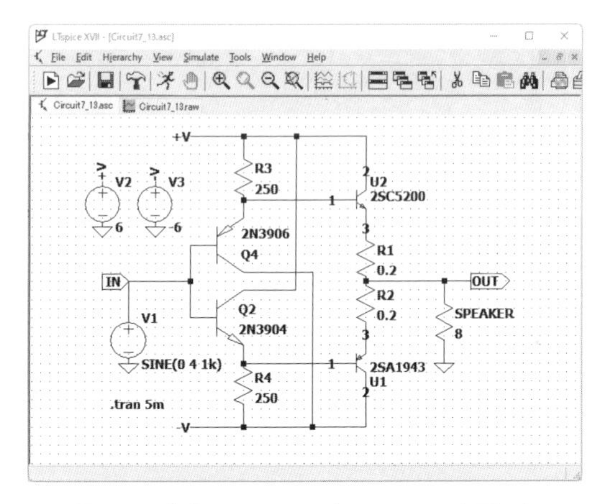


**図7.26**　後段に2SA1943と2SC5200を用いた
ダイヤモンドバッファの回路図

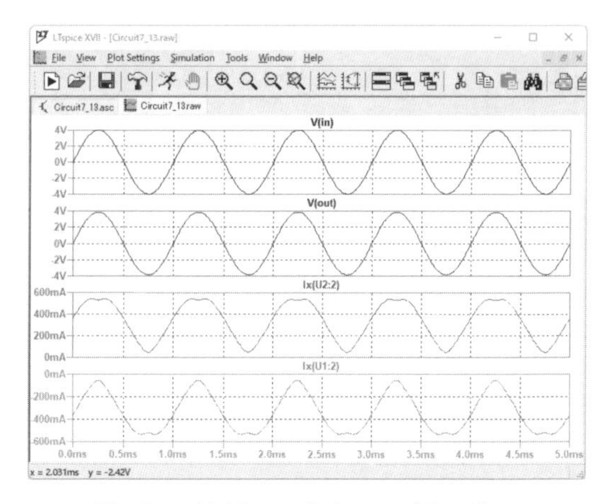


**図7.27**　ダイヤモンドバッファ（その3）の
入出力波形と流れる電流

ダイヤモンドバッファの後段U1、U2の電流が400 mA程度で、定格の15Aと比べてだいぶ余裕があることが確認できます。

## 7.3.8　本書で製作したダイヤモンドバッファ

本書で実際に製作したダイヤモンドバッファ回路は、トランジスタTTA008BとTTC015Bを使っています。これらのトランジスタはお互いにコンプリメンタリで、2Aの電流を流せます。また、小出力では発熱もあまりないため、トランジスタにヒートシンクをつけたり、前段と後段のトランジスタを熱結合（物理的に接触させて、両者の温度がなるべく等しくなるようにすること）する必要もありません。また、執筆時点で比較的新しい発売のトランジスタなので今後もしばらくは入手しやすそうです。SPICEのモデルもWebで公開されています。以上のような理由で、本書ではこれらのトランジスタを用いてダイヤモンドバッファを実装しました。

SPICEデータは、TTA008BがPSpiceのみ、TTC015BがLTspiceとPSpiceの両方のデータが提供されているので、シンボルデータについてはTTC015BはLTspiceのものを、TTA008BはTTC015Bのファイルを編集したものを用いました。特性データは両者ともPSpiceのものを用いました。

この回路図を［図7.28］に示します。

この回路の後段のトランジスタ2個U3、U4のコレクタ電流をプロットしたグラフを［図7.29］に示します。グラフに描画されているのは上から順に、入力信号の電圧、出力信号の電圧、トランジスタU4のコレクタ電流、トランジスタU3のコレクタ電流です。

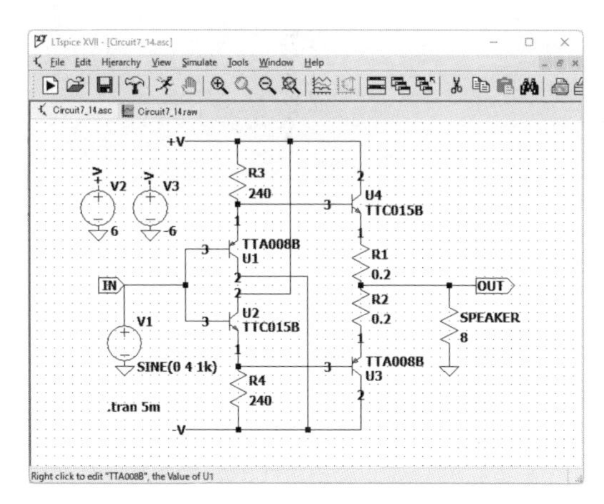


**図7.28**　前段と後段にTTA008BとTTC015Bを用いたダイヤモンドバッファの回路図

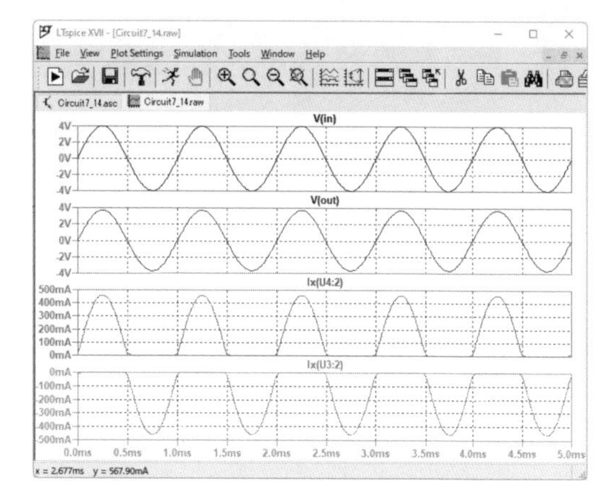


**図7.29**　ダイヤモンドバッファ（その4）の入出力波形と流れる電流

この回路でも、ダイヤモンドバッファの後段の電流が500 mA弱で、定格の2Aと比べて余裕があることが確認できます。

# 7.4 FETを用いるバッファ回路

本節では、FETを用いたバッファ回路をいくつか見ていきます。まず、KORG Nutubeの基本回路図に使われている、接合型FET（ジャンクションFET、J-FET）を用いたバッファ回路を説明します。次に、この回路においてJ-FETをパワーMOS-FETに変更した簡単なバッファ回路を紹介します。最後に、パワーMOS-FETを2個用いた、省電力で高パワー出力可能なバッファ回路を、2種類示します。

## 7.4.1 J-FET（J211）を1個用いるソースフォロワ回路

本項では、接合型FET（ジャンクションFET、J-FET）を用いたバッファ回路について説明します。

まず、KORG Nutubeの使用ガイドのWebページ（https://korgnutube.com/jp/guide/）に掲載されているNutube 6P1の増幅回路を［図7.30］に再掲します。

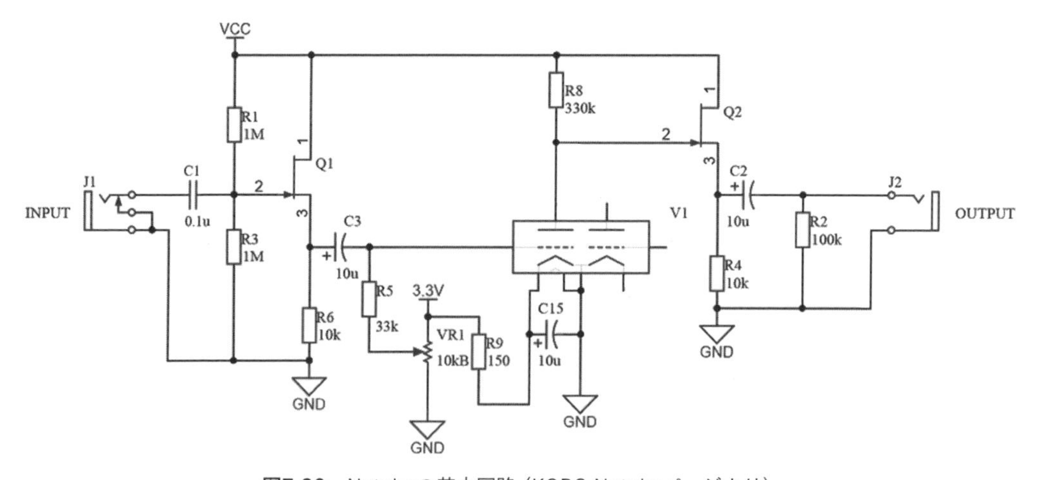


図7.30　Nutubeの基本回路（KORG Nutubeページより）

この回路図の中で、真空管の増幅回路そのものは、R9、VR1、V1、C3、R5、R8から構成されます。真空管の増幅回路の入力部（R1、R3、C1、Q1、R6、C3、R5、VR1）および出力部（Q2、R4、C2、R2）に挿入されているのが、［図7.31］に示すJ-FET（接合型FET）を用いたバッファ回路です。

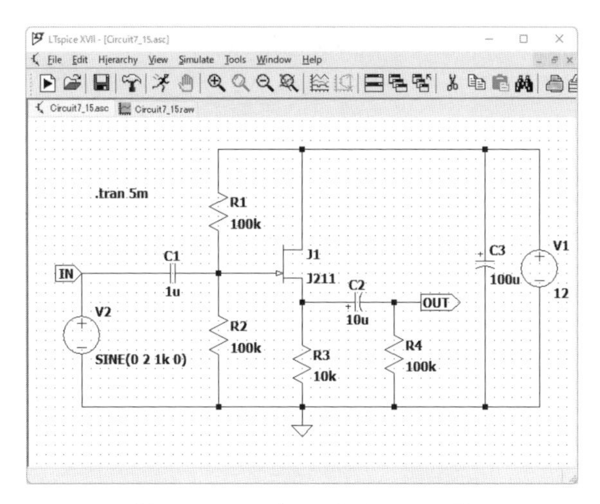


図7.31　J-FETを用いたバッファ回路

ただし、出力部のバッファ回路においては、真空管V1と負荷抵抗R8によって決まる電圧を入力バイアス電圧として用いているので、バッファ回路の入力側の抵抗およびコンデンサーによる電圧のシフト回路（ハイパスフィルター）は省略されています。[図7.31] のうち電圧シフト回路を除いたバッファ回路そのものは、NチャネルJ-FETのJ1と抵抗R3です。

この回路の各場所の電圧を [図7.32] に示します。

グラフに描画されているものは、上から順に、入力信号の電圧、J-FETのゲート電圧、J-FETのソース電圧、出力信号の電圧です。[図7.31] のR1、R2、C1、C2、R4から構成される回路はそれぞれハイパス（ローカット）フィルター回路です。ここでは、周波数0Hzの電圧成分（直流成分）をカットすることによって、正弦波の中心電圧を抵抗で決まる電圧にシフトするために使っています。R1、R2によって、J-FETへの入力信号の中心電圧は、電源電圧12Vを二分した6Vになっています。これらとC1により、信号の中心電圧を、入力信号の0Vから6Vに持ち上げてJ-FETに入力しています。一方、R4とC2によって、出力信号の中心電圧は、グラウンドと同じ0Vになっています。これにより、信号の中心電圧を、J-FETのソース電圧（約8.3V）から0Vに下げて出力しています。

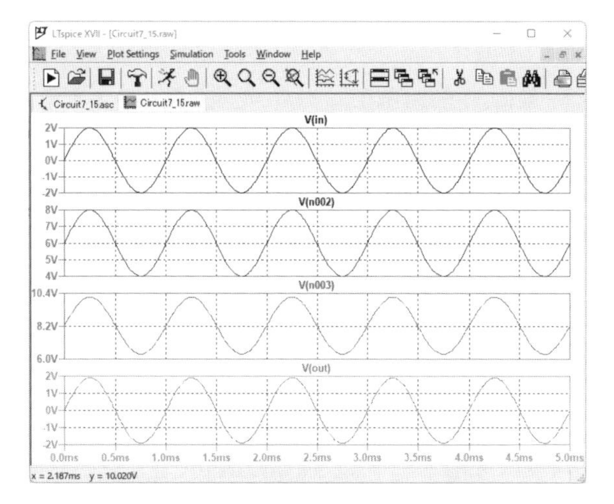


図7.32　J-FETを用いたバッファ回路の電圧

J-FETでは、ソース電圧と比較してゲート電圧が低くなっています。これは、ちょうど真空管のカソード電圧とグリッド電圧の関係と同じような関係です。ただし、この電圧はトランジスタのエミッタ電圧に対するベース電圧が約0.6Vとほぼ一定であるのと異なり、同じ型番のFETであっても固体や流す電流によってばらつきます。これが、トランジスタに比べてFETの使用が面倒な理由でもあります。グラフを見ると、ソース電圧が中心8.3V、ゲート電圧が中心6Vとなっており、このモデルでは2.3Vの差となっています。

この回路の電流を［図7.33］に示します。

グラフに描画されているものは、上から順に、入力信号の電圧、J-FETのドレイン端子に流れ込む電流、ソース端子に流れ込む電流です。2番目のグラフに描画されているドレイン電流は正で中心が0.83 mA、一番下のグラフに描画されているソース電流は負で中心が−0.83 mAなので、ドレインから電流が流れ込み、ソースから同じ量の電流が流れ出ています（ソースに流れ込む電流が負であることから、この符号を反転したものが、ソースから流れ出る電流になります）。この電流に回路図の抵抗R3の抵抗値10 kΩをかけたものが、ソースにおける電圧となり、その中心電圧が8.3Vとなっています。

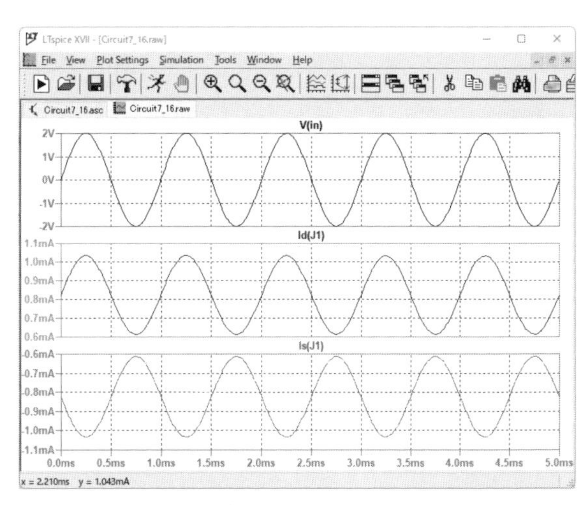


**図7.33**　J-FETを用いたバッファ回路の電流

一般に、FETは電圧によって電流を制御する素子であるといわれます。これは、ゲート電圧の値が増減すると、ドレイン端子からソース端子に流れる電流が増減するということを表しています。これは［図7.33］のグラフからわかります。FETは、その仕組みから、ゲートにはほとんど電流が流れ込まないため、入力インピーダンスは高くなります。また、抵抗R3の大きさによって、ソースから流れ出る電流の大きさが決まるため、この値によって出力インピーダンスを低くすることができます。以上の理由により、この回路がインピーダンスを下げる、バッファ回路として働いていることがわかります。

ただし、この回路はJ-FETを用いているため、出力電流をあまり多く取ることができず、この節の最初に示したように、回路の途中で真空管から他の回路への出力バッファや、真空管への入力バッファに用いられます。

## 7.4.2 パワーMOS-FET（2SK1056）を1個用いるソースフォロワ回路

前項のバッファアンプはJ-FETを用いているので、流せる電流があまり多くありませんが、パワーMOS-FETを用いることで多くの電流を流せるようになります。この仕組みを使って真空管の出力バッファに用いたヘッドフォンアンプもあります。本項ではこのパワーMOS-FETを用いたバッファ回路について述べます。

［図7.31］のNチャネルJ-FETをパワーMOS-FETである2SK1056に変更したものが、［図7.34］に示すバッファ回路です。実際の真空管ハイブリッドプリアンプやヘッドフォンアンプの製品では、MOS-FETとしてIRF510を用いたものが多いようです。

この回路では、出力にヘッドフォンのダミー負荷32Ωを入れてあります。変更点は、抵抗R3の値を10kΩから100Ωに変更しただけです。これによって、MOS-FETのゲートからソースに流れる電流が決まります。入力信号は$2V_{pp}$としています。

この回路の入力信号と出力信号の電圧を［図7.35］に示します。

入力電圧より出力電圧の振幅が若干小さくなっていますが、32Ωという負荷に対してきれいな波形を出力できていることがわかります。

この回路において、回路の入力信号の電圧に合わせてドレインからソースに流れる電流をプロットしたものを［図7.36］に示します。

グラフに描画されているものは、上から順に、入力信号の電圧、MOS-FETのドレイン端子に流れ込む電流、ソース端子に流れ込む電流（符号が負なので実際には流れ出る電流）です。MOS-FETに流れる電流は最大100mA以下であることがわかります。この電流は、抵抗R3の抵抗値と負荷抵抗の合成抵抗によって大きく変わり、負荷抵抗にどれだけの電流を出力できるかが変化します。ざっくりとした説明をすると、交流信号に対してはコンデンサーC2はないものとして見ることができるため、負荷抵抗の値はR3、R4、ヘッドフォ

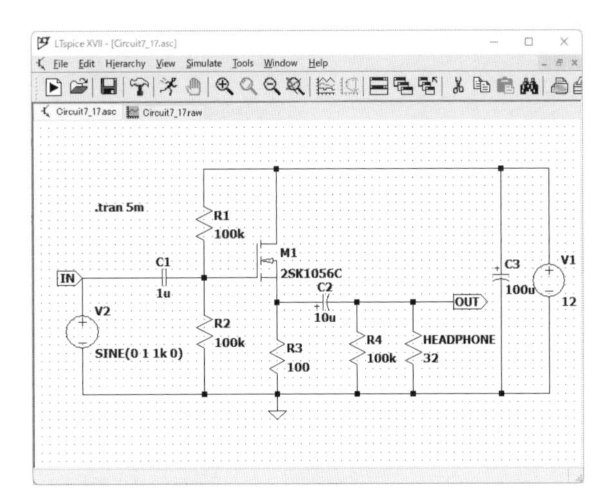


図7.34　MOS-FETを1個だけ用いたバッファ回路

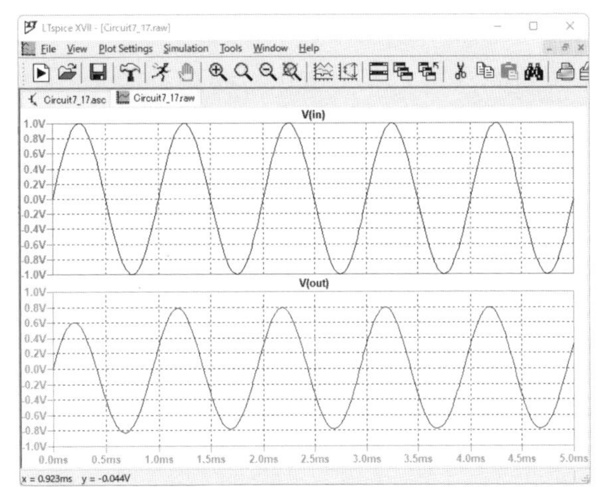


図7.35　MOS-FETを1個だけ用いたバッファ回路の電圧

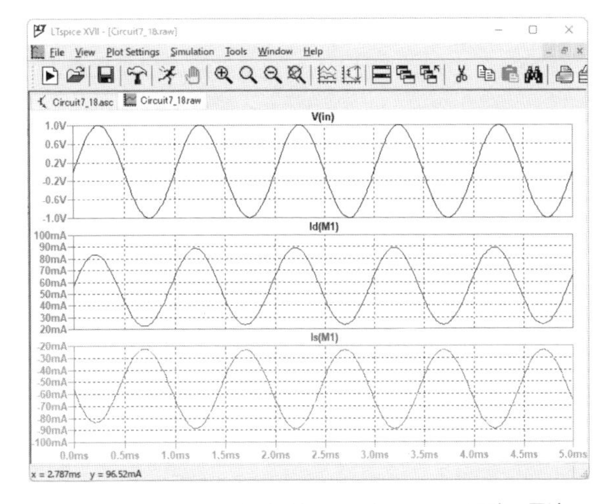


図7.36　MOS-FETを1個だけ用いたバッファ回路の電流

ンのダミー抵抗の合成抵抗の値となり、実際には負荷抵抗の値はR3の抵抗値よりもずっと小さくなります。

### 7.4.3 MOS-FETを2個（2SK1058と2SJ162）用いたプッシュプル型ソースフォロワ回路

ここでは、パワーMOS-FET 2SK1058と2SJ162を用いた、プッシュプル型バッファ回路を示します。

前項で説明したMOS-FETを1個だけ用いた回路では、[図7.36] のグラフに示すように、ドレインからソースに流れる電流の中心値は60mA弱です。これは、ゲートへ信号が入力されていないとき（無音であるとき）、60mA弱の電流が常に流れていることを示します。また、[図7.36] からもわかるように最小でも20mA以上の電流が流れています。このような回路をA級アンプと呼びます。このタイプの回路は、無音のときに無駄な電力を消費しており、これが熱として放出されているという欠点があります。本項では、ゲートへの入力信号がないとき、ドレインからソースへ電流が流れないB級アンプ、もしくはA級とB級の間に相当し、信号が入力されているとき電圧の値によっては電流が流れないAB級アンプを上下対称で用いたプッシュプル型のバッファアンプについて述べます。

本項で示す回路は、窪田登司氏の著書『半導体アンプ製作技法』（誠文堂新光社）で提案された0dBパワーアンプ（窪田式0dBアンプ）の回路を簡略化したものです。元の回路においては、出力のMOS-FETが2個ずつ並列に使われていましたが、本書では大きい出力を想定していないこともあり、それぞれ1個ずつ使うことにしました。また、電源電圧も低くし、12VのACアダプターの電圧を二分割して仮想的に±6Vとして使っています。

このアンプの回路は、パワーMOS-FET 2SK1058と2SJ162のゲートしきい値電圧が低いことを利用して、コンデンサーを用いたハイパスフィルターで入力信号をシフトせずに使っているのが特徴です。また、使っているMOS-FETが、温度が上昇すると電流が下がる、温度特性が負であるという特徴を有しているため、温度上昇による電流変化を補償するための回路も必要ありません。そのため、この回路ではMOS-FETを他の種類になんでも交換できるというわけではありません。このタイプの回路を使うことができるMOS-FETは、2SK1058と2SJ162のペアの他に、定格違いで特性が同じ2SK1056と2SJ160、2SK1057と2SJ161などがあります。

このほかの、ゲートしきい値電圧の高い一般のMOS-FETを使ったバッファ回路については次項で示します。

このバッファ回路の回路図を［図7.37］に示します。ここで使っている2SK1056Cと2SJ162Cは、Cordell Audioから入手したモデルから、該当するモデルをファイルlib/cmp/standard.mosに追加したものです。2SK1056、1057、1058と2SJ160、161、162のそれぞれ3種類のMOS-FETは耐圧が異なるのみで特性は同じなので、ここでは入手できる2SK1056と2SJ162という組み合わせでそのまま使っています。シンボル名の最後のCは、Cordell氏が他のモデルと区別するために追加した文字です。

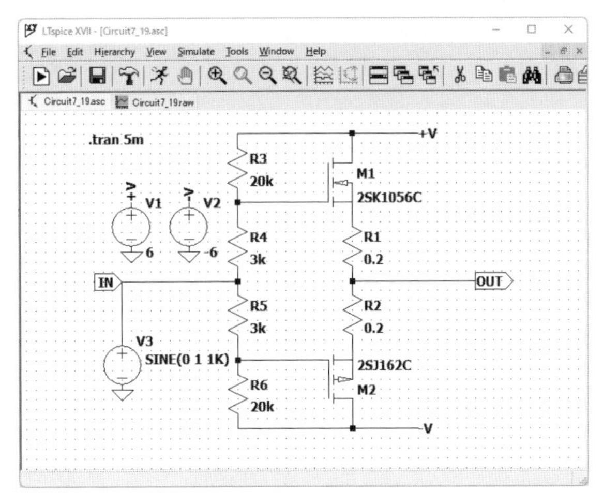


図7.37　パワーMOS-FETを用いたバッファ回路の回路図（2SK1056と2SK162）

この回路の入力信号と出力信号の電圧を［図7.38］に示します。

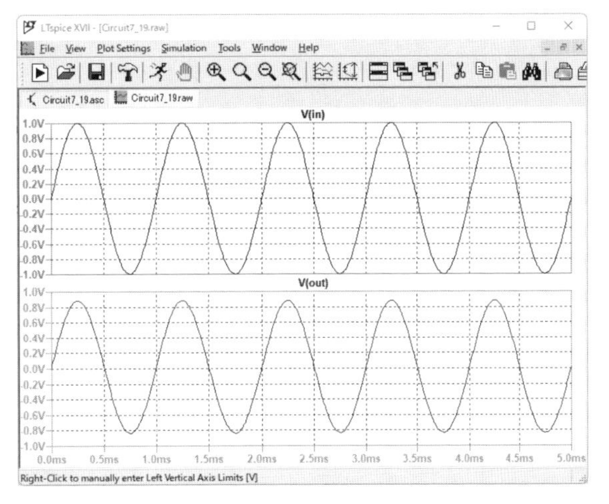


図7.38　パワーMOS-FET（2SK1056と2SK162）を用いたバッファ回路の入出力波形

上のグラフに描画されているのが入力信号の波形（電圧）で、下のグラフに描画されているのが出力信号の波形（電圧）です。出力信号の電圧の振幅は入力信号に比べて小さくなってしまっています。これは、$R_3$、$R_6 = 20\,\mathrm{k\Omega}$と$R_4$、$R_5 = 3\,\mathrm{k\Omega}$の抵抗で構成した$R_3$から$R_6$の回路のためです。上半分の抵抗$R_3$と$R_4$について考えると、抵抗$R_3$の上端は6Vに固定されており、入力電圧は抵抗$R_4$の下なので、抵抗$R_3$と$R_4$の間の信号の振幅は、抵抗$R_4$の下の位置における入力電圧に対して$\dfrac{R_3}{R_3+R_4}$倍に下がり、出力電圧は結果として$V_{\mathrm{out}} = 6-(6-V_{\mathrm{in}})\dfrac{R_3}{R_3+R_4}$になります。この信号がFETのソースフォロワ回路に入力され、オフセットつきでコピーされて出力されます。抵抗$R_5$と$R_6$の下半分についても同様です。

これを細かく見てみると、[図7.39] のようになります。

上のグラフのうち、上側に描画されている波形が2SK1056のゲート（入力）電圧、下側に描画されている波形がソース（出力）電圧です。一方、下のグラフのうち、下側に描画されている波形が2SJ162のゲート（入力）電圧、上側に描画されている波形がソース（出力）電圧です。このように、各FETのゲートに入力されている時点で、抵抗によってすでに信号の電圧の振幅が約1.8 $V_{pp}$に小さくなって、その電圧がシフトされてソースに出力されていることがわかります。

同じ回路において、スピーカーの代わりに8Ωのダミー抵抗を出力につけて、入力電圧の最大値を4Vに変更した回路図を [図7.40] に示します。

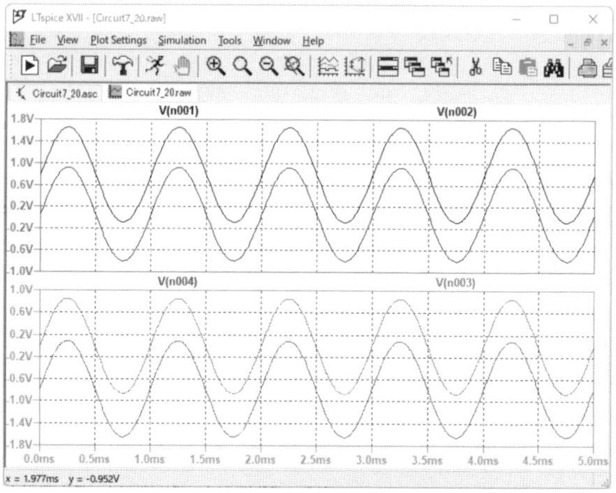

**図7.39** パワーMOS-FET（2SK1056と2SK162）を用いたバッファのFET入出力波形

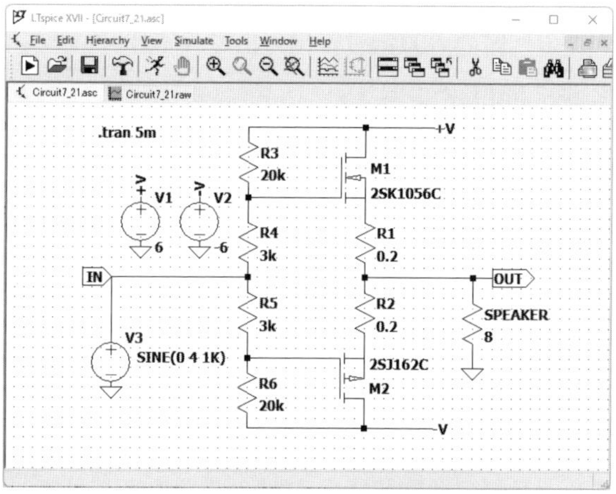

**図7.40** パワーMOS-FETを用いたバッファ回路の出力に8Ωの負荷抵抗を接続した回路図

また、この回路の入出力波形を [図7.41] に示します。

上のグラフが入力信号の電圧、下のグラフが出力信号の電圧です。

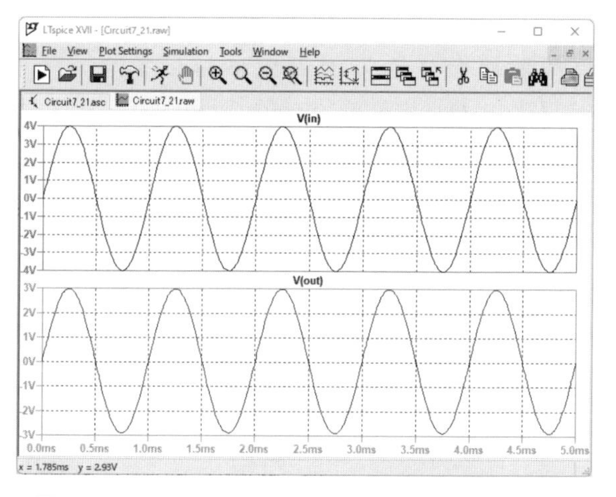


**図7.41** パワーMOS-FETを用いたバッファ回路の出力に8Ωの負荷抵抗を接続した回路の入出力波形

## 7.4.4 一般のMOS-FETを用いるプッシュプル型ソースフォロワ回路

最後に、前節のようにゲートしきい値電圧が小さいMOS-FETではない、一般のMOS-FETを使ったバッファ回路を設計します。

前節で使った2SK1056-8および2SJ160-2は、ゲートしきい値電圧が小さいので、入力信号に対する出力信号の振幅の低下の度合いが少ないという特徴があります。しかし、例えばLTspiceにコンプリメンタリ・モデルとして含まれているIRF240とIRF9240のように、ゲートしきい値電圧が大きい（温度25度のとき4V程度ある）NチャネルFETと、負に大きいPチャネルFETを使った場合は、この低下の度合いが大きくなります。これらのMOSFETを使って［図7.37］のような回路を作成します。ゲートしきい値電圧に合わせて、IRFP240のゲート電圧が4V、IRFP9240のゲート電圧が−4Vとなるように、［図7.42］のような回路を組みます。

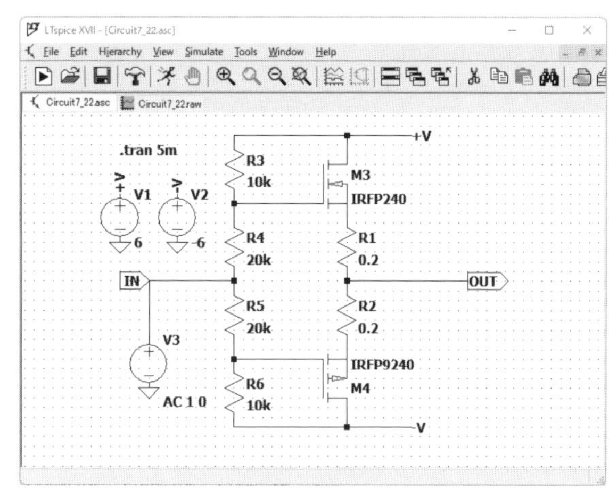


図7.42　パワーMOS-FET（IRFP240とIRFP9240）を用いたバッファ回路の回路図（コンデンサーを使わない場合）

この回路の入力信号の波形と出力信号の波形を［図7.43］にプロットします。

上のグラフが入力信号の電圧で下のグラフが出力信号の電圧です。出力電圧の振幅は入力電圧の振幅の3分の1程度まで小さくなってしまいます。

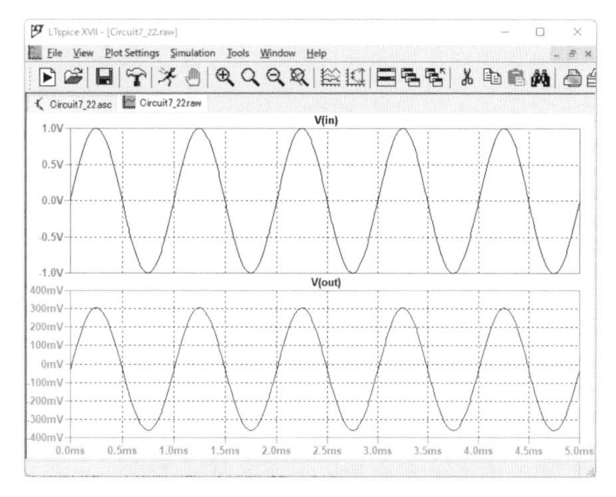


図7.43　パワーMOS-FET（IRFP240とIRFP9240）を用いたバッファ回路の入出力波形（コンデンサーを使わない場合）

そこで、[図7.44] のように、コンデンサーで入力信号をゲートの電位にシフトします。

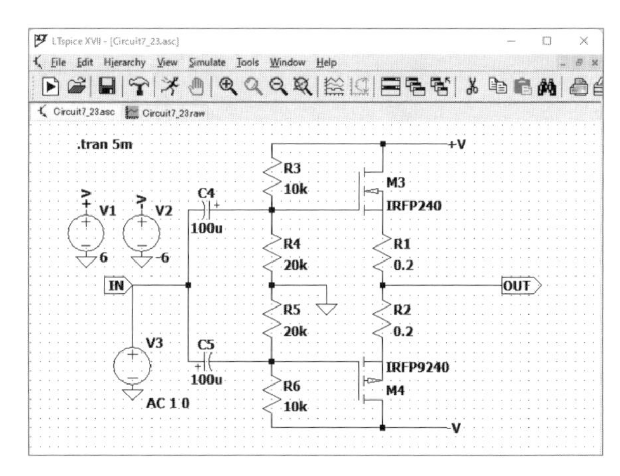


**図7.44** パワーMOS-FET (IRFP240とIRFP9240) を用いたバッファ回路の回路図 (コンデンサーを使う場合)

この回路の入力信号と出力信号の電圧を [図7.45] にプロットします。

上のグラフが入力信号の電圧で、下のグラフが出力信号の電圧です。入力信号と出力信号の振幅がほぼ等しくなり、この回路がバッファ回路として機能していることがわかります。

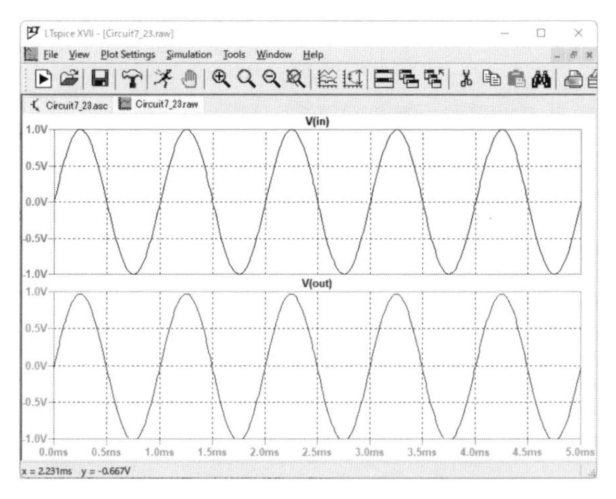


**図7.45** パワーMOS-FET (IRFP240とIRFP9240) を用いたバッファ回路の入出力波形 (コンデンサーを使う場合)

この回路では、信号がコンデンサーを通過しており、これはハイパスフィルターを通過していることを意味するので、この回路の周波数特性と位相特性を測ってみます。回路のSPICE directiveを [図7.46] のように書き換えます。

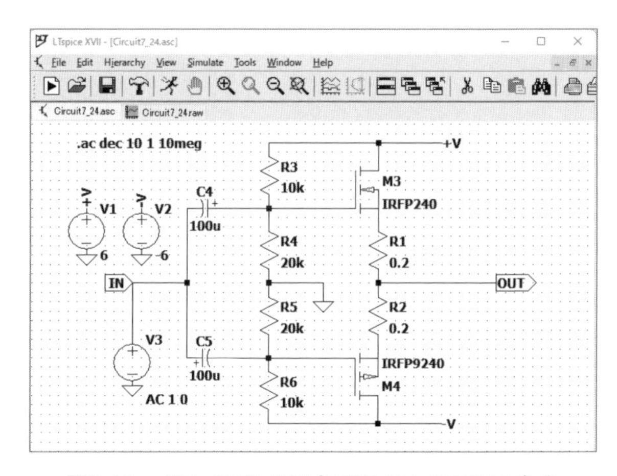


**図7.46** パワーMOS-FET (IRFP240とIRFP9240) を用いたバッファ回路の周波数-位相特性を測るためのSPICE directive (コンデンサーを使う場合)

シミュレーションを実行して、出力端子を電圧プローブのカーソルでクリックすると、周波数特性と位相特性がプロットされます。表示された周波数特性と位相特性を［図7.47］に示します。

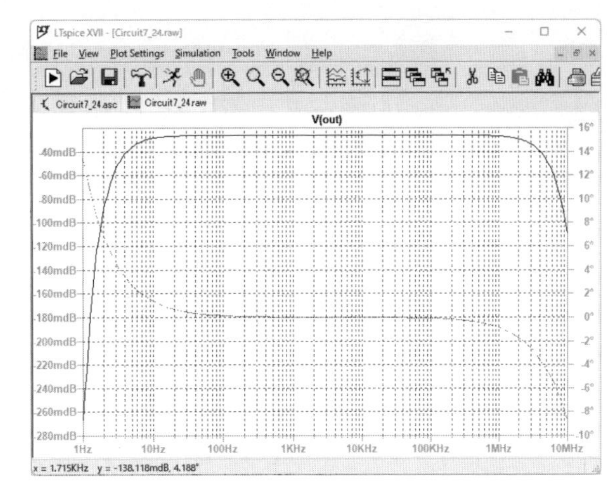


**図7.47** パワーMOS-FET（IRFP240とIRFP9240）を用いたバッファ回路の周波数-位相特性（コンデンサーを使う場合）

グラフには出力信号の周波数特性（増幅率）と位相特性（入力信号に対する出力信号の位相のずれ）が表示されています。実線が周波数特性、点線が位相特性です。周波数特性では、10Hzから1MHz近くまでの帯域がほぼ一定の利得を持っています。また位相特性では、低周波数の部分で位相が進み、高周波数の部分で位相が遅れていますが、10Hzから1MHzの範囲で、ほぼ1度以内に収まっていることがわかります。これより、人が一般に聴き取れる20Hzから20kHzの範囲では増幅率も位相のずれも問題ないといえます。

# 7.5 プッシュプル型バッファアンプ用正負電源回路（レールスプリッタ）

前節のLTspiceの回路図では、バッファアンプ用の電源として、6Vの直流電圧源を2段重ねて使っています。実際の回路の製作の際には12VのACアダプターを使い、この電圧を二分割して、0V、6V、12Vの電圧を作成し、6Vの電圧をグラウンドとして扱って、バッファアンプに対して仮想的に±6Vの電源を供給します。このような、電源電圧を二分割するための回路のことをレールスプリッタと呼びます。本節では、レールスプリッタのシミュレーションを行います。

## 7.5.1 抵抗を使うレールスプリッタ

まず、抵抗だけを使うレールスプリッタの回路図を［図7.48］に示します。電源電圧を12Vとしたとき、同じ抵抗を0Vと12Vの間に挟むと、オームの法則より、2本の抵抗の間の電圧は6Vとなります。こうやってできる3つの電圧0V-6V-12Vを、2本の抵抗の間をグラウンドに落とすことで、(－6V)-0V-(+6V)と仮想的にみなして使います。

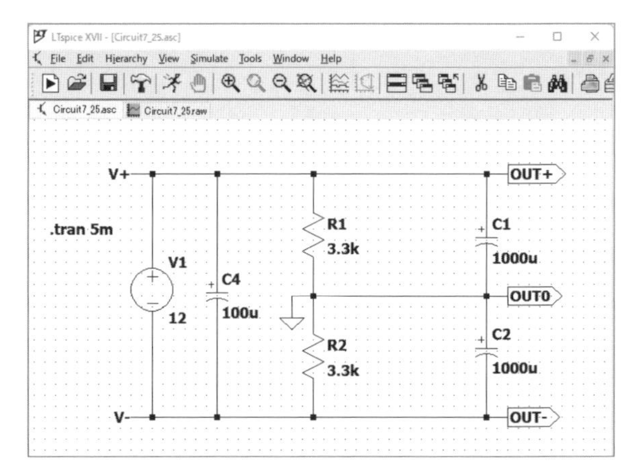


図7.48　抵抗を使ったレールスプリッタ

負荷をかけないときの電圧を測ってみると、［図7.49］のように安定して正と負の電圧が出力されていることがわかります。

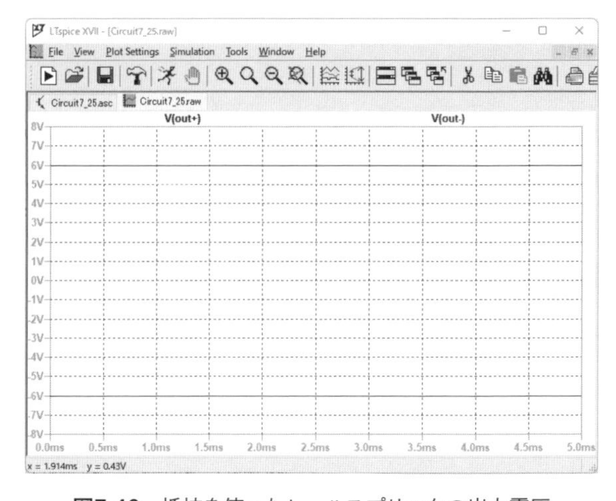


図7.49　抵抗を使ったレールスプリッタの出力電圧（無負荷のとき）

実際に電源に負荷をかけます。ここでは、[図7.50] のようにMOS-FETを使ったバッファ回路を接続し、バッファ回路に10 $V_{pp}$の正弦波を入力します。

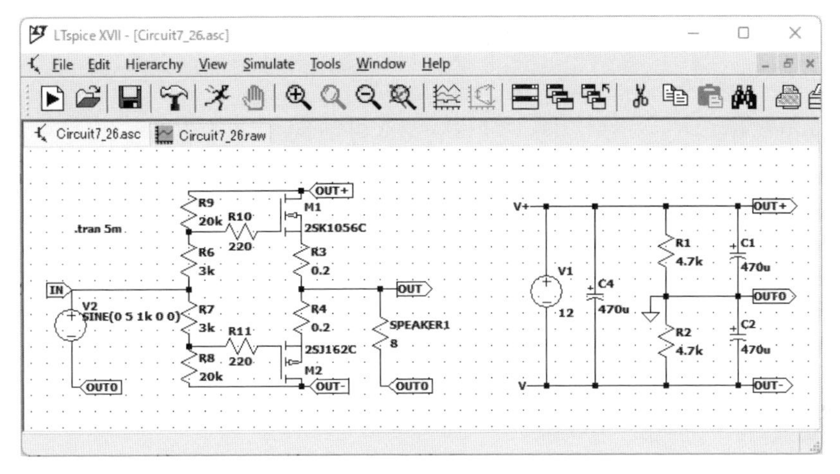


図7.50　抵抗を使ったレールスプリッタに負荷をかけた状態

このときの信号のグラフを [図7.51] に示します。

プロットしているデータは上から順に、バッファ回路の入力信号の電圧、正の電源電圧、負の電源電圧、上下のMOS-FETのドレインに流れる電流です。正負電源の電圧は上の3つのグラフをみればわかるように、入力信号の電圧の上下に合わせて±6Vからぶれてしまっています。ぶれの幅は0.16 $V_{pp}$程度です。

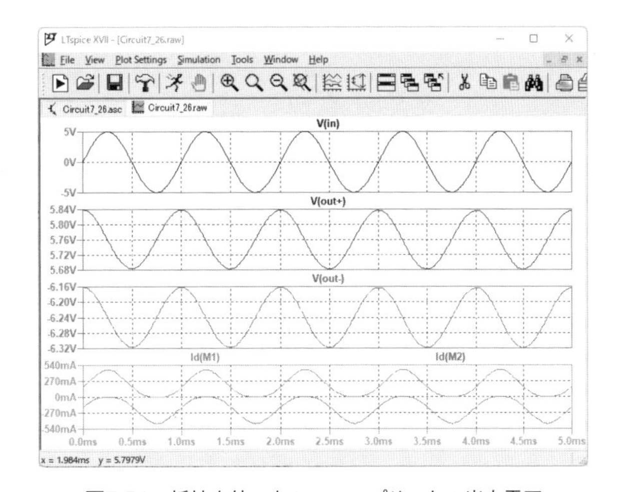


図7.51　抵抗を使ったレールスプリッタの出力電圧
（負荷をかけたとき）

これは、中心の電圧をグラウンドに接続しているため0Vと固定しているときの+側の出力電圧と−側の出力電圧をプロットしたものです。実際には、12Vを二分割して作成した中心の電圧が0Vと12Vのちょうど中心の6Vにならずに、バッファ回路の電圧に合わせてずれてしまっていることを意味しています。この影響の元になっているのが、一番下にプロットしているMOS-FETに流れる電流です。グラフをみるとわかるように、片方の電流が0mAで、もう片方の電流だけが流れるという状態が交互に起きています。この電流がレールスプリッタの2つの抵抗のうち片方だけに流れることによって、中心電圧が動いてしまっています。

## 7.5.2 オペアンプを用いるレールスプリッタ

前項では、抵抗分圧を使ったレールスプリッタをシミュレートし、安定して電圧を半分に分圧できないことを示しました。

これに対する対策として、本項では、オペアンプを用いるレールスプリッタをシミュレーションします。オペアンプとしては、NJU77902を使います。このオペアンプは、1,000 mAの電流を出力可能であり、バッファ用途のアプリケーションに最適であるとうたわれているので、今回のレールスプリッタのシミュレーション用に採用しました。このオペアンプのLTspice用のモデルは日清紡マイクロデバイス（旧：新日本無線）のWebサイトから検索することで入手できます。

オペアンプを用いるレールスプリッタの回路図を［図7.52］に示します。

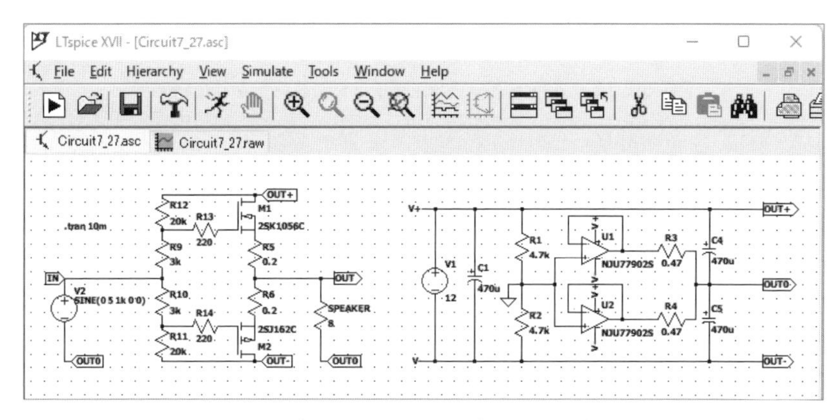


図7.52　オペアンプを用いたレールスプリッタに負荷をかけた状態

入力電圧12Vを抵抗で分圧した電圧を、オペアンプのボルテージフォロワ回路に入力して、その出力をレールスプリッタの出力電圧とします。これにより、負荷に流れる電流がレールスプリッタの出力電圧に影響することを防いでいます。

このレールスプリッタで作成した正負電源回路に、MOS-FETのバッファ回路を接続し、出力に8Ωのダミーロードを接続し、入力として10 $V_{pp}$の正弦波を入力したときの電圧を［図7.53］に示します。

グラフでプロットしているものは上から、バッファ回路への入力信号電圧、正の電源電圧出力、負の電源電圧出力、上と下のMOS-FETに流れる電流です。上から2

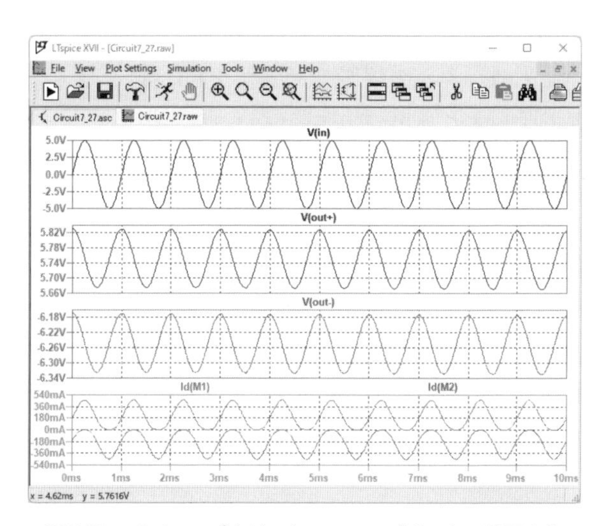


図7.53　オペアンプを用いたレールスプリッタの電圧変化

番目と3番目のグラフがこのレールスプリッタの性能を示しています。MOS-FETに最大500 mA程度の電流が流れるとき、正負電源のぶれは0.18 $V_{pp}$程度であり、抵抗だけを使ったレールスプリッタから意外と改善されていないことがわかります。

## 7.5.3 オペアンプとトランジスタバッファを用いるレールスプリッタ

前述のNJU77902は比較的大きな電流を出力できるオペアンプですが、その他のオペアンプでも、出力にバッファを入れて出力電流を大きくすることで、より安定したレールスプリッタになります。ここでは、トランジスタを2個使ったバッファ回路を挿入します。

オペアンプの後にトランジスタを用いたバッファを挿入したレールスプリッタの回路図を［図7.54］に示します。

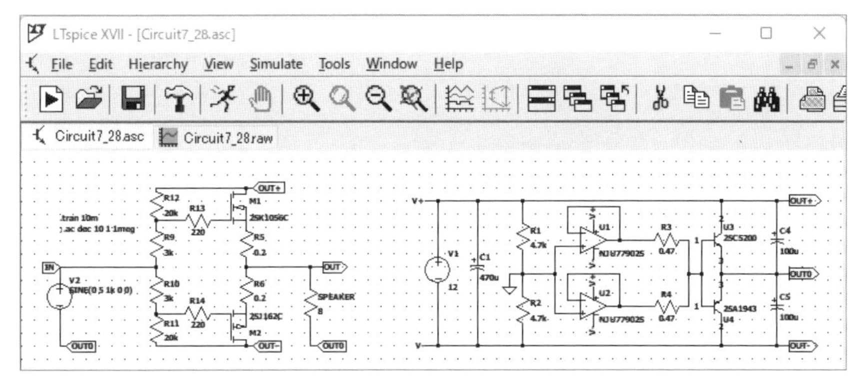


**図7.54**　オペアンプとトランジスタバッファを用いたレールスプリッタに負荷をかけた状態

このレールスプリッタで作成した正負電源回路に、MOS-FETのバッファ回路を接続し、出力に8 Ωのダミーロードを接続し、入力として10 $V_{pp}$の正弦波を入力したときの電圧を［図7.55］に示します。

グラフは上から入力信号の電圧、正の電源の電圧出力、負の電源の電圧出力、MOS-FETに流れる電流です。このグラフを見ると、正負電源の出力電圧のぶれは10 ms経った時点で0.15 $V_{pp}$程度となっており、前の2つの回路と同程度です。時間と共に振れ幅が小さくなってきているので、もっと時間が経つと改善していくと予想されます。

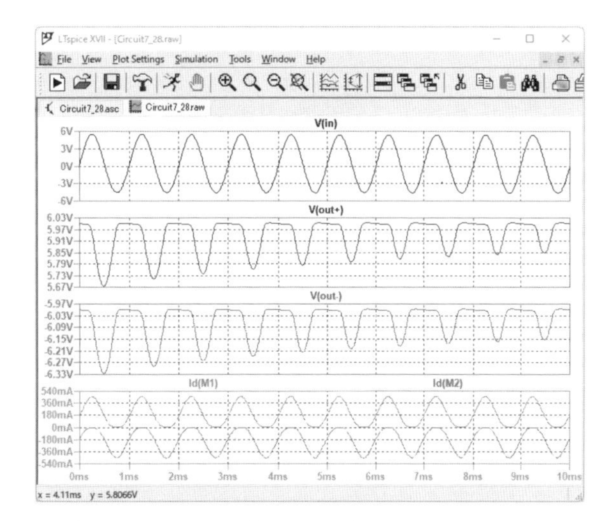


**図7.55**　オペアンプとトランジスタバッファを用いたレールスプリッタの電圧変化

## 7.5.4 抵抗とトランジスタバッファを用いるレールスプリッタ

前項のシミュレーションで、トランジスタを2個用いるバッファ回路の効果が確認できたので、ここでは抵抗で分圧した電圧をそのままトランジスタバッファに通すレールスプリッタを試します。

抵抗分圧の後にトランジスタバッファを挿入したレールスプリッタの回路図を［図7.56］に示します。

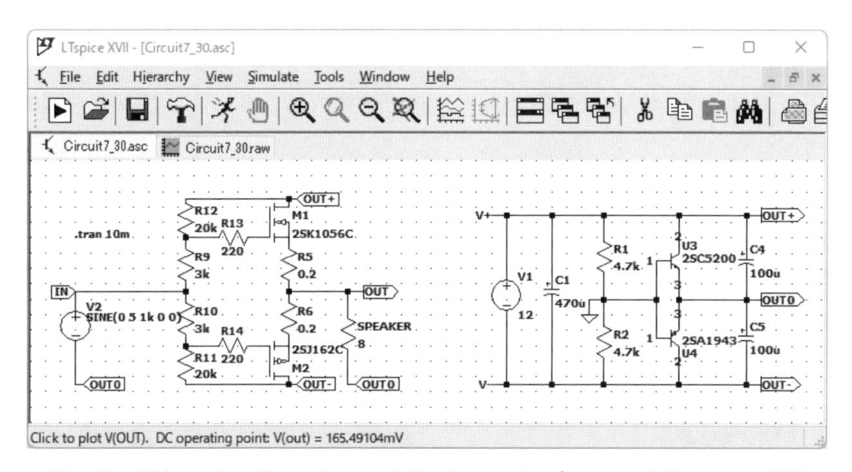


**図7.56** 抵抗とトランジスタバッファを用いたレールスプリッタに負荷をかけた状態

このレールスプリッタで作成した正負電源回路に、MOS-FETのバッファ回路を接続し、出力に8 Ωのダミーロードを接続し、入力として10 $V_{pp}$の正弦波を入力したときの電圧を［図7.57］に示します。

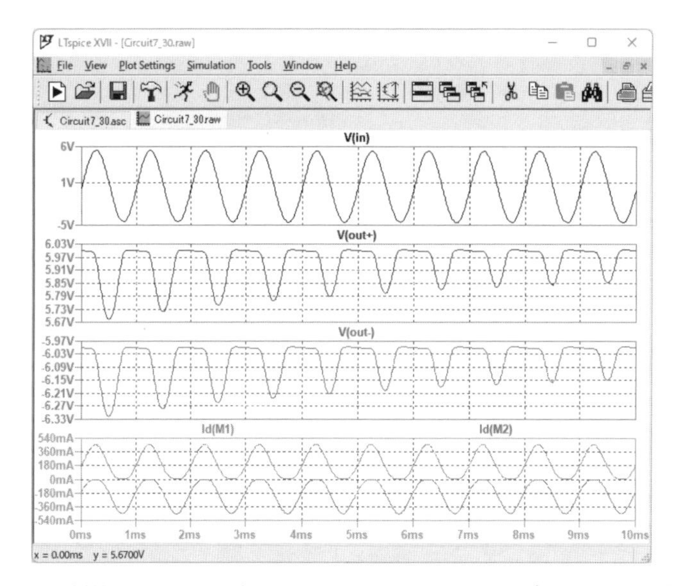


**図7.57** 抵抗分圧とトランジスタバッファを用いたレールスプリッタの電圧変化

グラフは上から入力信号の電圧、正の電源の電圧出力、負の電源の電圧出力、MOS-FETに流れる電流です。このグラフを見ると、正負電源の出力電圧のぶれは10 ms経った時点で0.15 $V_{pp}$程度となっており、前の回路よりシンプルな回路で同程度の性能を出せていることがわかります。また、時間が進むにつれて振れ幅が小さくなってきているので、もっと長時間の経過を見てみることにします。同じ回路で、時間を10 msから20 msに長くして電圧の変化をみます。この回路図を**[図7.58]**に示します。

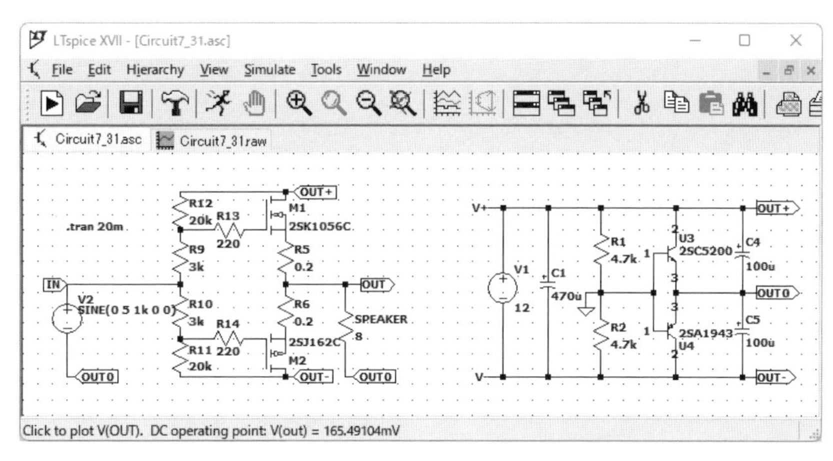


**図7.58** 抵抗とトランジスタバッファを用いたレールスプリッタに負荷をかけた状態（時間20ms）

このレールスプリッタで作成した正負電源回路に、MOS-FETのバッファ回路を接続し、出力に8 Ωのダミーロードを接続し、入力として10 $V_{pp}$の正弦波を入力したときの電圧を**[図7.59]**に示します。

グラフは上から入力信号の電圧、正の電源の電圧出力、負の電源の電圧出力、MOS-FETに流れる電流です。このグラフからも、正負電源の出力電圧のぶれは20 ms経った時点で0.1 $V_{pp}$程度となって安定していることがわかります。

以上のシミュレーションから、抵抗とトランジスタバッファを用いたレールスプリッタが最も良い性能をシンプルな回路で達成できていることがわかりました。

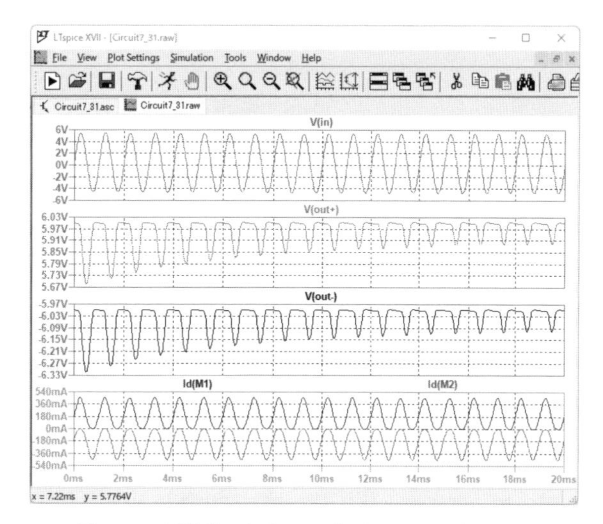


**図7.59** 抵抗分圧とトランジスタバッファを用いたレールスプリッタの電圧変化（時間20ms）

# 第 8 章

# 低電圧ハイブリッド真空管アンプのシミュレーション

本章では、第6章と第7章で作成したモジュールを組み合わせて、低電圧で動作するハイブリッド真空管アンプを設計し、その動作をシミュレーションで確認します。

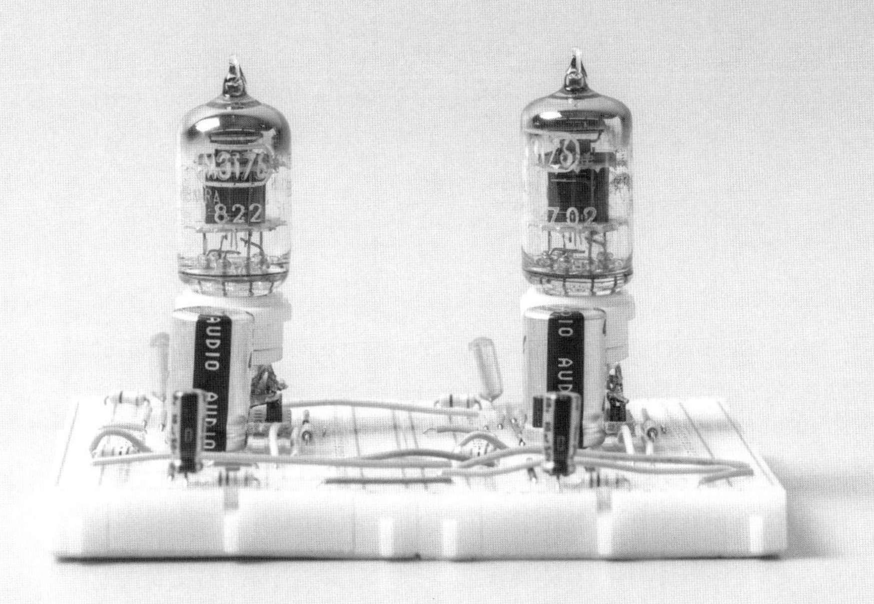

# 8.1 KORG Nutube 6P1を用いたハイブリッド真空管アンプ

本節では、Nutube 6P1を用いた増幅回路とオペアンプを用いたバッファアンプを組み合わせたハイブリッドヘッドフォンアンプの回路図を示し、100Ωの負荷（ヘッドフォン）と32Ωの負荷（イヤフォン）に対する動作をシミュレーションで確認します。その後、Nutube 6P1を用いた増幅回路をトランジスタやMOS-FETを用いたバッファアンプと組み合わせたハイブリッドパワーアンプの回路図を示し、8Ωの負荷（スピーカー）に対する動作をシミュレーションで確認します。

## 8.1.1 Nutube 6P1とオペアンプを用いたハイブリッドヘッドフォンアンプ

ここでは、第4章の「4.4.3 SPICEモデルの追加」で追加したオペアンプと組み合わせてハイブリッドヘッドフォンアンプを作成します。ヘッドフォンとしては、インピーダンス100Ωと32Ωに対する出力のシミュレーションを行います。

### インピーダンス100Ωの負荷に対する出力

まず、ヘッドフォンの代わりに負荷として100Ωをつけた回路図を［図8.1］に示します。

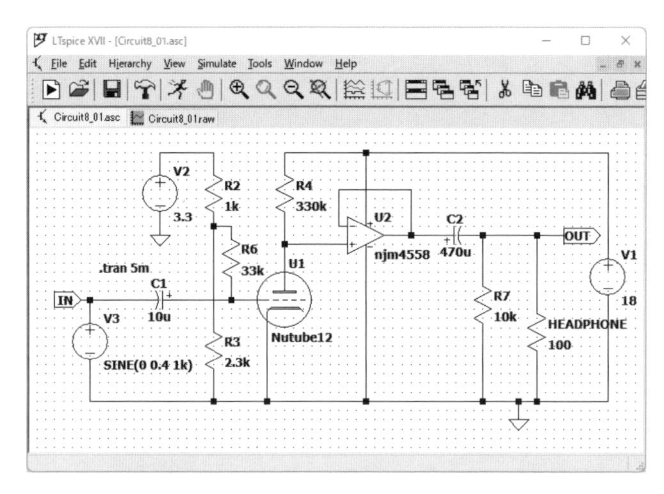


図8.1　Nutubeを使ったハイブリッドヘッドフォンアンプの回路（負荷100Ω）

真空管Nutubeは出力インピーダンスが高いため、メーカーは出力にジャンクションFETをバッファアンプとして接続することを推奨していますが、ここでは真空管の出力にFETの代わりにオペアンプ4558を直結しています。

オペアンプのバッファ回路はボルテージフォロワ回路を使っています。通常、オペアンプは正負電源を使ってその中点のグラウンドを使用する必要があるのですが、ボルテージフォロワ回路の場合にはグラウンドが必要ないので、電源も簡単な回路で済んでいます。

入出力波形をシミュレーションすると［図8.2］のようになります。

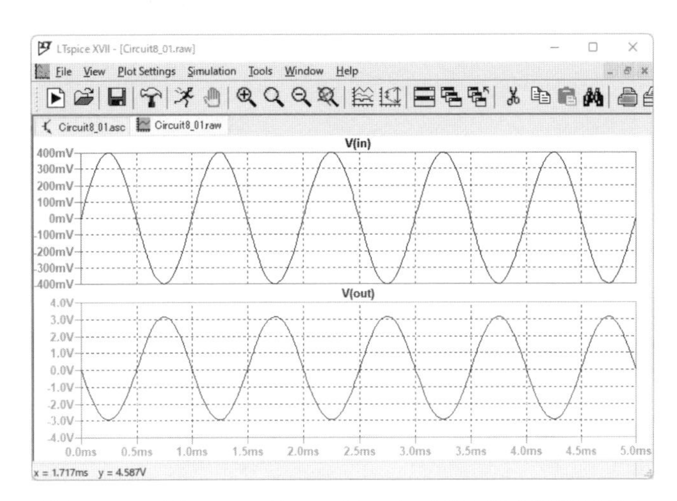


**図8.2**　ハイブリッドヘッドフォンアンプの入出力波形（負荷100Ω）

このグラフから、負荷100Ωに対しては、最大値400mVの入力信号を最大値3Vまで増幅できていることがわかります。

## ■ インピーダンス32Ωの負荷に対する出力

次に、ヘッドフォンの代わりに負荷として32Ωをつけた回路図を［図8.3］に示します。入出力波形をシミュレーションすると［図8.4］のようになります。

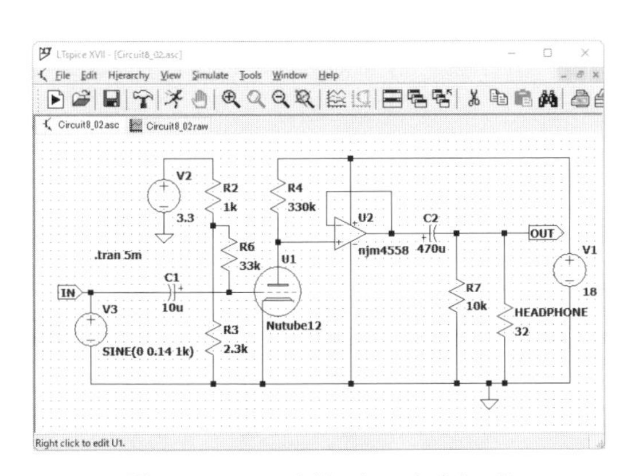


**図8.3**　Nutubeを使ったハイブリッドヘッドフォンアンプの回路（負荷32Ω）

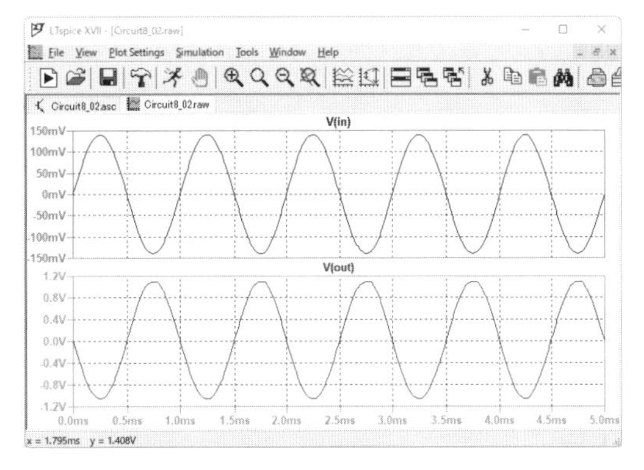


**図8.4**　ハイブリッドヘッドフォンアンプの入出力波形（負荷32Ω）

負荷32Ωに対しては、最大値300mVの入力信号を1.1Vまで増幅できています。

## 8.1.2 Nutube 6P1とダイヤモンドバッファを用いたハイブリッドパワーアンプ

ここでは、真空管Nutube 6P1を用いた増幅回路と、出力バッファとしてトランジスタを用いたダイヤモンドバッファを組み合わせたハイブリッドパワーアンプの回路を設計し、動作を確認します。真空管回路の電源電圧として30Vを、ダイヤモンドバッファの電源電圧として±6Vを使用します。

Nutube 6P1とダイヤモンドバッファを用いたハイブリッドパワーアンプの回路図を［図8.5］に示します。

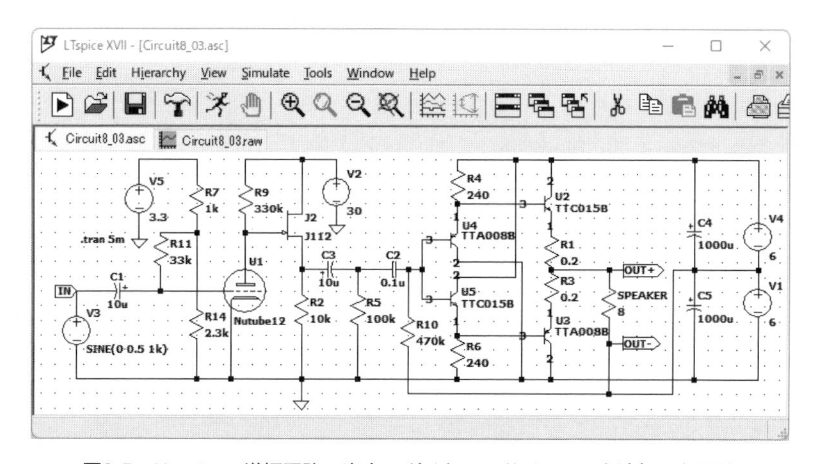


図8.5　Nutubeの増幅回路の出力にダイヤモンドバッファを追加した回路

入力信号は±0.5Vの正弦波とし、出力は8Ωの抵抗をスピーカーの代わりにダミーロードとして接続しています。

［図8.5］の回路の入出力信号のグラフを［図8.6］に示します。

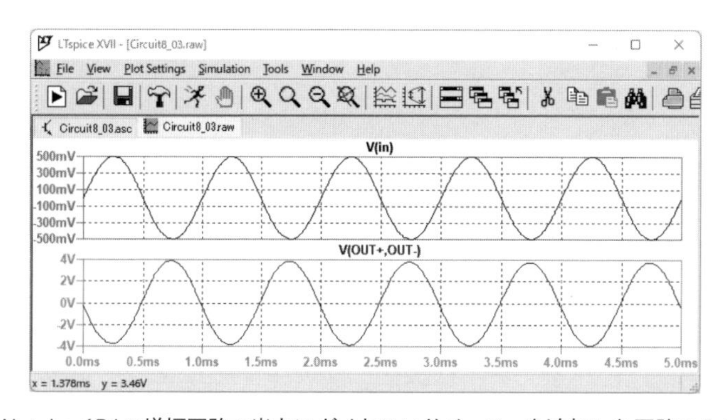


図8.6　Nutube 6P1の増幅回路の出力にダイヤモンドバッファを追加した回路の入出力信号

この回路では、最大値0.5Vの入力信号が最大値4Vまで増幅されて8Ωのスピーカーに出力されているのがわかります。

## 8.1.3 Nutube 6P1とMOS-FETバッファを用いたハイブリッドパワーアンプ

次に、出力バッファをダイヤモンドバッファからMOS-FETバッファに変更したハイブリッドパワーアンプの回路を設計し、動作を確認します。ここでは前の回路と同様、真空管の電源電圧として30Vを、MOS-FETバッファの電源電圧として±6Vを使用します。

[図8.7] に、Nutube 6P1とMOS-FETバッファを用いたハイブリッドパワーアンプの回路図を示します。

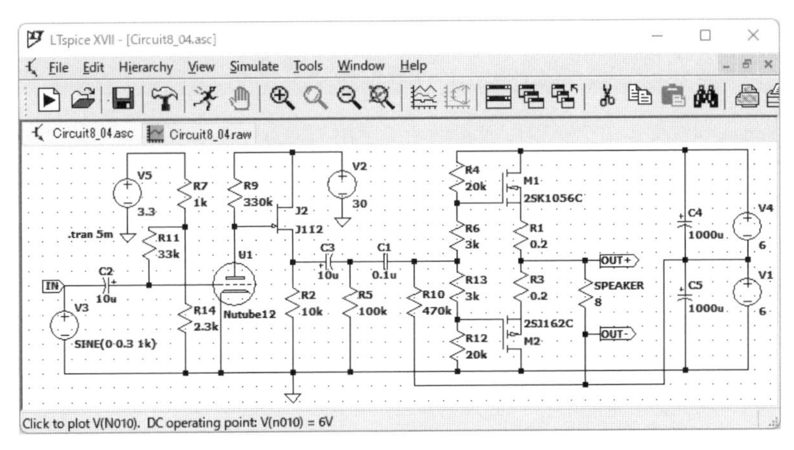


図8.7　Nutubeの増幅回路の出力にFETバッファを追加した回路

入力信号は±0.3Vの正弦波とし、出力は8Ωの抵抗をスピーカーの代わりにダミーロードとして接続します。

この回路の入力信号と出力信号を [図8.8] に示します。

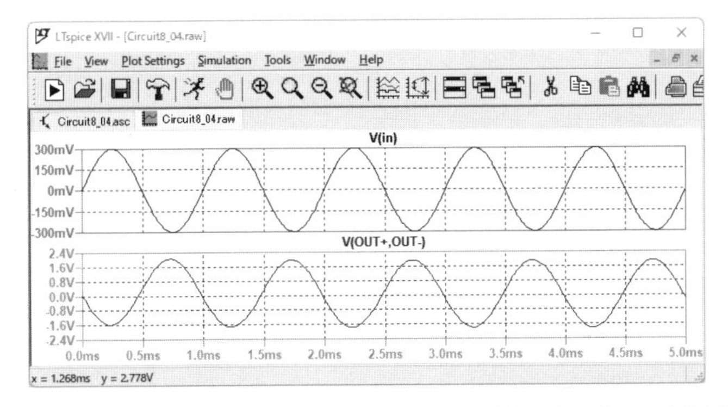


図8.8　Nutubeの増幅回路の出力にFETバッファを追加した回路の入出力信号

この回路では、最大値0.3Vの入力信号が最大値2Vまで増幅されて8Ωのスピーカーに出力されます。

# 8.2 6DJ8を用いたハイブリッドアンプ

本節では、真空管6DJ8とトランジスタやMOS-FETを用いて作成したバッファアンプを組み合わせたハイブリッド真空管アンプの回路を作成し、動作をシミュレーションで確認します。

## 8.2.1 6DJ8とダイヤモンドバッファを用いたハイブリッドパワーアンプ

ここでは、真空管6DJ8を用いた電圧増幅回路と、出力バッファとしてトランジスタを使ったダイヤモンドバッファを組み合わせたハイブリッドパワーアンプの回路を設計し、動作を確認します。真空管の電源電圧として30Vを、ダイヤモンドバッファの電源電圧として±6Vを使用しています。

[図8.9] に、6DJ8とダイヤモンドバッファを用いたハイブリッドパワーアンプの回路図を示します。

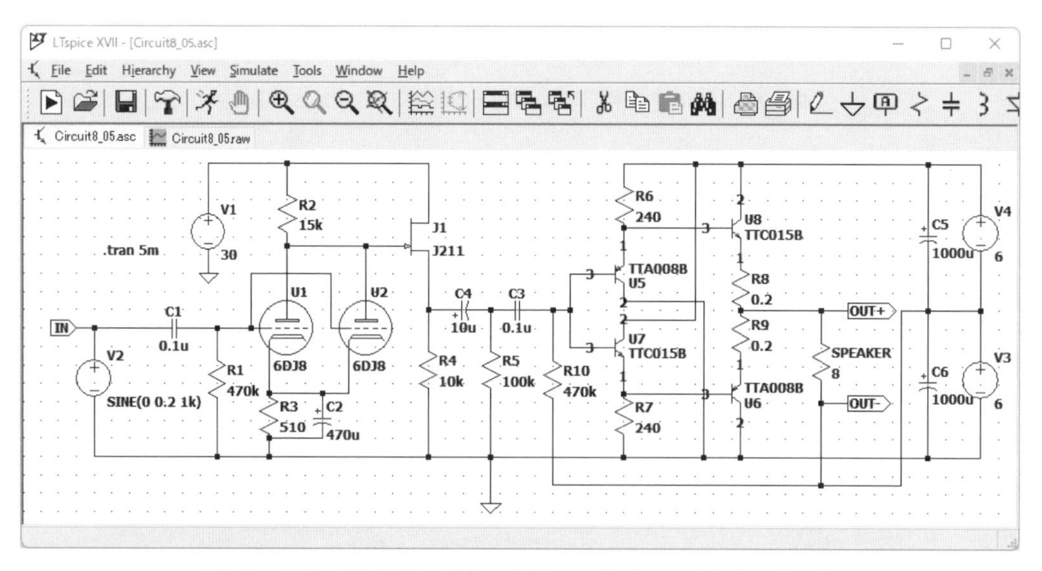


図8.9　6DJ8の増幅回路の出力にダイヤモンドバッファを追加した回路

入力信号は±0.2Vの正弦波とし、出力は8Ωの抵抗をスピーカーの代わりにダミーロードとして接続しています。

[図8.9] の回路の入出力信号を [図8.10] に示します。

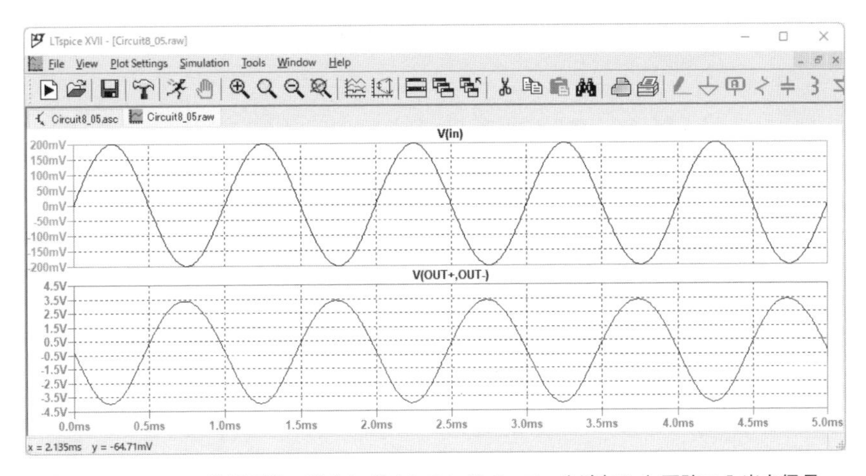


**図8.10**　6DJ8の増幅回路の出力にダイヤモンドバッファを追加した回路の入出力信号

この回路では、最大値0.2Vの入力信号が、最大値3.5V強まで増幅されてスピーカーに出力されています。

## 8.2.2 6DJ8とMOS-FETバッファを用いたハイブリッドパワーアンプ

次に、出力バッファをダイヤモンドバッファからMOS-FETバッファに変更したハイブリッドパワーアンプの回路図を設計し、動作を確認します。ここでは前の回路と同様、真空管の電源電圧として30Vを、MOS-FETバッファの電源電圧として±6Vを使用しています。

[図8.11] に、6DJ8とMOS-FETバッファを用いたハイブリッドパワーアンプの回路図を示します。

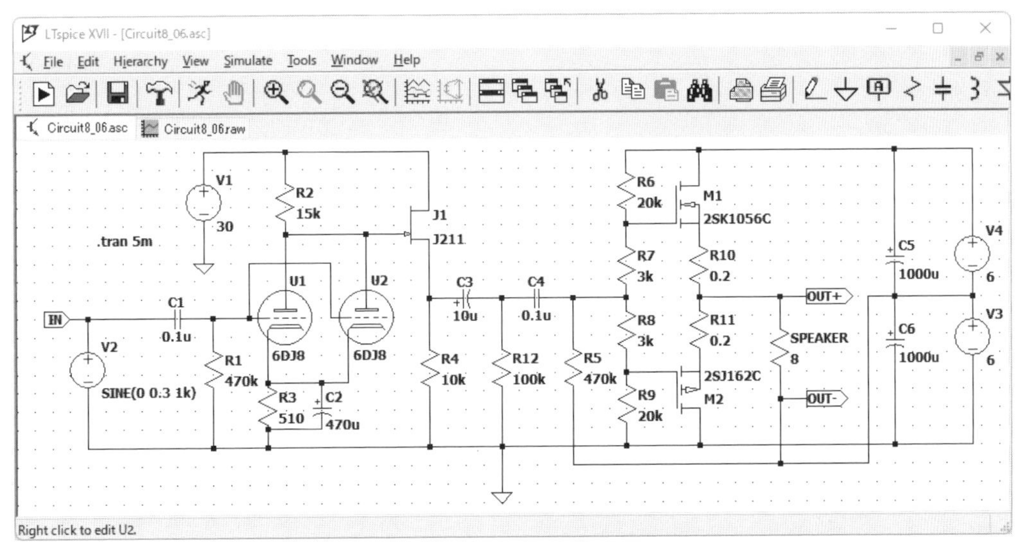


**図8.11**　6DJ8の増幅回路の出力にFETバッファを追加した回路（電源±6V）

入力信号は±0.3Vの正弦波とし、出力は8Ωの抵抗をスピーカーの代わりにダミーロードとして接続します。

[図8.11] の回路の入出力信号を [図8.12] に示します。

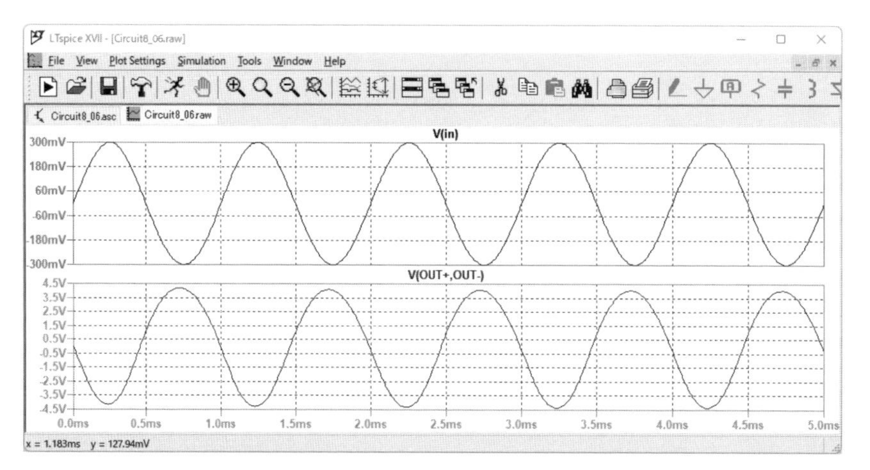


**図8.12** 6DJ8の増幅回路の出力にFETバッファを追加した回路（電源±6V）の入出力信号

この回路では、最大値0.3Vの入力信号が、最大値4.5V弱まで増幅されてスピーカーに出力されます。

# 8.3 12AU7を用いたハイブリッドアンプ

**本節では、真空管12AU7とトランジスタやMOS-FETを用いて作成したバッファアンプを組み合わせたハイブリッド真空管アンプの回路を作成し、動作をシミュレーションで確認します。**

## 8.3.1 12AU7とダイヤモンドバッファを用いたハイブリッドパワーアンプ

ここでは、真空管12AU7を用いた電圧増幅回路と、出力バッファとしてトランジスタを用いたダイヤモンドバッファを組み合わせたハイブリッドパワーアンプの回路を設計し、動作を確認します。真空管の電源電圧として30Vを、ダイヤモンドバッファの電源電圧として±6Vを使用します。

[図8.13] に、12AU7とダイヤモンドバッファを用いたハイブリッドパワーアンプの回路図を示します。

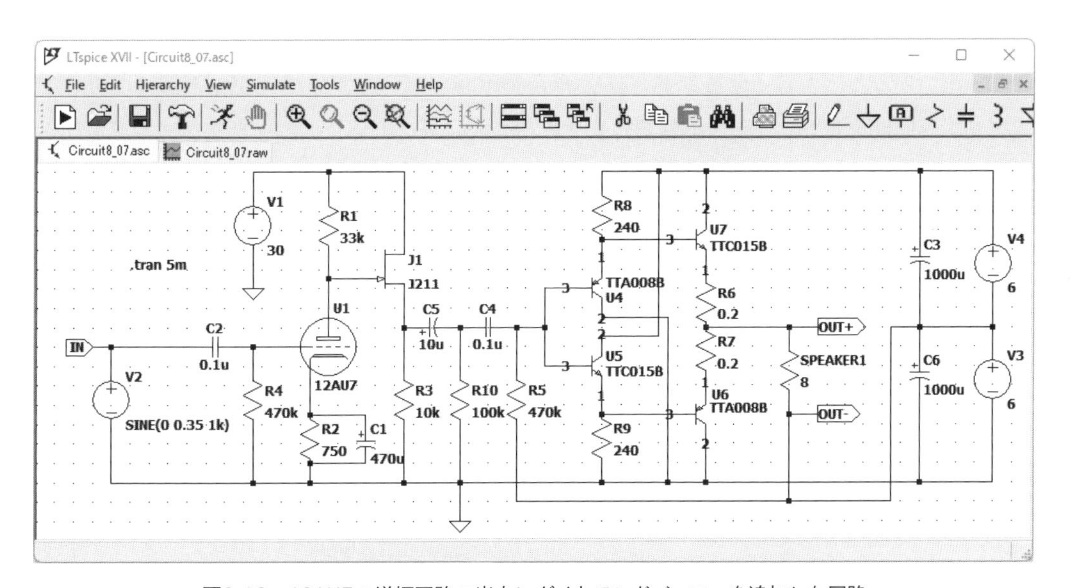


**図8.13**　12AU7の増幅回路の出力にダイヤモンドバッファを追加した回路

入力信号は±0.35Vの正弦波とし、出力は8Ωの抵抗をスピーカーの代わりにダミーロードとして接続します。

[図8.13] の回路の入出力信号を [図8.14] に示します。

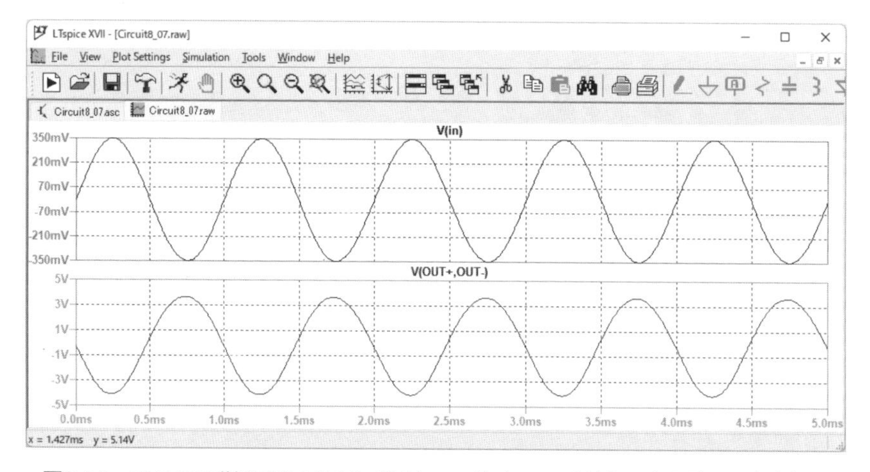


**図8.14** 12AU7の増幅回路の出力にダイヤモンドバッファを追加した回路の入出力信号

この回路では、最大値0.35Vの入力信号が最大値4.0V程度まで増幅されて8Ωのスピーカーに出力されています。

## 8.3.2 12AU7とMOS-FETバッファを用いたハイブリッドパワーアンプ

次に、出力バッファをダイヤモンドバッファからMOS-FETバッファに変更したハイブリッドパワーアンプの回路を設計し、動作を確認します。ここでは前の回路と同様、真空管の電源電圧として30Vを、MOS-FETバッファの電源電圧として±6Vを使用します。

[図8.15] に、12AU7とMOS-FETバッファを用いたハイブリッドパワーアンプの回路図を示します。

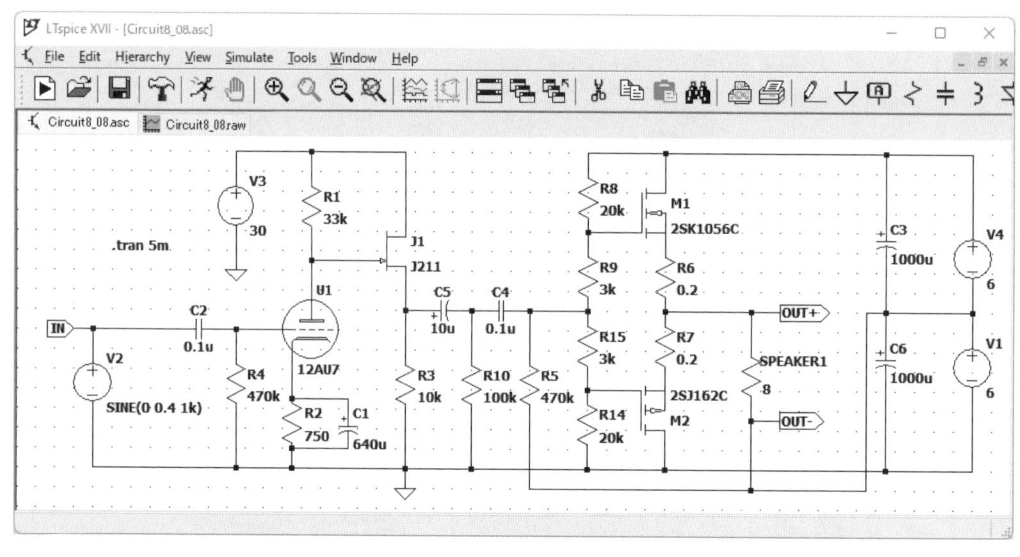


**図8.15** 12AU7の増幅回路の出力にFETバッファを追加した回路

入力信号は±0.4Vの正弦波とし、出力は8Ωの抵抗をスピーカーの代わりにダミーロードとして接続します。

[図8.15]の回路の入出力信号を[図8.16]に示します。

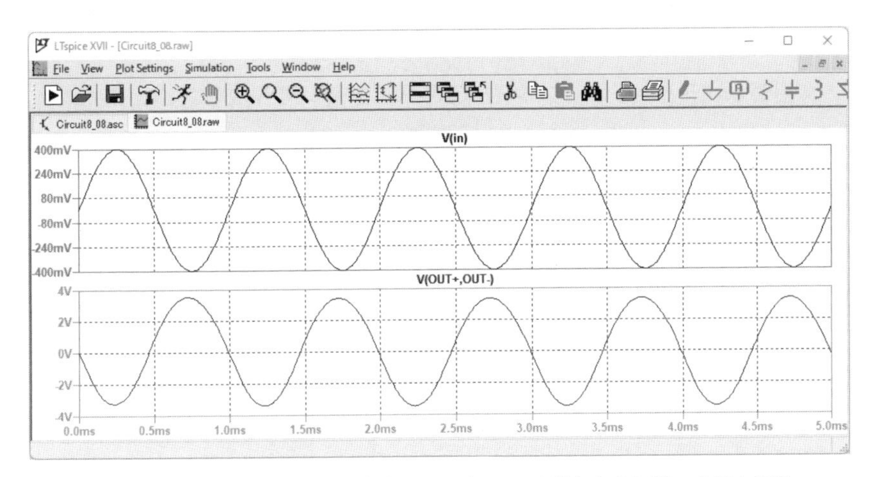


**図8.16** 12AU7の増幅回路の出力にFETバッファを追加した回路の入出力信号

この回路では、最大値0.4Vの入力信号が、最大値3.5V程度まで増幅されてスピーカーに出力されます。

# 8.4 6AK5を用いたハイブリッドアンプ

本節では、真空管6AK5とトランジスタやMOS-FETを用いて作成したバッファアンプを組み合わせたハイブリッド真空管アンプの回路を作成し、動作をシミュレーションで確認します。

## 8.4.1 6AK5とダイヤモンドバッファを用いたハイブリッドパワーアンプ

ここでは、真空管6AK5を用いた電圧増幅回路と、出力バッファとしてトランジスタを用いたダイヤモンドバッファを組み合わせたハイブリッドパワーアンプの回路を設計し、動作を確認します。真空管の電源電圧として30Vを、ダイヤモンドバッファの電源電圧として±6Vを使用します。

6AK5とダイヤモンドバッファを用いたハイブリッドパワーアンプの回路図を［図8.17］に示します。

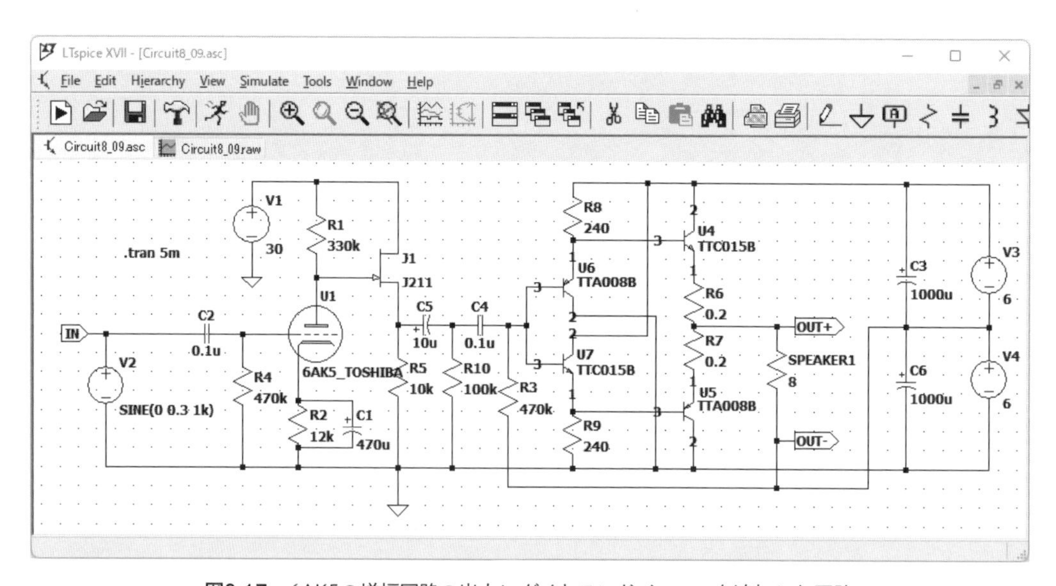


図8.17　6AK5の増幅回路の出力にダイヤモンドバッファを追加した回路

入力信号は±0.3Vの正弦波とし、出力は8Ωの抵抗をスピーカーの代わりにダミーロードとして接続します。

［図8.17］の回路の入出力信号を［図8.18］に示します。

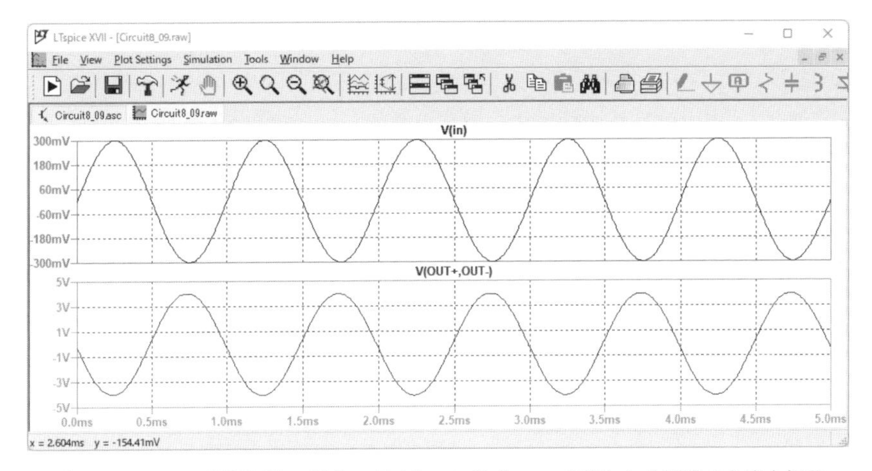


図8.18　6AK5の増幅回路の出力にダイヤモンドバッファを追加した回路の入出力信号

この回路では、最大値0.3Vの入力信号が最大値4Vまで増幅されて8Ωのスピーカーに出力されます。

## 8.4.2 6AK5とMOS-FETバッファを用いたハイブリッドパワーアンプ

次に、出力バッファをダイヤモンドバッファからMOS-FETバッファに変更したハイブリッドパワーアンプの回路を設計し、動作を確認します。ここでは前の回路と同様、真空管の電源電圧として30Vを使用し、MOS-FETバッファの電源電圧として±6Vを使用しています。

[図8.19]に、6AK5とMOS-FETバッファを用いたハイブリッドパワーアンプの回路図を示します。

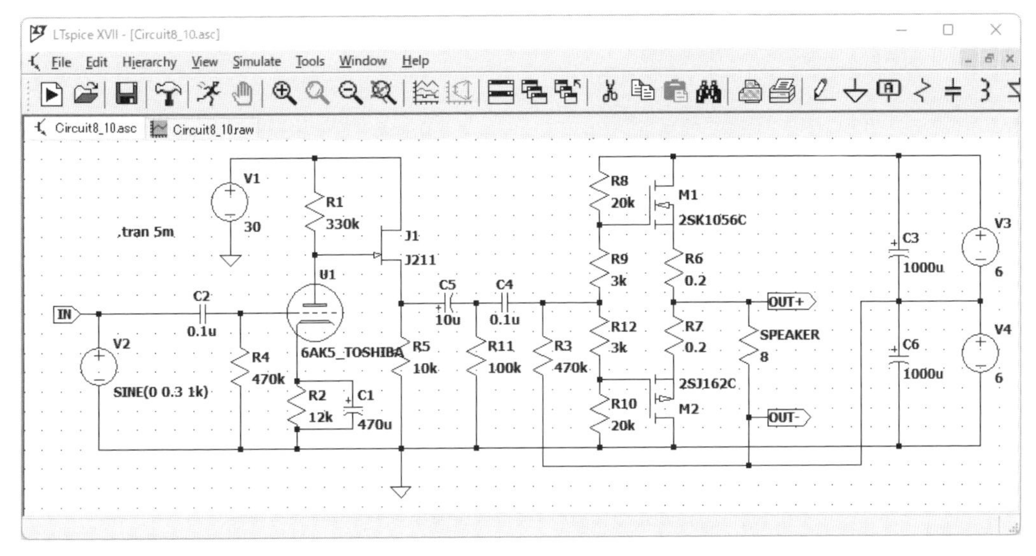


図8.19　6AK5の増幅回路の出力にFETバッファを追加した回路

入力信号は±0.3Vの正弦波とし、出力は8Ωの抵抗をスピーカーの代わりにダミーロードとして接続します。

[図8.19] の回路の入出力信号を [図8.20] に示します。

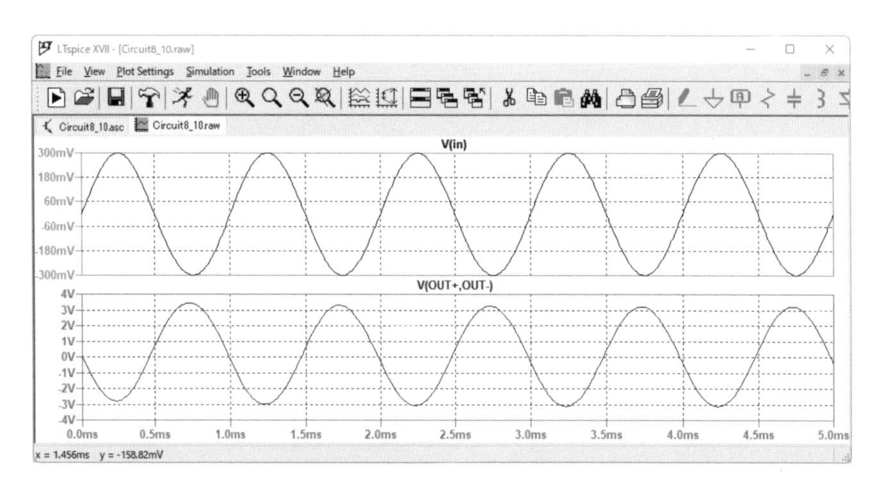


図8.20　6AK5の増幅回路の出力にFETバッファを追加した回路の入出力信号

この回路では、最大値0.3Vの入力信号が、最大値3V程度まで増幅されて8Ωのスピーカーに出力されます。

# 付 録

## 真空管の低電圧特性実測データと作成したSPICEモデルによる $E_p$-$I_p$ 特性

本章では、真空管を低いプレート電圧で実測した $E_p$-$I_p$ 特性のデータと、そのデータにモデルをフィッティングしてSPICEに取り込んだ $E_p$-$I_p$ 特性を示します。
真空管としては、MT9ピン電圧増幅双三極管、MT7ピン電圧増幅五極管、MT7ピン電力増幅五極管を紹介します。特に、前の2つについては、現在よく使われているものについて触れ、MT7ピン五極管については、三極管結合したときの特性を掲載しました。

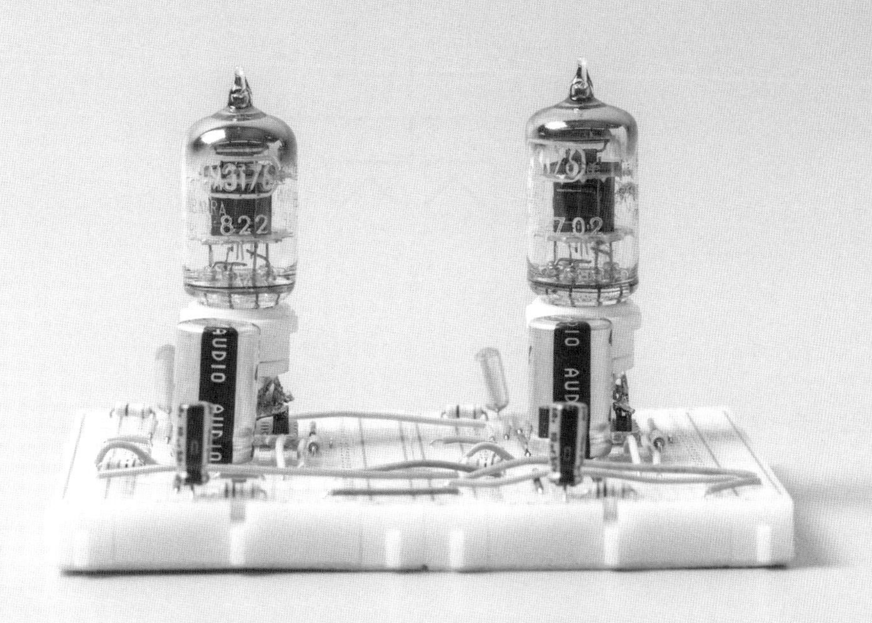

# A.1 MT9ピン三極電圧増幅管

MT9ピン管のピン番号は [図A.1] のような配置になっています。

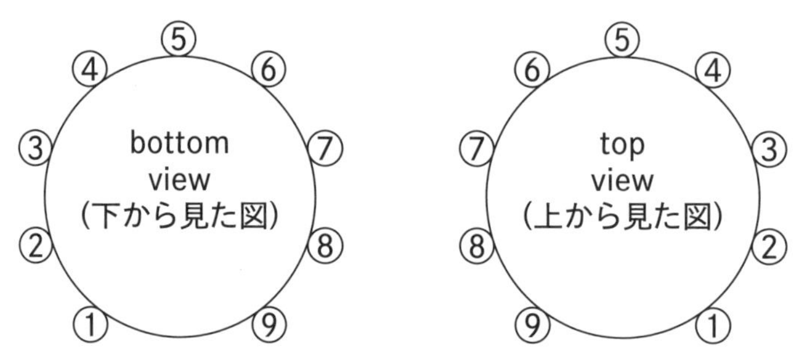


図A.1　MT9ピンのピン配置

この型の電圧増幅管の多くは、1つの真空管の中に三極管のユニットが2つ入っており、双三極管と呼ばれます。このうち片方の特性を計測します。

## A.1.1 6DJ8 (東芝)

MT9ピンの電圧増幅双三極管です。ピン配置を [図A.2] に示します。ヒーター電圧は6.3Vです。

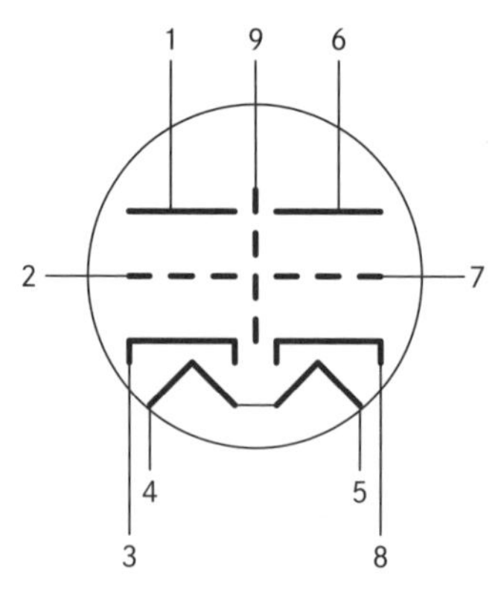


図A.2　6DJ8のピン配置

実測したデータを点で、これをモデルに当てはめた結果を曲線で示します。

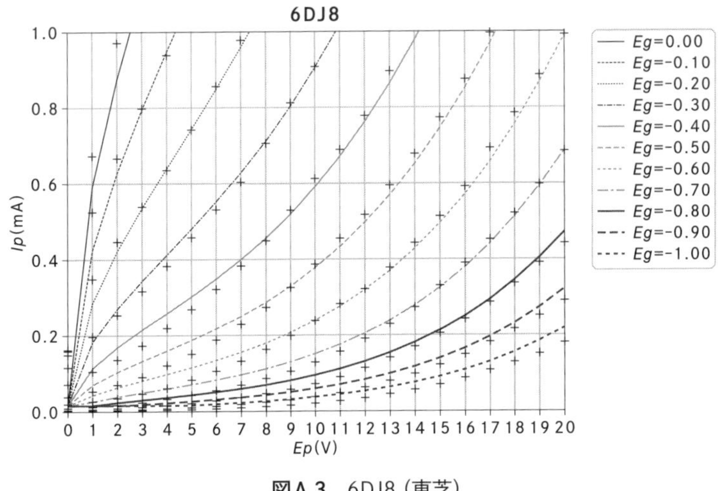


**図A.3** 6DJ8（東芝）

作成したSPICEモデルでプロットした$E_p$-$I_p$特性を示します。横軸が$E_p$〔V〕、縦軸が$I_p$〔mA〕です。一番左の曲線が0Vで、0.1V間隔で－2Vまでプロットします。

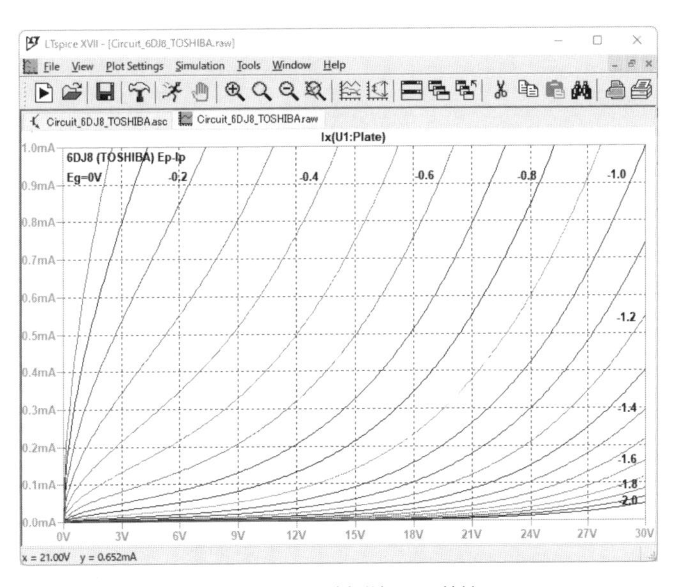


**図A.4** 6DJ8（東芝）$E_p$-$I_p$特性

## A.1.2 6DJ8（JJ E88CC）

MT9ピンの電圧増幅双三極管です。6DJ8の通信用や軍用に使われている上位バージョンが6922（ヨーロッパ名E88CC）です。この真空管はスロバキアのJJ Electronic社によって販売されているものです。

実測したデータを点で、これをモデルに当てはめた結果を曲線で示します。

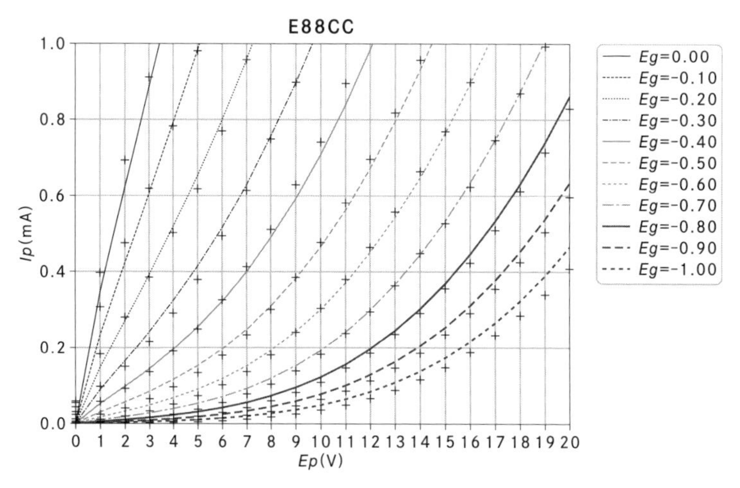


**図A.5**　6DJ8（JJ E88CC）

作成したSPICEモデルでプロットした$E_p$-$I_p$特性を示します。横軸が$E_p$〔V〕、縦軸が$I_p$〔mA〕です。一番左の曲線が0Vで、0.1V間隔で－2Vまでプロットします。

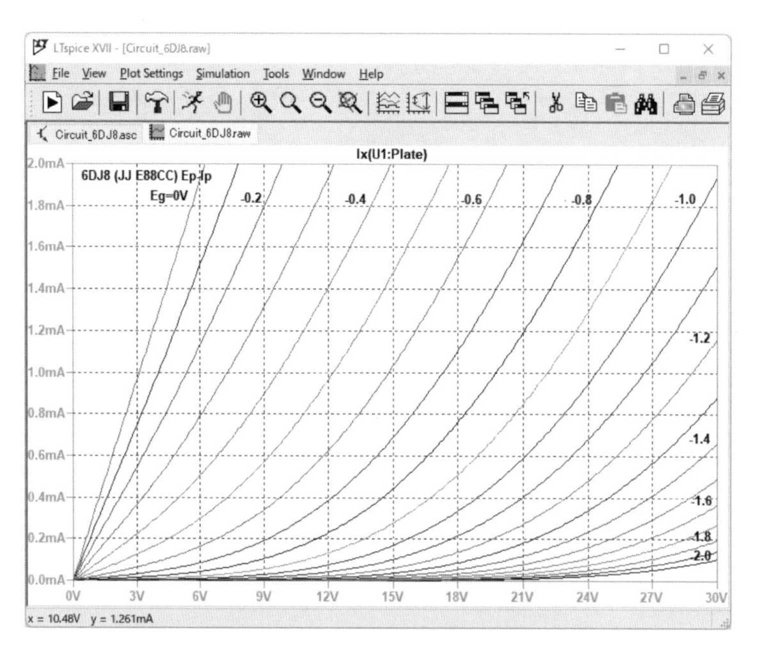


**図A.6**　6DJ8（JJ E88CC）$E_p$-$I_p$特性

## A.1.3 6DJ8 (Electro Harmonix 6922EH)

6DJ8の通信用や軍用に使われている上位バージョンが6922（ヨーロッパ名E88CC）です。この真空管はElectro Harmonixブランドで販売されているものです。

実測したデータを点で、これをモデルに当てはめた結果を曲線で示します。

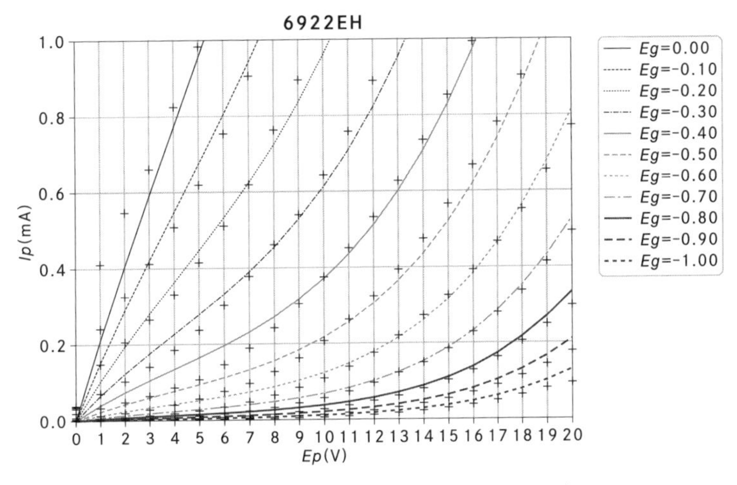


図A.7 6DJ8（Electro Harmonix 6922EH）

作成したSPICEモデルでプロットした$E_p$-$I_p$特性を示します。横軸が$E_p$〔V〕、縦軸が$I_p$〔mA〕です。一番左の曲線が0Vで、0.1V間隔で－1Vまでプロットします。

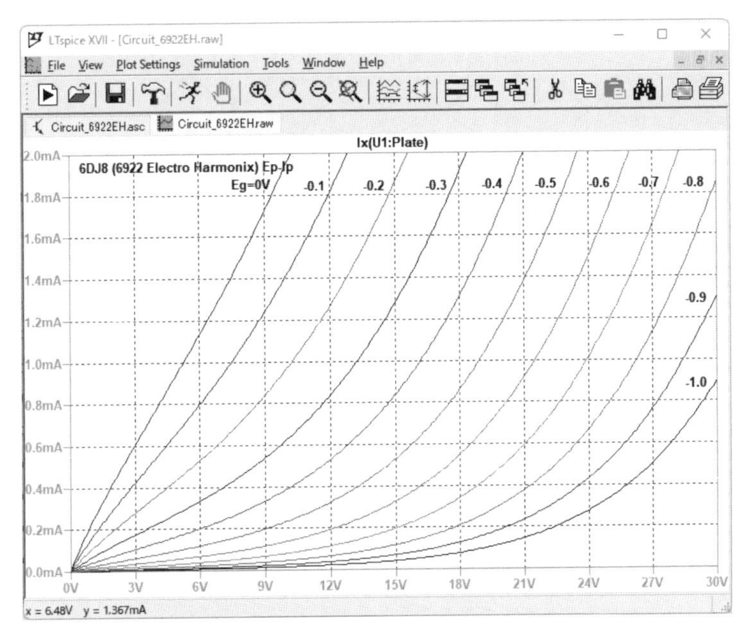


図A.8 6DJ8（Electro Harmonix 6922EH）$E_p$-$I_p$特性

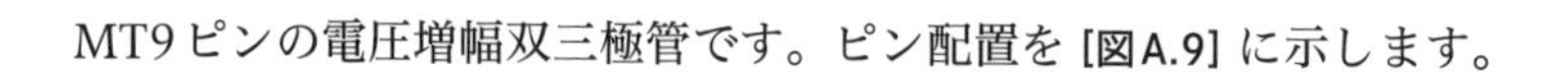

## A.1.4 12AU7（東芝）

MT9ピンの電圧増幅双三極管です。ピン配置を［図A.9］に示します。

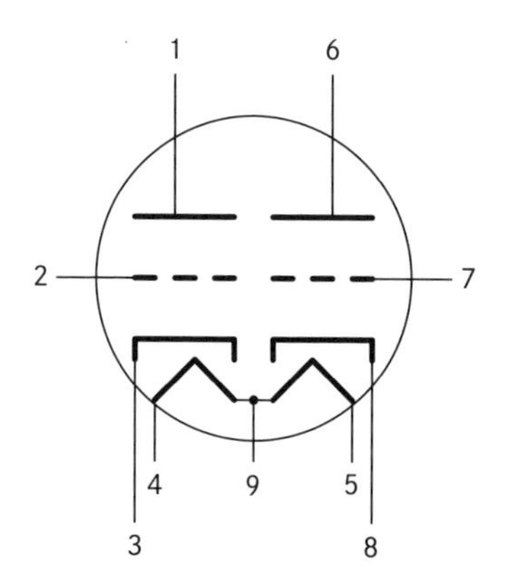


**図A.9**　12AU7のピン配置

6DJ8とはヒーターの配線のみが異なります。ヒーター電圧は12.6Vもしくは6.3Vに、配線を変更して対応できます。9番ピンを使わずに4番ピンと5番ピンを電源に接続すると12.6Vが使えます。4番ピンと5番ピンをつないで、これと9番ピンを電源に接続すると6.3Vが使えます。

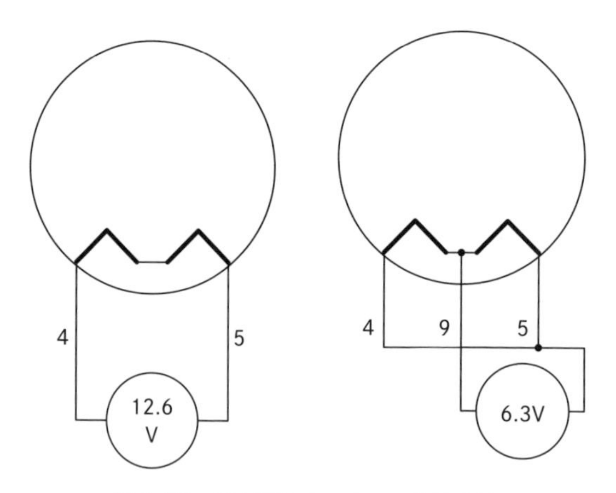


**図A.10**　12AU7のヒーターの接続方法

実測したデータを点で、これをモデルに当てはめた結果を曲線で示します。

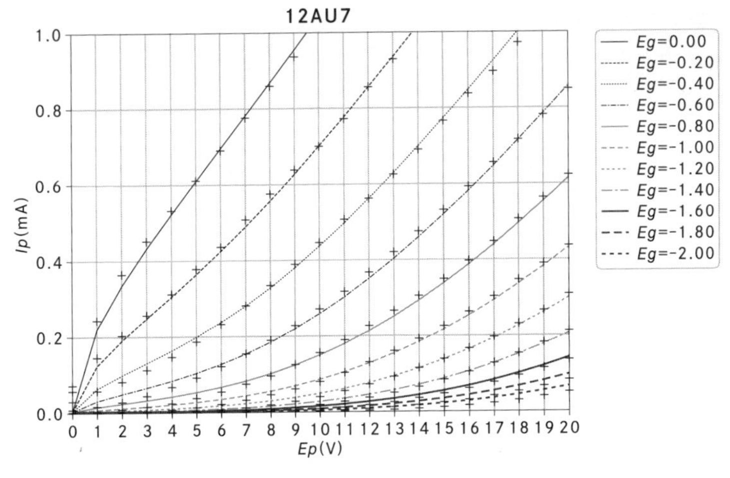


**図A.11**　12AU7（東芝）

作成したSPICEモデルでプロットした$E_p$-$I_p$特性を示します。横軸が$E_p$〔V〕、縦軸が$I_p$〔mA〕です。一番左の曲線が0Vで、0.1V間隔で−2Vまでプロットします。

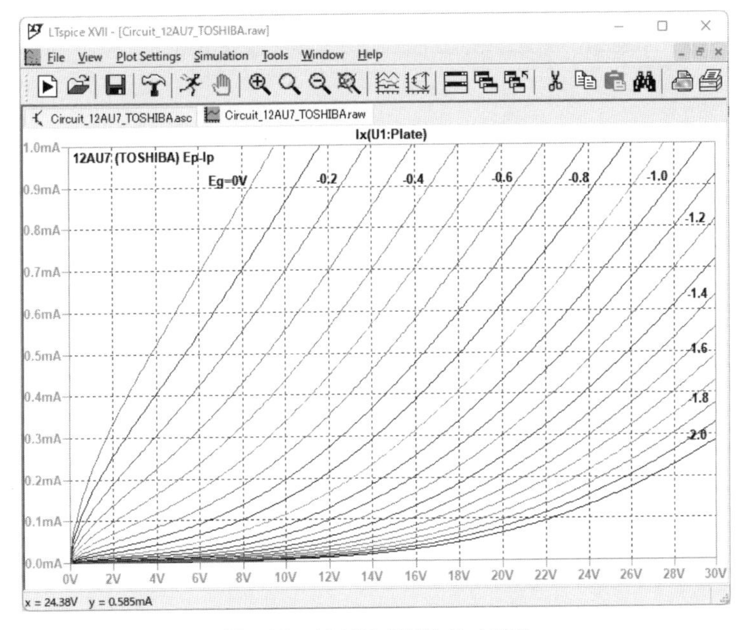


**図A.12**　12AU7（東芝）$E_p$-$I_p$特性

## A.1.5 12AU7 (JJ ECC802S)

MT9ピンの電圧増幅双三極管です。12AU7のヨーロッパでの型番がECC82で、それの高信頼管がECC802/ECC802Sです。この真空管はスロバキアのJJから発売されているものです。

実測したデータを点で、これをモデルに当てはめた結果を曲線で示します。

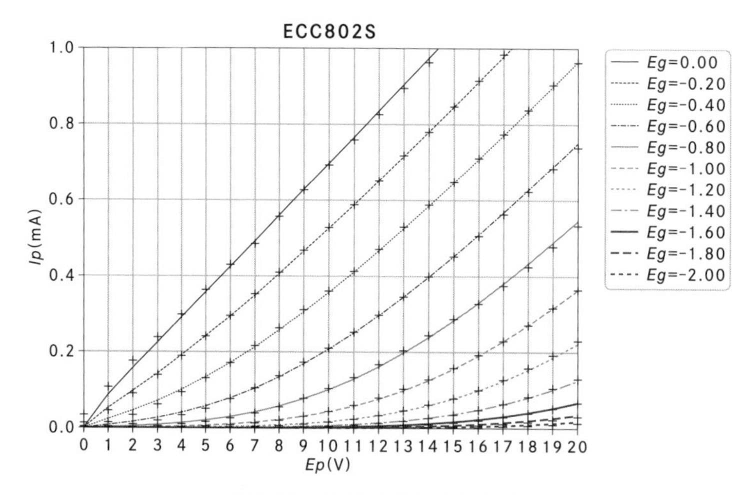


**図A.13** 12AU7 (JJ ECC802S)

作成したSPICEモデルでプロットした$E_p$-$I_p$特性を示します。横軸が$E_p$〔V〕、縦軸が$I_p$〔mA〕です。一番左の曲線が0Vで、0.2V間隔で−2Vまでプロットします。

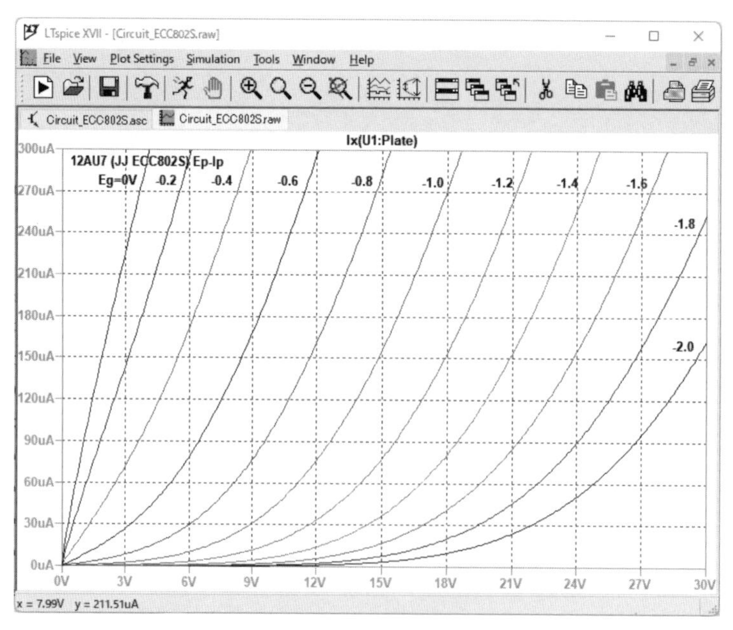


**図A.14** 12AU7 (JJ ECC802S) $E_p$-$I_p$特性

## A.1.6 12AU7 (Electro Harmonix 12AU7A/ECC82 EH)

MT9ピンの電圧増幅双三極管です。この真空管はElectro Harmonixブランドとして販売されているものです。

実測したデータを点で、これをモデルに当てはめた結果を曲線で示します。

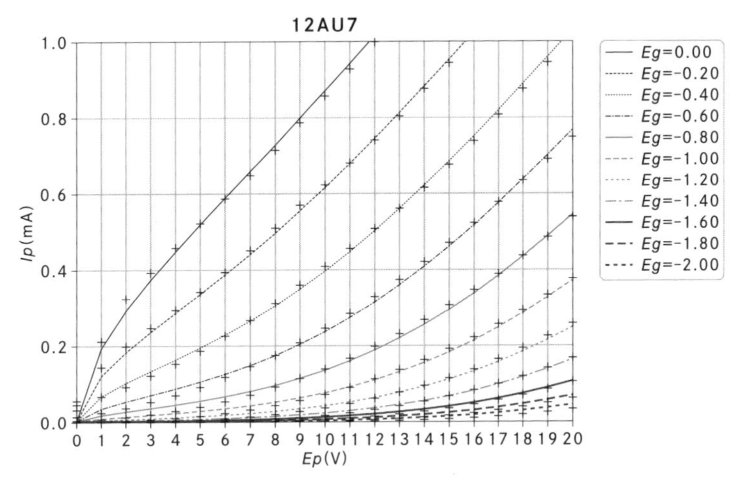


図A.15　12AU7 (Electro Harmonix 12AU7EH)

作成したSPICEモデルでプロットした$E_p$-$I_p$特性を示します。横軸が$E_p$〔V〕、縦軸が$I_p$〔mA〕です。一番左の曲線が0Vで、0.2V間隔で−3Vまでプロットします。

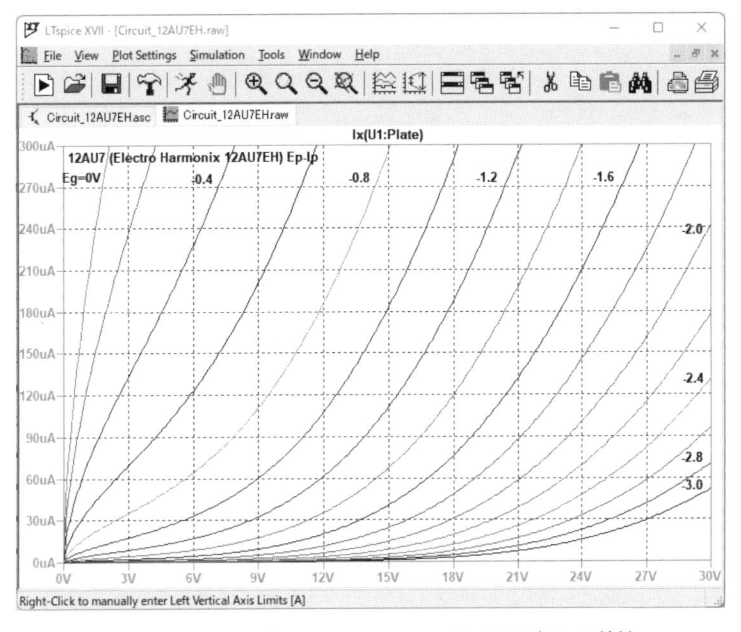


図A.16　12AU7 (Electro Harmonix 12AU7EH) $E_p$-$I_p$特性

## A.1.7 12AX7 (SOVTEK 12AX7WXT+)

ピン配置は12AU7と同じで、$\mu$の値のみが異なります。ヒーター電圧は12AU7と同様、12.6Vもしくは6.3Vに、配線を変更して対応します。

実測したデータを点で、これをモデルに当てはめた結果を曲線で示します。

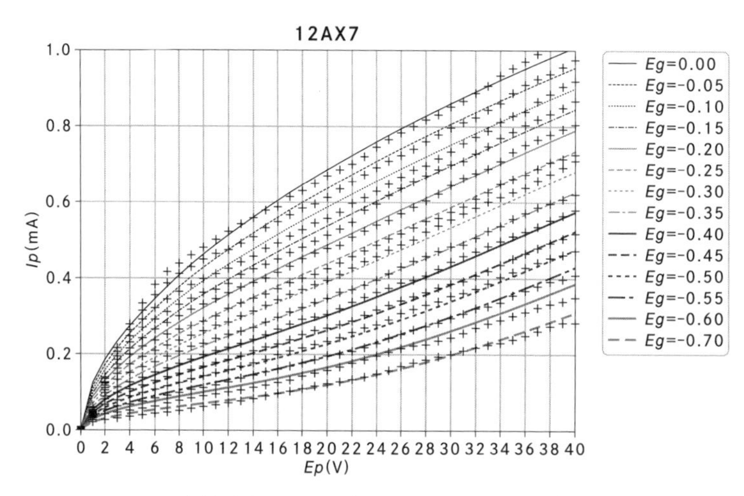


**図A.17** 12AX7 (SOVTEK 12AX7WXT+)

作成したSPICEモデルでプロットした$E_p$-$I_p$特性を示します。横軸が$E_p$〔V〕、縦軸が$I_p$〔mA〕です。一番左の曲線が0Vで、0.1V間隔で−1Vまでプロットします。

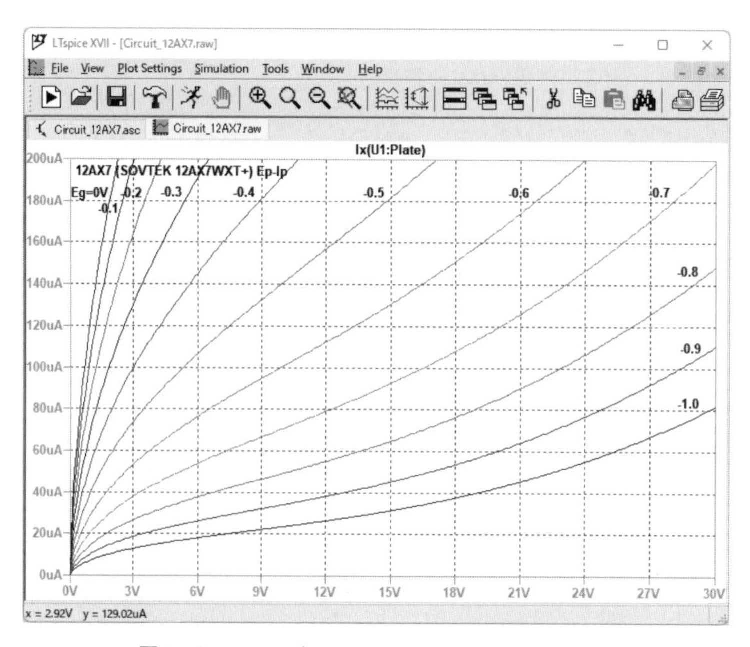


**図A.18** 12AX7 (SOVTEK 12AX7WXT+) $E_p$-$I_p$特性

## A.1.8 6N3

MT9ピンの電圧増幅双三極管です。この真空管を電圧増幅段に用い、半導体部品を電力増幅段（バッファ）に用いた中国製のハイブリッド真空管アンプが多く販売されています。ピン配置を[図A.19]に示します。以下、ピン配置を示していないものは6N3と同じピン配置です。

実測したデータを点で、これをモデルに当てはめた結果を[図A.20]に曲線で示します。

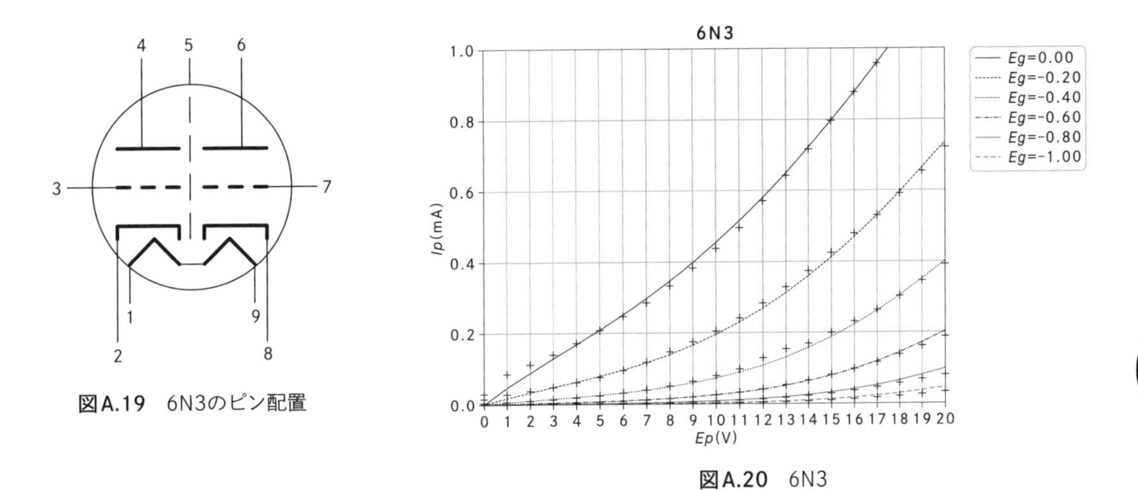


図A.19　6N3のピン配置

図A.20　6N3

作成したSPICEモデルでプロットした$E_p$-$I_p$特性を示します。横軸が$E_p$〔V〕、縦軸が$I_p$〔mA〕です。一番左の曲線が0Vで、0.1V間隔で−1.2Vまでプロットします。

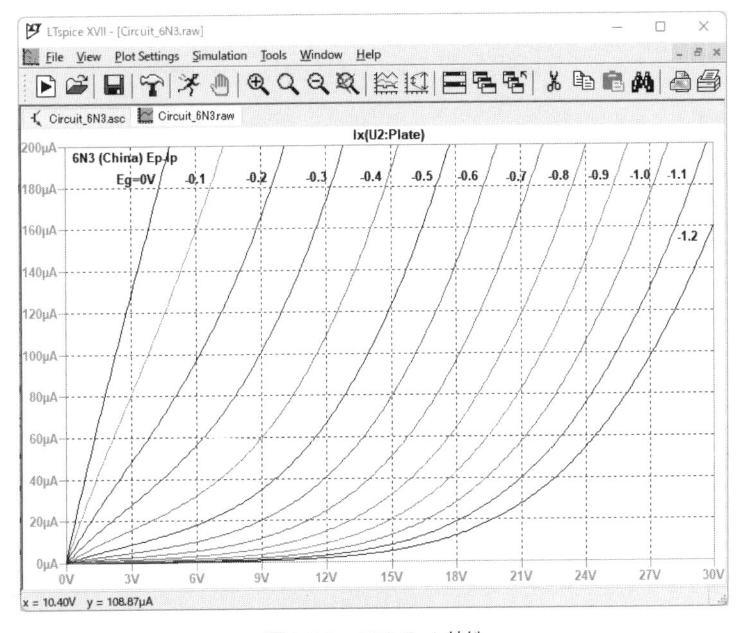


図A.21　6N3 $E_p$-$I_p$特性

## A.1.9 6N3P-EV (6Н3П-ЕВ)

実測したデータを点で、これをモデルに当てはめた結果を曲線で示します。

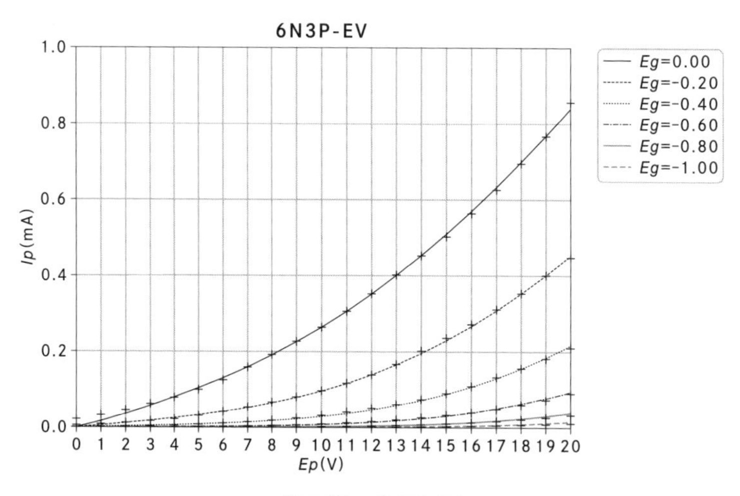


図A.22 6N3P-EV

作成したSPICEモデルでプロットした$E_p$-$I_p$特性を示します。横軸が$E_p$〔V〕、縦軸が$I_p$〔mA〕です。一番左の曲線が0Vで、0.1V間隔で－1Vまでプロットします。

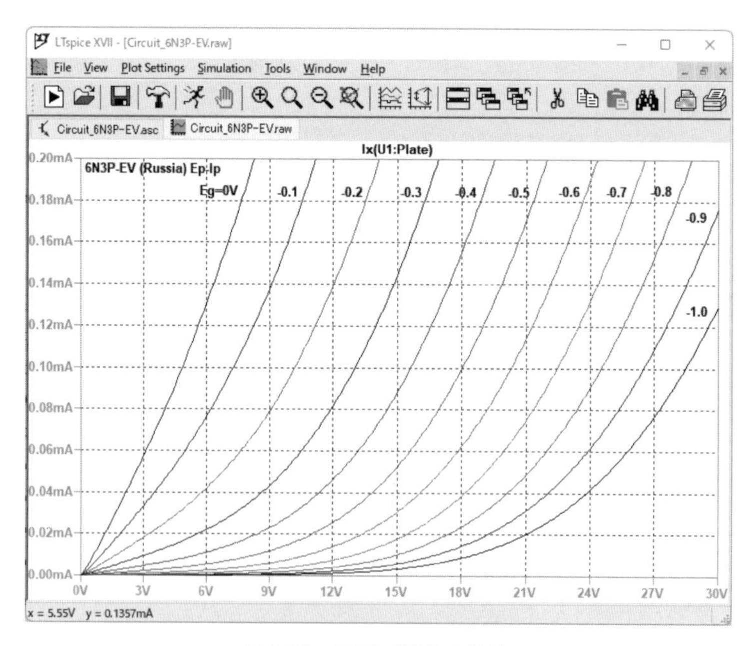


図A.23 6N3P-EV $E_p$-$I_p$特性

# A.1.10　5670 (RCA)

MT9ピンの電圧増幅双三極管です。今回はRCA社から販売されていたものを計測しました。実測したデータを点で、これをモデルに当てはめた結果を曲線で示します。

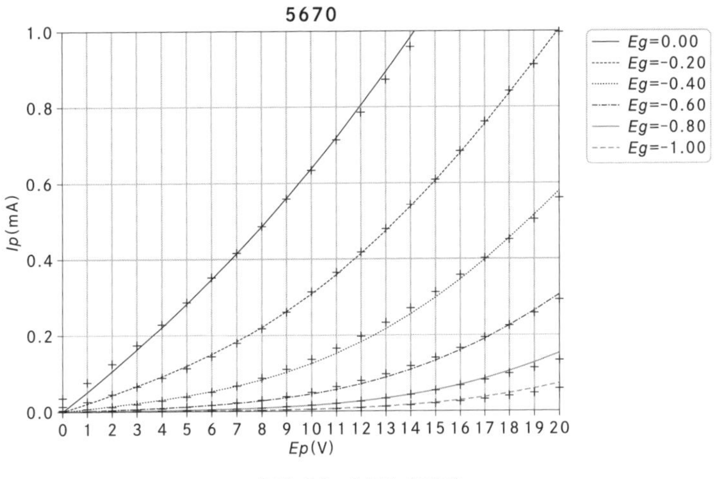


**図A.24**　5670 (RCA)

作成したSPICEモデルでプロットした$E_p$-$I_p$特性を示します。横軸が$E_p$〔V〕、縦軸が$I_p$〔mA〕です。一番左の曲線が0Vで、0.1V間隔で－1.5Vまでプロットします。

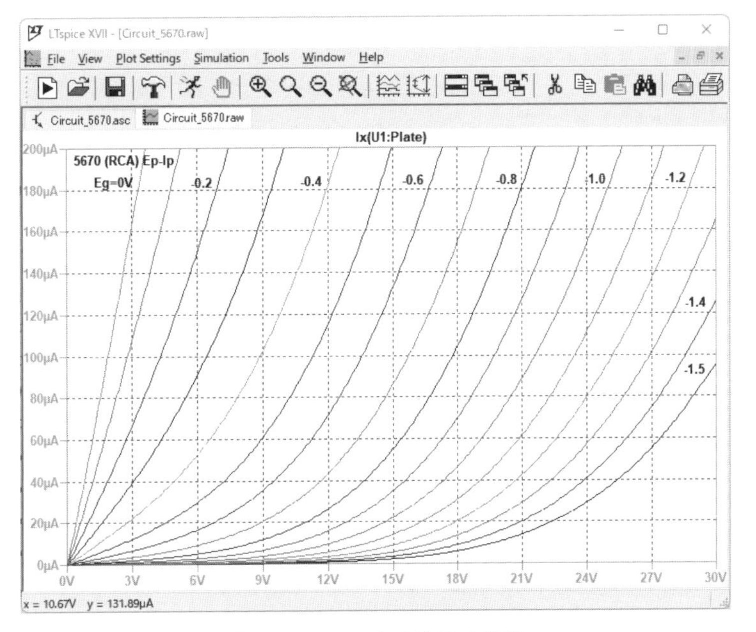


**図A.25**　5670 (RCA) $E_p$-$I_p$特性

## A.1.11 WE396A

MT9ピンの電圧増幅双三極管です。これはWestern Electric社から販売されていたものです。実測したデータを点で、これをモデルに当てはめた結果を曲線で示します。

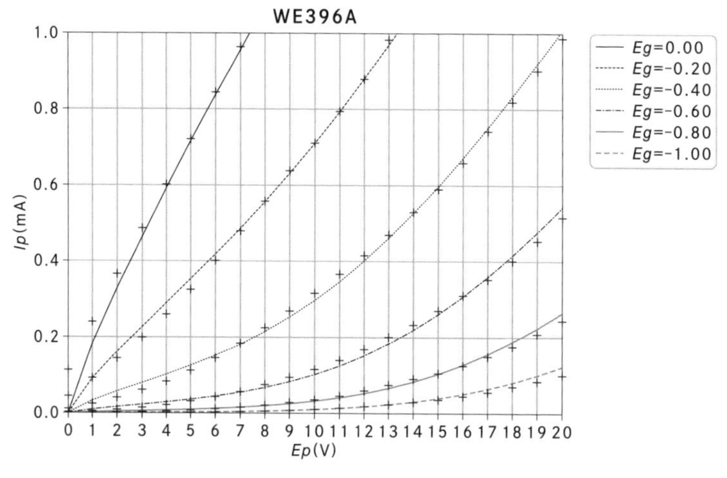


図A.26　396A (Western Electric)

作成したSPICEモデルでプロットした$E_p$-$I_p$特性を示します。横軸が$E_p$〔V〕、縦軸が$I_p$〔mA〕です。一番左の曲線が0Vで、0.1V間隔で－1.2Vまでプロットします。

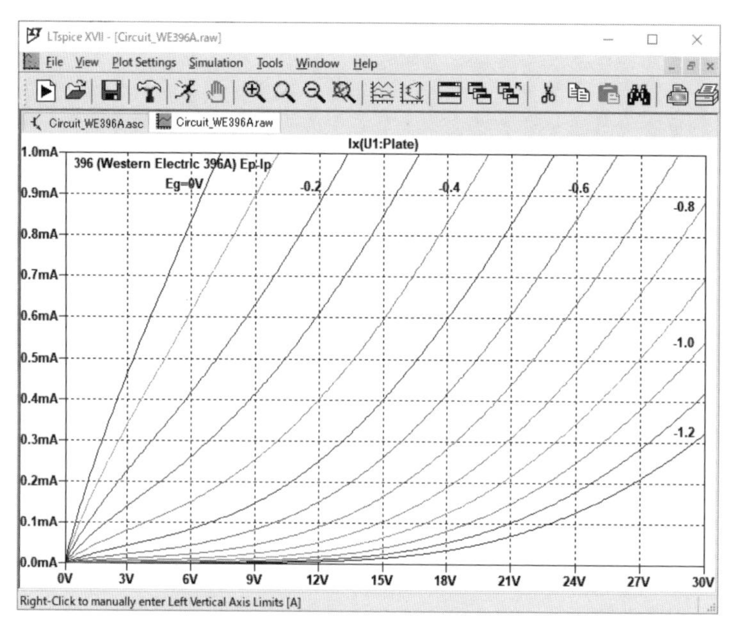


図A.27　396A (Western Electric) $E_p$-$I_p$特性

## A.1.12 WE407A

MT9ピンの電圧増幅双三極管です。これはWestern Electric社から販売されていたものです。ピン配置を[図A.28]に示します。

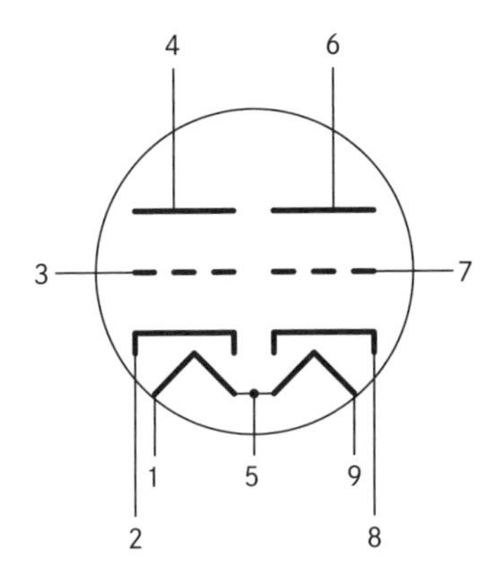


図A.28 WE407Aのピン配置

396Aのヒーターを6.3Vから20V/40Vに変更したものです。ヒーター電圧は20Vもしくは40Vに配線を変更して対応できます。5番ピンを使わずに1番ピンと9番ピンを電源に接続すると40Vが使えます。1番ピンと9番ピンをつないで、これと5番ピンを電源に接続すると20Vが使えます。

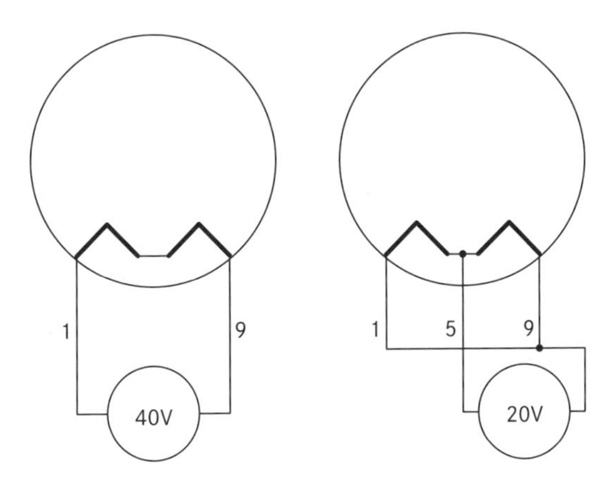


図A.29 WE407Aのヒーターの接続方法

実測したデータを点で、これをモデルに当てはめた結果を曲線で示します。

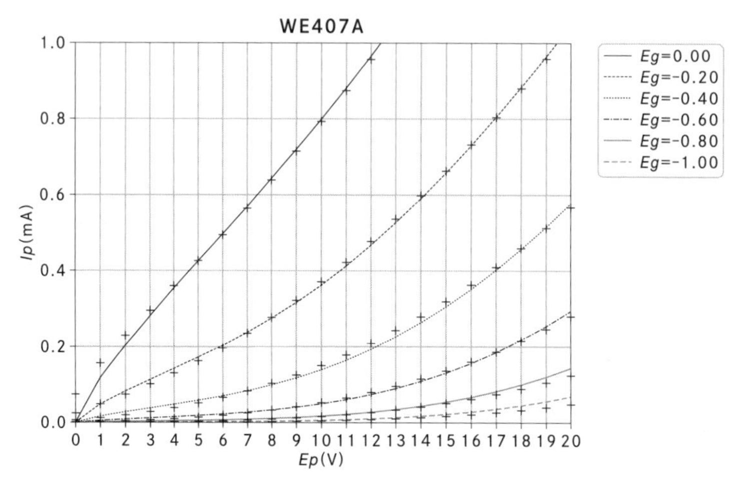


**図A.30**　407A (Western Electric)

作成したSPICEモデルでプロットした$E_p$-$I_p$特性を示します。横軸が$E_p$〔V〕、縦軸が$I_p$〔mA〕です。一番左の曲線が0Vで、0.1V間隔で－1.5Vまでプロットします。

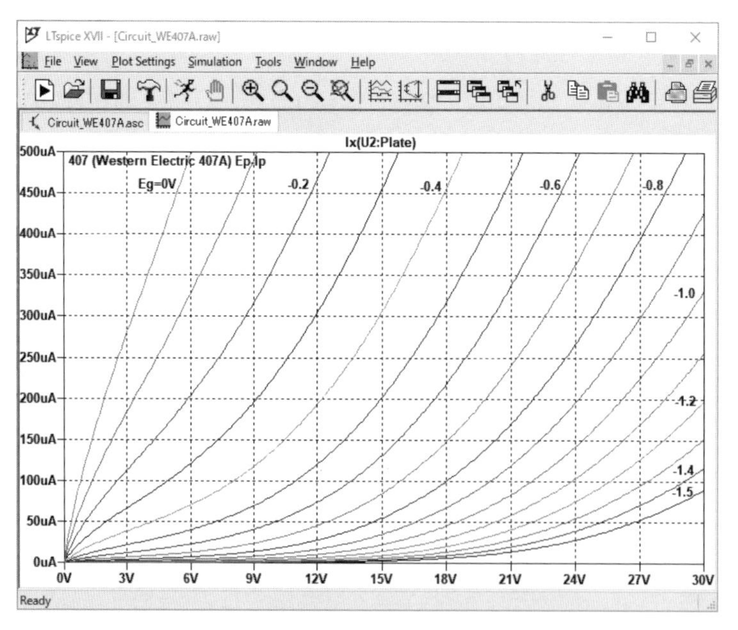


**図A.31**　407A (Western Electric) $E_p$-$I_p$特性

# A.2 MT7ピン五極電圧増幅管の三極管結合

MT7ピン五極管のピン番号は、[図A.32] のような配置になっています。

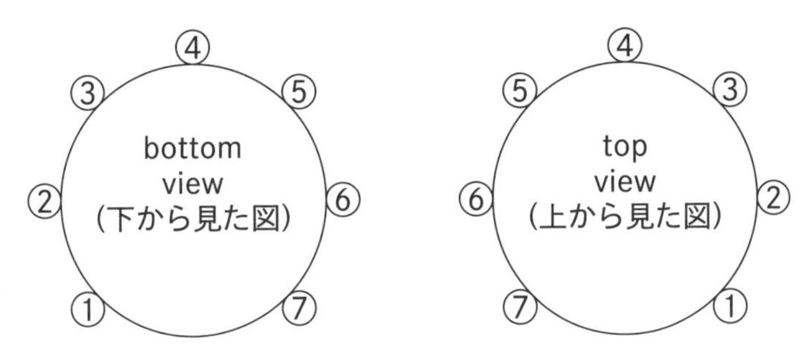


図A.32　MT7ピンのピン配置

ミニチュア（MT）五極管を三極管結合したものの$E_p$-$I_p$特性の実測データを示します。プレートをG2に、G3をカソードに接続して三極管結合とします。

本節で示す真空管のヒーター電圧はすべて6.3Vです。

## A.2.1　6J1

最近、真空管を電圧増幅段に用い、半導体部品を電力増幅段（バッファ）に用いたハイブリッド真空管アンプが多く販売されています。これらの製品は中国製が多いので、この中国製の真空管が使われています。互換球、挿し替え可能な球が多いため、以下で取り上げます。

MT7ピンの電圧増幅管です。ピン配置を [図A.33] に示します。以下、ピン配置を示していないものは6J1と同じピン配置です。以下、五極管の計測の際には、6番のピンを5番に接続することによって三極管結合して特性を計測しました。

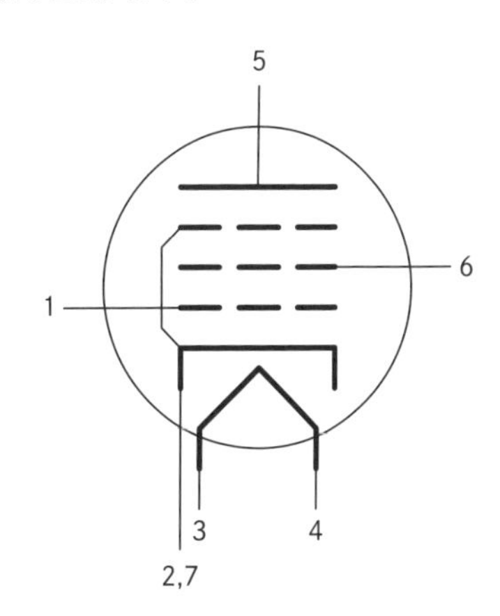


図A.33　6J1のピン配置

実測したデータを点で、これをモデルに当てはめた結果を曲線で示します。

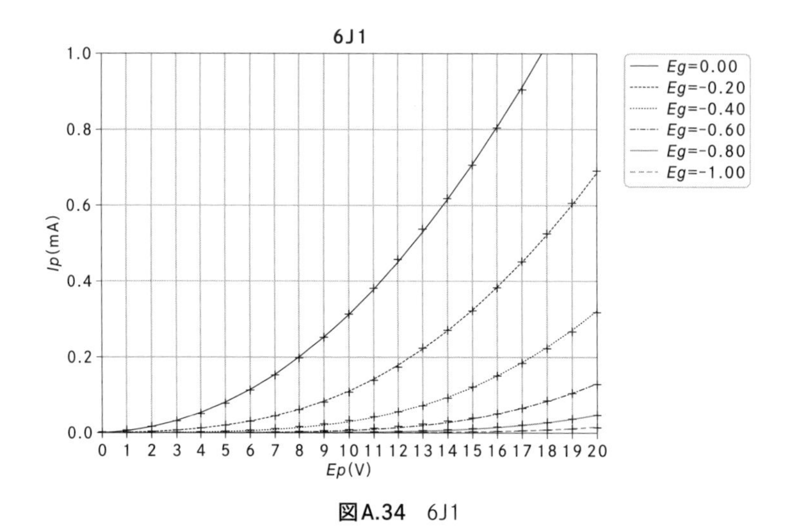


図A.34　6J1

作成したSPICEモデルでプロットした$E_p$-$I_p$特性を示します。横軸が$E_p$〔V〕、縦軸が$I_p$〔mA〕です。一番左の曲線が0Vで、0.1V間隔で−1Vまでプロットします。

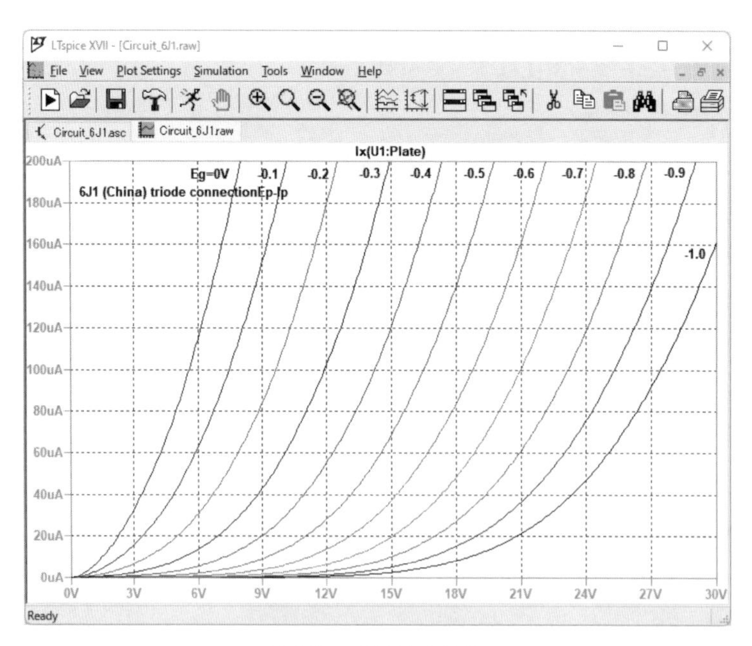


図A.35　6J1 $E_p$-$I_p$特性

## A.2.2 6J1P (6Ж1П)

6J1互換の旧ソ連／ロシア製の真空管です。中国製の真空管の型番の後にPを付けると旧ソ連／ロシア製の真空管の型番になるものがいくつかあります。

実測したデータを点で、これをモデルに当てはめた結果を曲線で示します。

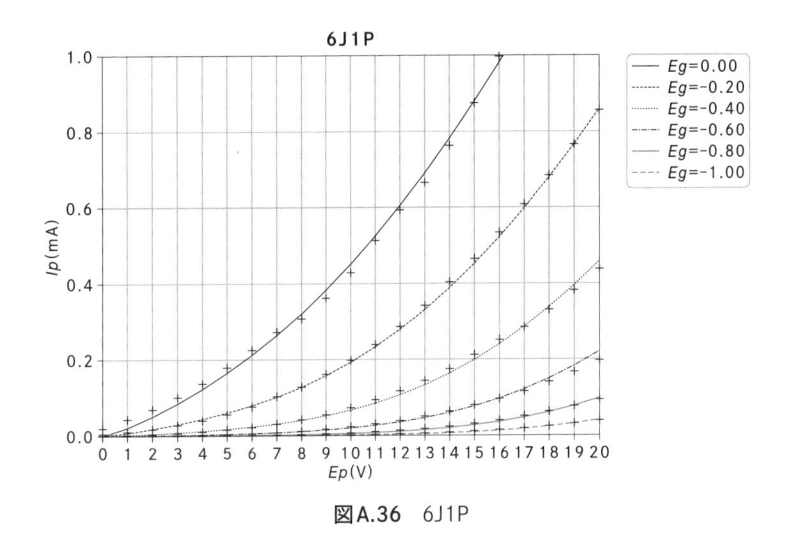


図A.36 6J1P

作成したSPICEモデルでプロットした$E_p$-$I_p$特性を示します。横軸が$E_p$〔V〕、縦軸が$I_p$〔mA〕です。一番左の曲線が0Vで、0.1V間隔で−1.5Vまでプロットします。

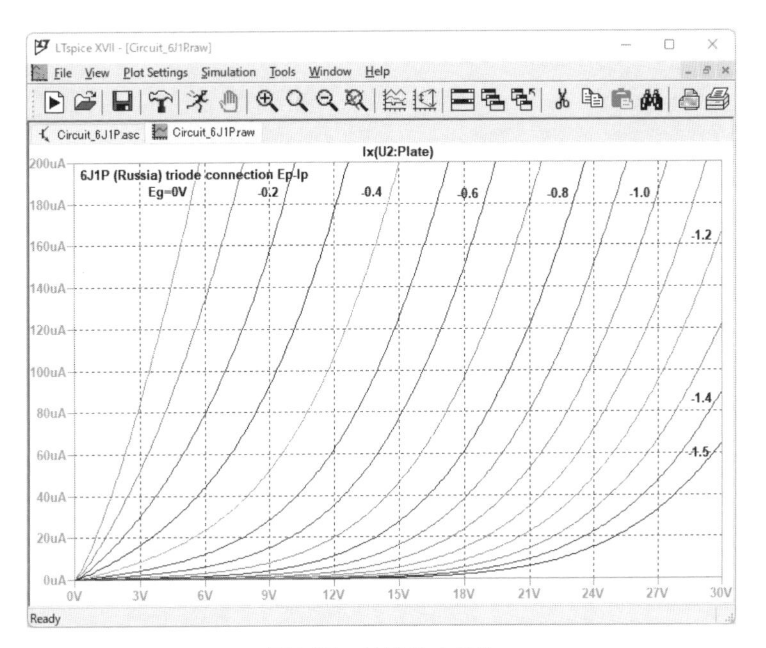


図A.37 6J1P $E_p$-$I_p$特性

## A.2.3 6J1P-EV (6Ж1П-EB)

6J1Pの軍用バージョンです。一般に、旧ソ連／ロシア製の真空管で型番の最後に「-EV」が追加されると軍用バージョンとなり、製品寿命が長くなっています。

実測したデータを点で、これをモデルに当てはめた結果を曲線で示します。

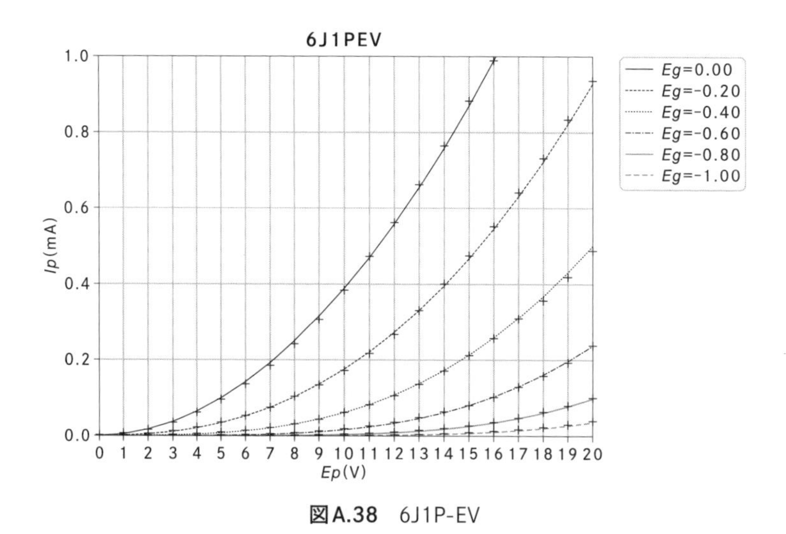


**図A.38** 6J1P-EV

作成したSPICEモデルでプロットした$E_p$-$I_p$特性を示します。横軸が$E_p$〔V〕、縦軸が$I_p$〔mA〕です。一番左の曲線が0Vで、0.1V間隔で－1.5Vまでプロットします。

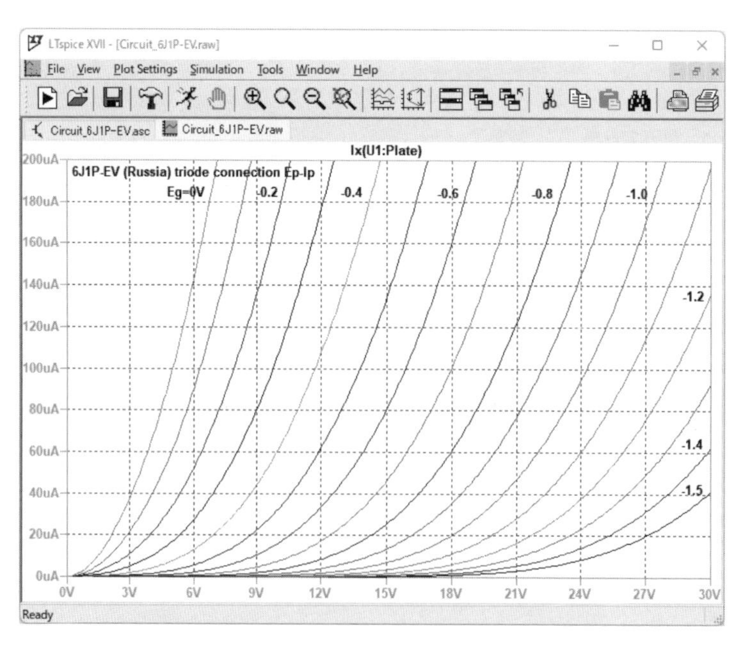


**図A.39** 6J1P-EV $E_p$-$I_p$特性

## A.2.4　6K4P（6K4П）

6J1アンプで挿し替え可能な球として紹介されていることが多い中国製6K4互換の、旧ソ連／ロシア製の真空管です。

実測したデータを点で、これをモデルに当てはめた結果を曲線で示します。

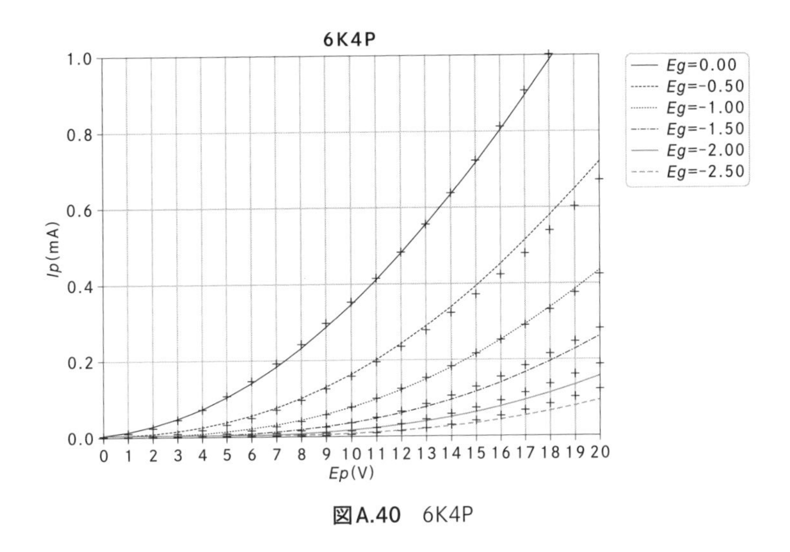


**図A.40**　6K4P

作成したSPICEモデルでプロットした$E_p$-$I_p$特性を示します。横軸が$E_p$〔V〕、縦軸が$I_p$〔mA〕です。一番左の曲線が0Vで、0.5V間隔で－5Vまでプロットします。

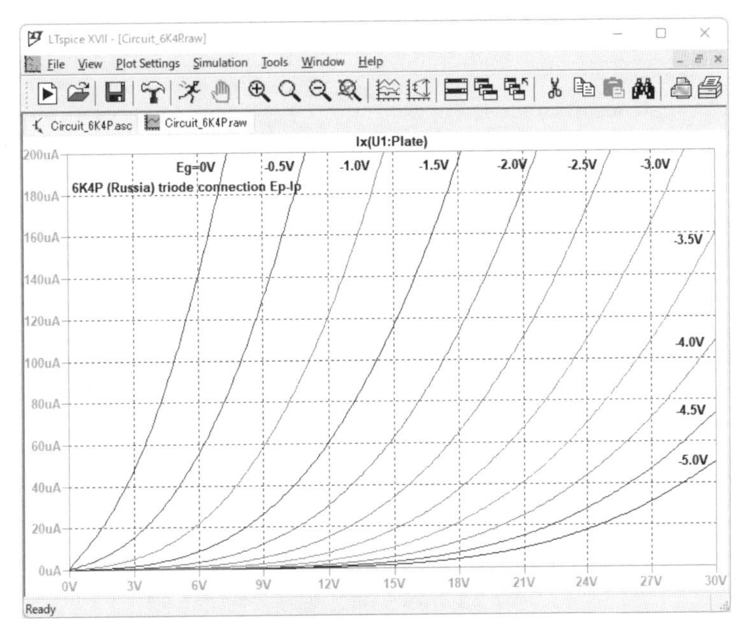


**図A.41**　6K4P $E_p$-$I_p$特性

## A.2.5 6AK5（東芝）

6J1とピン互換な電圧増幅管です。これは東芝社製のものです。

実測したデータを点で、これをモデルに当てはめた結果を曲線で示します。

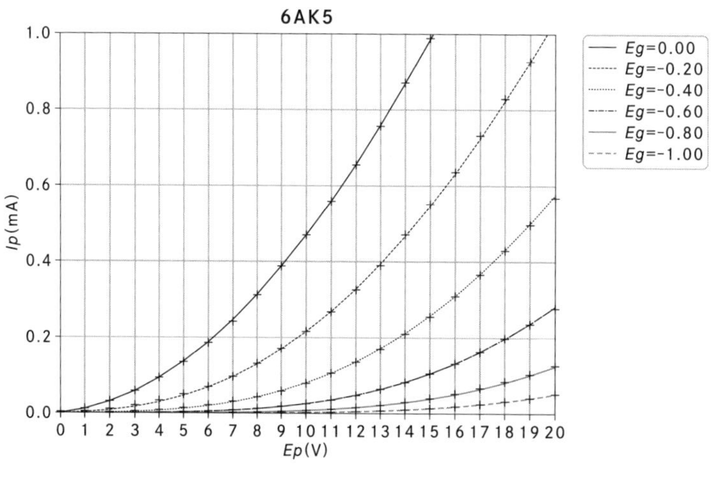


**図A.42** 6AK5（東芝）

作成したSPICEモデルでプロットした$E_p$-$I_p$特性を示します。横軸が$E_p$〔V〕、縦軸が$I_p$〔mA〕です。一番左の曲線が0Vで、0.1V間隔で−1.5Vまでプロットします。

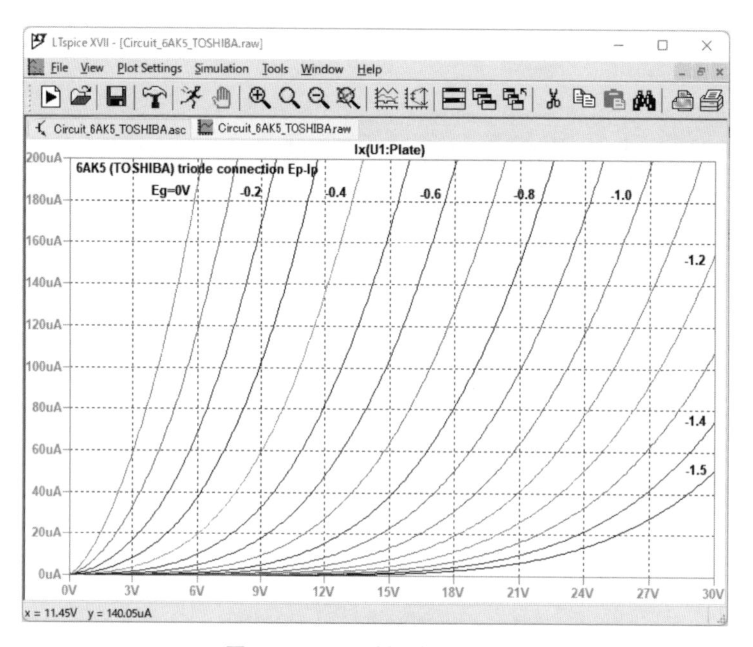


**図A.43** 6AK5（東芝）$E_p$-$I_p$特性

# A.2.6　6AK5 (RCA)

6J1とピン互換な電圧増幅管です。これはRCA社製のものです。
実測したデータを点で、これをモデルに当てはめた結果を曲線で示します。

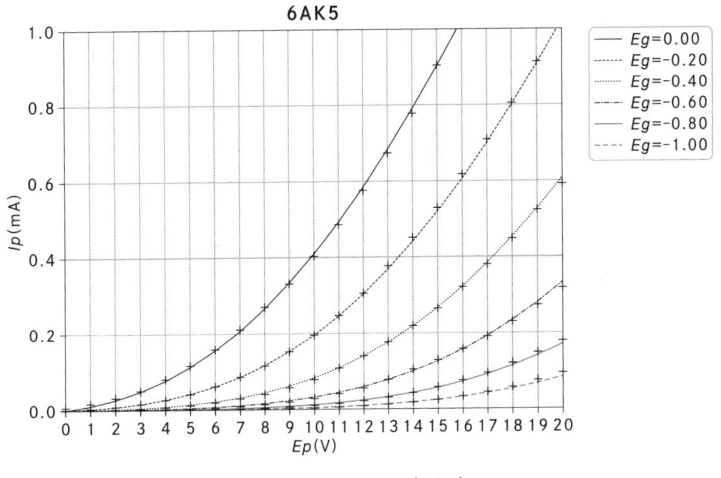


図A.44　6AK5 (RCA)

作成したSPICEモデルでプロットした$E_p$-$I_p$特性を示します。横軸が$E_p$〔V〕、縦軸が$I_p$〔mA〕です。一番左の曲線が0Vで、0.1V間隔で−1.5Vまでプロットします。

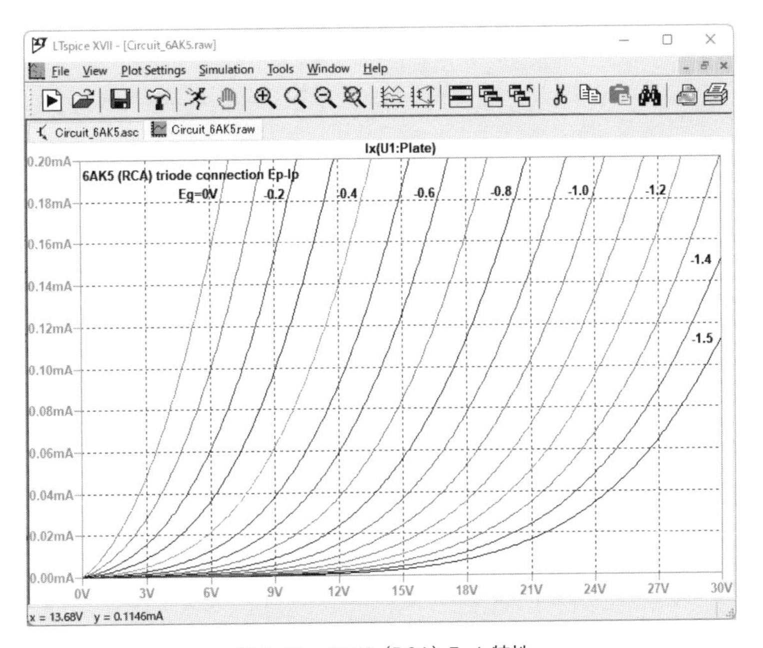


図A.45　6AK5 (RCA) $E_p$-$I_p$特性

# A.2.7 WE403A

6J1とピン互換なアメリカのWestern Electric社製の電圧増幅管です。
実測したデータを点で、これをモデルに当てはめた結果を曲線で示します。

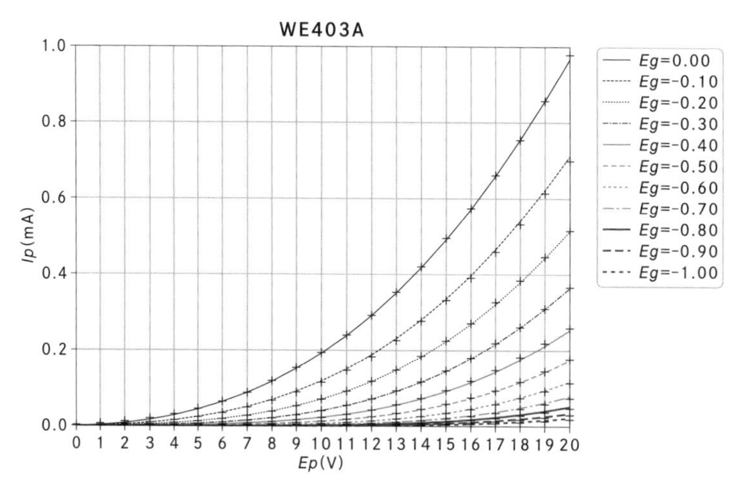


**図A.46** WE403A

作成したSPICEモデルでプロットした$E_p$-$I_p$特性を示します。横軸が$E_p$〔V〕、縦軸が$I_p$〔mA〕です。一番左の曲線が0Vで、0.1V間隔で−1.5Vまでプロットします。

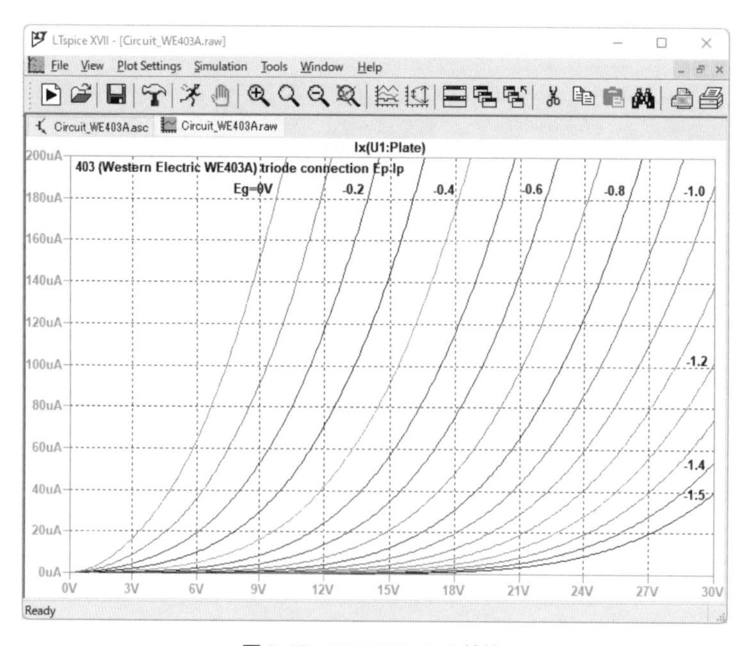


**図A.47** WE403A $E_p$-$I_p$特性

## A.2.8 WE401A

6J1とピン互換の真空管です。

実測したデータを点で、これをモデルに当てはめた結果を曲線で示します。

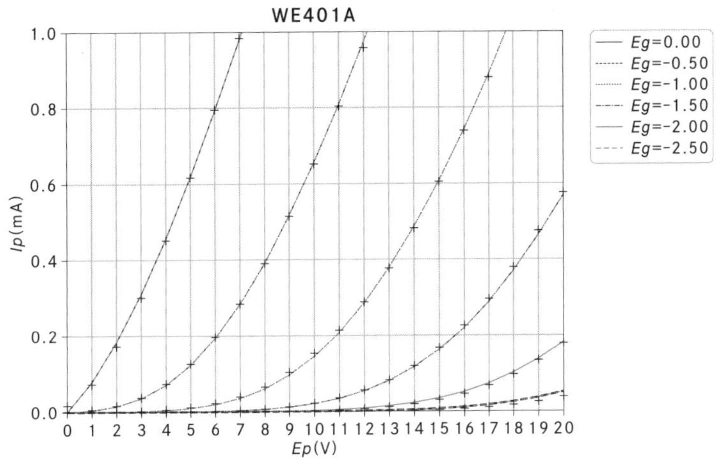


**図A.48** WE401A

作成したSPICEモデルでプロットした$E_p$-$I_p$特性を示します。横軸が$E_p$〔V〕、縦軸が$I_p$〔mA〕です。一番左の曲線が0Vで、0.2V間隔で−2Vまでプロットします。

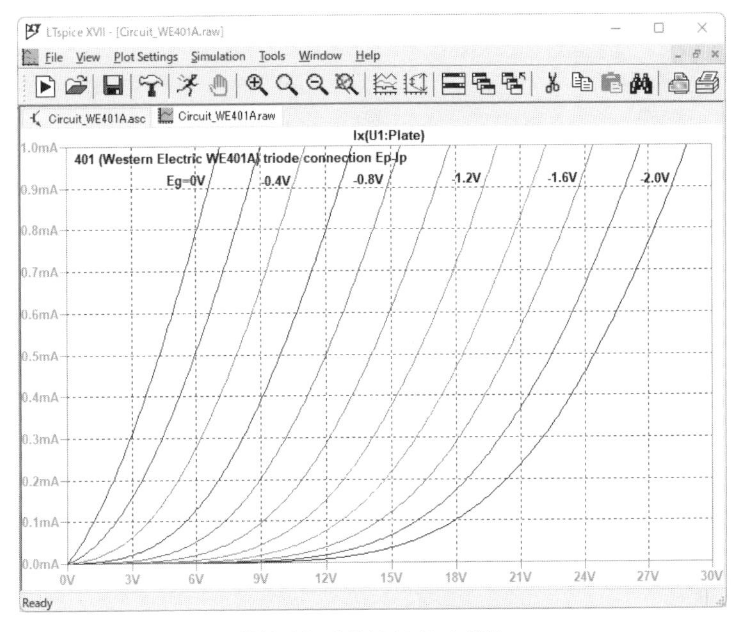


**図A.49** WE401A $E_p$-$I_p$特性

## A.2.9 WE415A

6J1とピン互換の真空管です。

実測したデータを点で、これをモデルに当てはめた結果を曲線で示します。

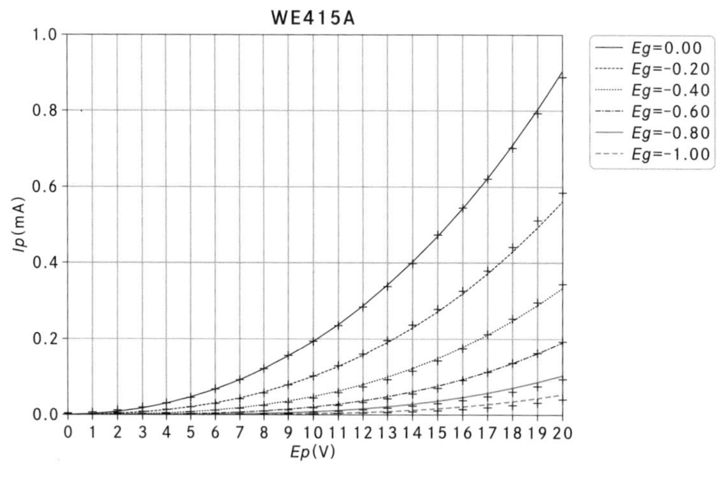


**図A.50** WE415A

作成したSPICEモデルでプロットした$E_p$-$I_p$特性を示します。横軸が$E_p$〔V〕、縦軸が$I_p$〔mA〕です。一番左の曲線が0Vで、0.2V間隔で−2Vまでプロットします。

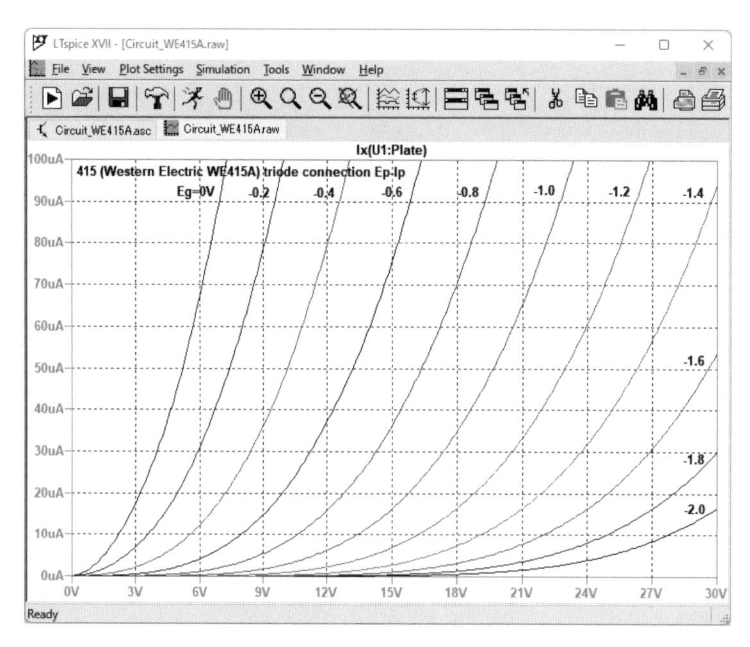


**図A.51** WE415A $E_p$-$I_p$特性

# A.2.10　WE409A/6AS6

MT7pinの電圧増幅管です。ピン配置を［図A.52］に示します。

2番ピンがカソードに、7番ピンがG3に接続されているので、真空管ソケットの外で2番ピンと7番ピンを接続すると、6J1とピン互換になります。

実測したデータを点で、これをモデルに当てはめた結果を［図A.53］に曲線で示します。

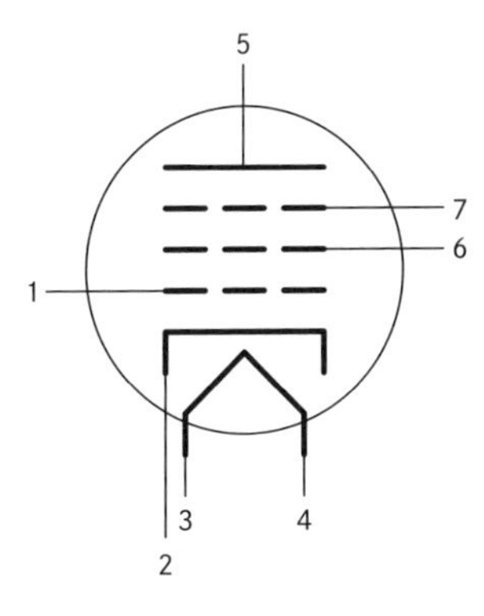


図A.52　WE409Aのピン配置

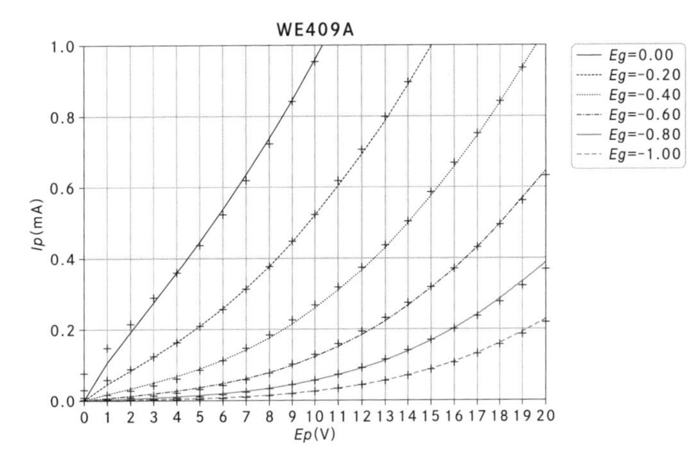


図A.53　WE409A

作成したSPICEモデルでプロットした$E_p$-$I_p$特性を示します。横軸が$E_p$〔V〕、縦軸が$I_p$〔mA〕です。一番左の曲線が0Vで、0.2V間隔で－2Vまでプロットします。

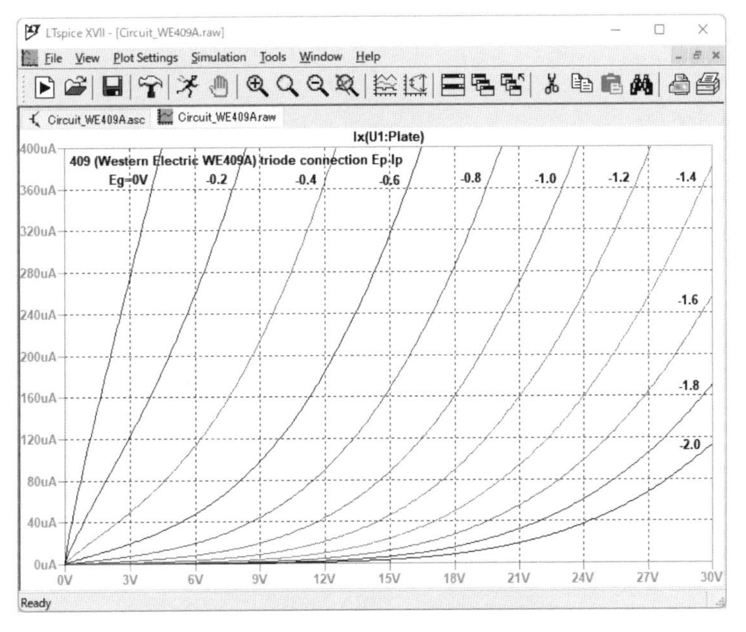


図A.54　WE409A $E_p$-$I_p$特性

## A.2.11　6AU6 (General Electric 6AU6WC)

MT7ピンの電圧増幅管です。ピン配置を［図A.55］に示します。

2番ピンがG3に、7番ピンがカソードに接続されており、ピン配置がWE409A/6AS6と逆です。これと同じピン配置の真空管としてロシア製の6J4P (6Ж4П) があります。真空管ソケットの外で2番ピンと7番ピンを接続すると、6J1、WE409A/6AS6とピン互換になります。

ここではGeneral Electric社製の6AU6WCのデータを示します。実測したデータを点で、これをモデルに当てはめた結果を［図A.56］に曲線で示します。

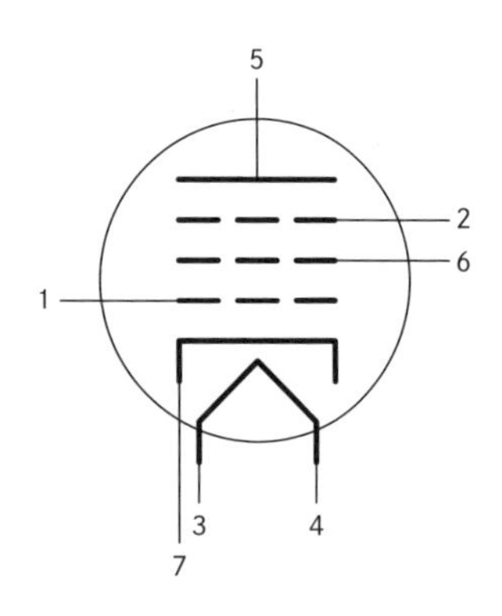


図A.55　6AU6のピン配置

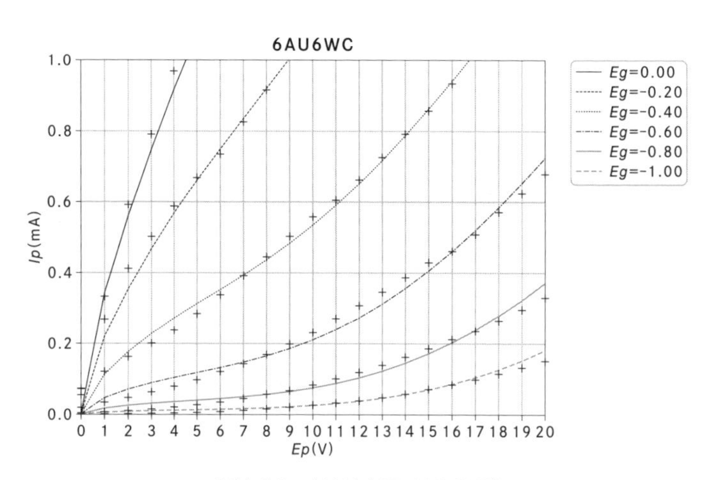


図A.56　6AU6 (GE 6AU6WC)

作成したSPICEモデルでプロットした$E_p$-$I_p$特性を示します。横軸が$E_p$〔V〕、縦軸が$I_p$〔mA〕です。一番左の曲線が0Vで、0.1V間隔で−2Vまでプロットします。

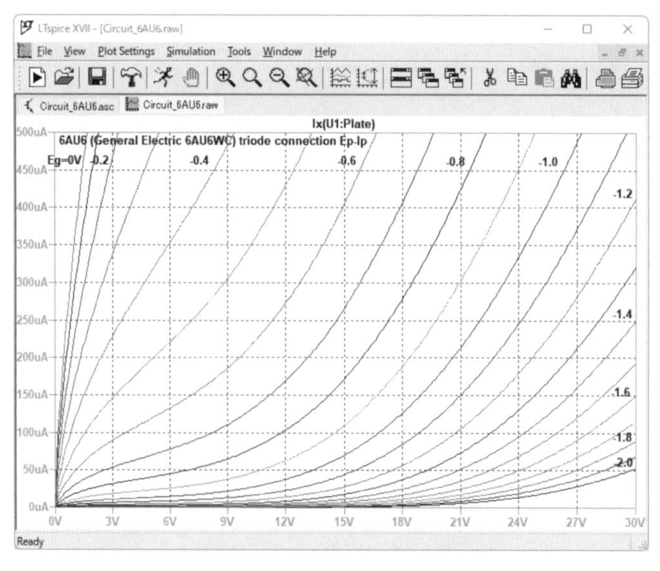


図A.57　6AU6 $E_p$-$I_p$特性

# A.3 MT7ピン五極電力増幅管の三極管結合

出力管として使われるMT7ピン五極電力増幅管の特性を以下に示します。ミニチュア（MT）五極管を三極管結合したものの$E_p$-$I_p$特性の実測データを示します。プレートをG2に、G3をカソードに接続して三極管結合とします。

本節で示す真空管のヒーター電圧は、すべて6.3Vです。

## A.3.1 6AQ5（RCA 6AQ5A）

MT7ピンの電力増幅管です。互換球として6005が存在します。ピン配置を［図A.58］に示します。実測したデータを点で、これをモデルに当てはめた結果を［図A.59］に曲線で示します。

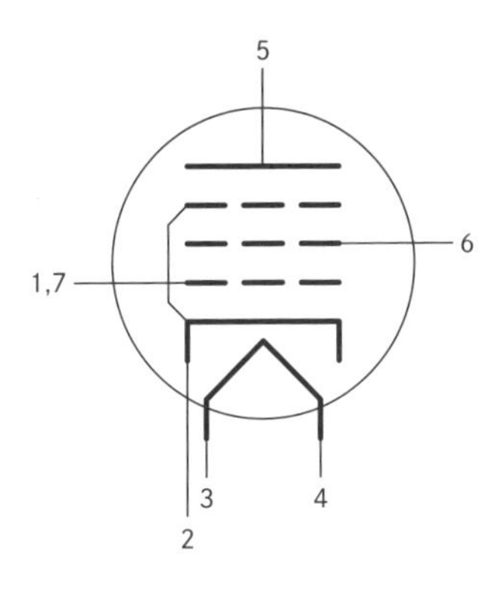


**図A.58** 6AQ5のピン配置

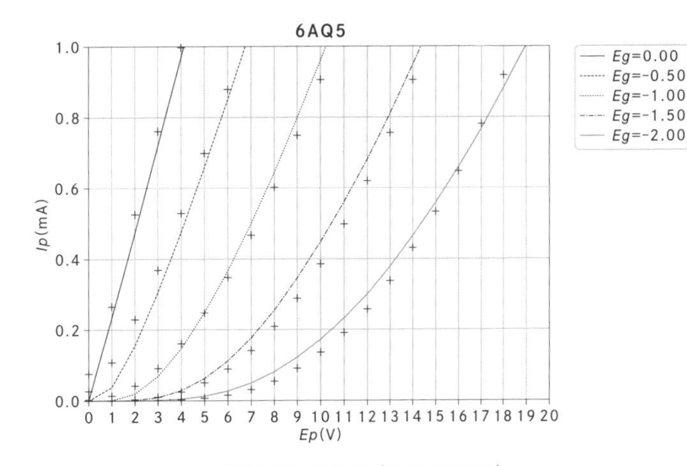


**図A.59** 6AU6（RCA 6AQ5A）

作成したSPICEモデルでプロットした$E_p$-$I_p$特性を示します。横軸が$E_p$［V］、縦軸が$I_p$［mA］です。一番左の曲線が0Vで、0.5V間隔で−5Vまでプロットします。

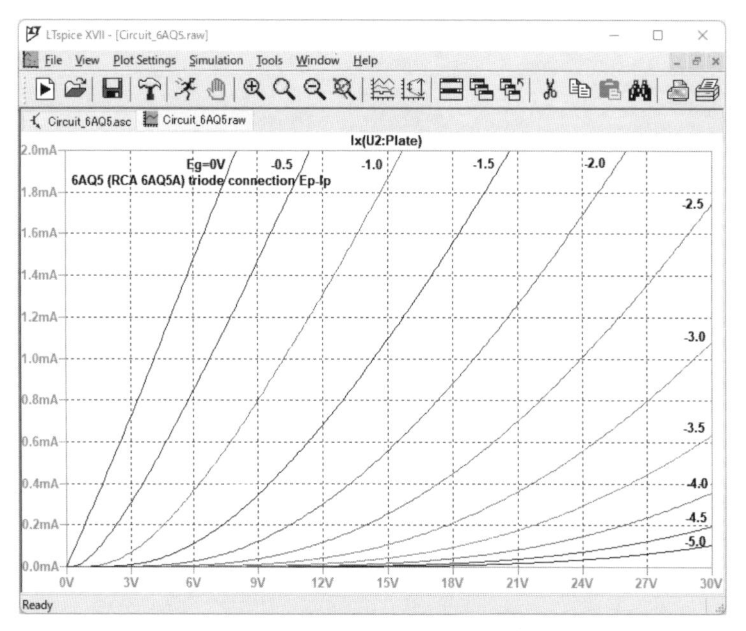


図A.60　6AQ5 $E_p$-$I_p$特性

## A.3.2　6AS5 (NEC)

MT7ピンの電力増幅管です。ピン配置を [図A.61] に示します。

実測したデータを点で、これをモデルに当てはめた結果を [図A.62] に曲線で示します。

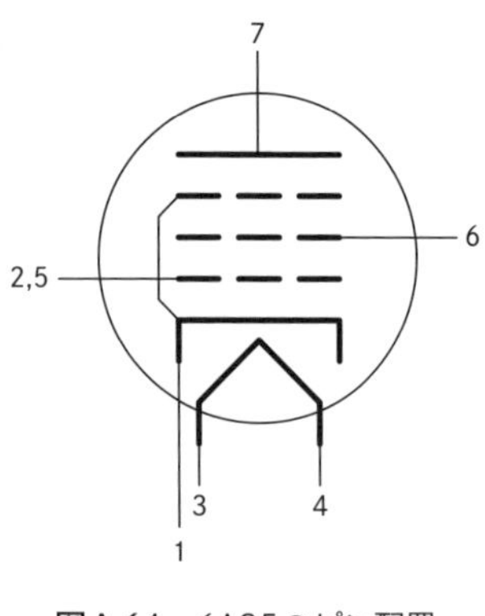


図A.61　6AS5のピン配置

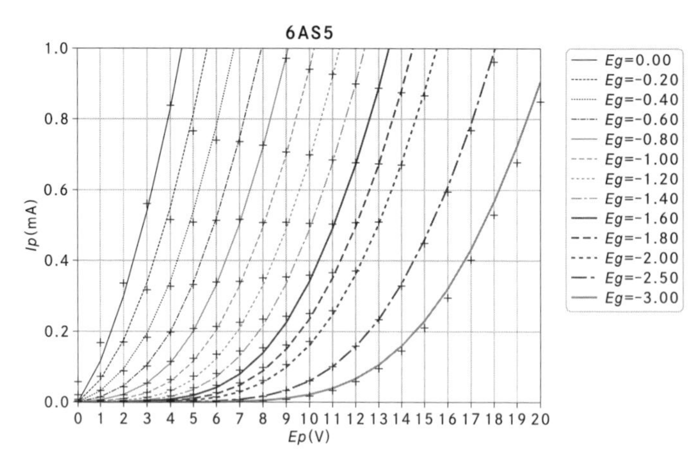


図A.62　6AS5 (NEC 6AS5)

作成したSPICEモデルでプロットした$E_p$-$I_p$特性を示します。横軸が$E_p$〔V〕、縦軸が$I_p$〔mA〕です。一番左の曲線が0Vで、0.5V間隔で−5Vまでプロットします。

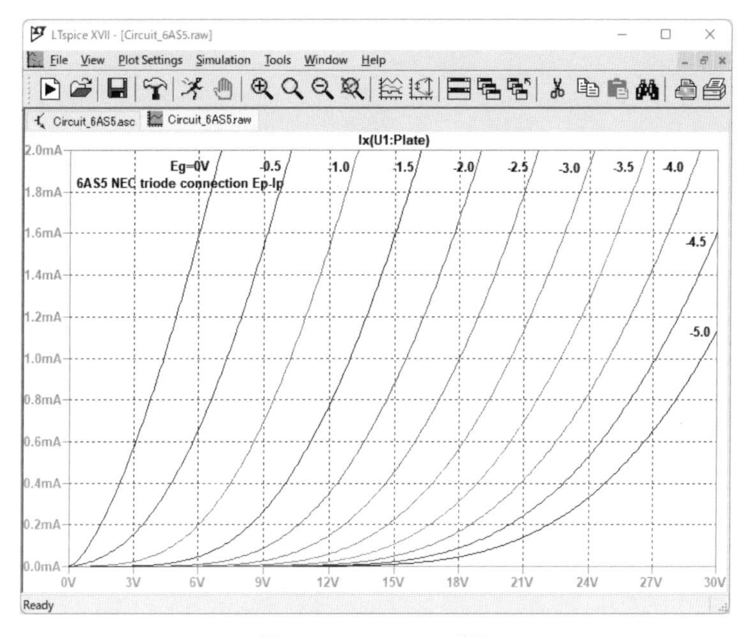


**図A.63** 6AS5 $E_p$-$I_p$特性

# 参考文献


[1]　青木英彦『電子回路シミュレータ LTspiceXVII リファレンスブック』CQ出版社，2018年.

[2]　神崎康弘，木下淳「LTspiceスタートアップマニュアル」トランジスタ技術，2008年7月号別冊付録，CQ出版社，2008年.

[3]　木村哲『情熱の真空管アンプ』日本実業出版社，2004年.

[4]　窪田登司『半導体アンプ製作技法』誠文堂新光社，1995年.

[5]　佐久間駿『直熱管アンプの世界——失われた音を求めて』紀伊國屋書店，1999年.

[6]　笹尾利男『真空管工学』三共出版，1958年.

[7]　渋谷道雄『回路シミュレータLTspiceで学ぶ電子回路 第4版』オーム社，2022年.

[8]　鈴木雅臣『定本トランジスタ回路の設計』CQ出版社，1991年.

[9]　鈴木雅臣『定本 続トランジスタ回路の設計』CQ出版社，1992年.

[10]　林正樹『真空管ギターアンプの工作・原理・設計』ラトルズ，2014年.

[11]　林正樹，酒井雅裕『作れる！ 鳴らせる！ 超初心者からの真空管アンプ製作入門』カットシステム，2015年.

[12]　宮脇一男『真空管回路 上巻（真空管・増幅回路・発振回路）』電気書院，1957年.

[13]　「多極管アンプ回路図アーカイブ」MJ無線と実験，2017年5月号別冊付録，誠文堂新光社，2017年.

[14]　Ivan Cohen and Thomas Hélie, “Measures and models of real triodes, for the simulation of guitar amplifiers," Proceedings of the Acoustics 2012 Nantes Conference, pp. 1191–1196, Nantes, France, April 23–27, 2012, https://hal.archives-ouvertes.fr/hal-00811215

[15]　KORG Nutube使用ガイド，https://korgnutube.com/jp/guide/

[16]　The YAHA amp (Yet Another Hybrid Amp), http://www.fa-schmidt.de/YAHA/

# 索引

【 ナ　行 】



【 ハ　行 】



【 マ　行 ・ ヤ　行 】



【 ラ　行 ・ ワ　行 】

【 英 数 字 】

〈著者略歴〉
有村 光晴（ありむら みつはる）
1994年 東京大学工学部計数工学科卒業
1999年 東京大学大学院工学系研究科情報工学専攻博士課程修了、博士（工学）
現在、湘南工科大学講師
電子情報通信学会、日本音響学会、IEEE会員
著書に『情報理論（IT Text）』（オーム社、共著）がある。

本文デザイン waonica



真空管アンプ製作
LTspiceでシミュレーション

2023年7月25日 第1版第1刷発行

著 者 有村光晴
発行者 村上和夫
発行所 株式会社 オーム社
郵便番号 101-8460
東京都千代田区神田錦町3-1
電話 03(3233)0641(代表)
URL https://www.ohmsha.co.jp/



組版 風工舎 印刷・製本 壮光舎印刷
ISBN978-4-274-22878-0 Printed in Japan